环境土壤物理
HYDRUS 模型原理与应用

胡恩柱 编著

科学出版社

北京

内 容 简 介

本书主要讲述环境土壤物理 HYDRUS 模型的基本原理和建模步骤。全书三篇 13 章，第一篇介绍 HYDRUS 和土壤物理基础理论，共 5 章，主要包括 HYDRUS 模型的基本概况、模型涉及的土壤物理性质，以及水分运动、溶质运移和热量传输的基本原理；第二篇介绍 HYDRUS-1D 模型，共 3 章，主要叙述如何在 1D 模式下建立水流模型、溶质运移模型和水汽热盐耦合模型，包括参数反演步骤；第三篇介绍 HYDRUS-(2D/3D) 模型，共 5 章，2D 模型部分主要介绍胶体携带污染物迁移、污染源泄漏、沟灌和根系吸水，3D 模型部分包括污染源泄漏简单模型和土壤污染物淋洗层状模型。

本书可供土壤、地下水、环境、生态、水文和水资源、农田灌溉、水利科学等相关专业的教学、科研和管理人员学习参考。

图书在版编目 (CIP) 数据

环境土壤物理 HYDRUS 模型原理与应用 / 胡恩柱编著. —北京：科学出版社，2023.11

ISBN 978-7-03-072119-8

Ⅰ. ①环⋯ Ⅱ. ①胡⋯ Ⅲ. ①土壤物理学－物理模型 Ⅳ. ①S152

中国版本图书馆 CIP 数据核字（2022）第 066087 号

责任编辑：孟莹莹　程雷星 / 责任校对：王　瑞
责任印制：徐晓晨 / 封面设计：无极书装

科学出版社出版
北京东黄城根北街 16 号
邮政编码：100717
http://www.sciencep.com

北京中石油彩色印刷有限责任公司 印刷
科学出版社发行　各地新华书店经销

*

2023 年 11 月第　一　版　开本：720×1000　1/16
2023 年 11 月第一次印刷　印张：15
字数：302 000

定价：135.00 元
（如有印装质量问题，我社负责调换）

本书得到国家重点研发计划项目"场地土壤环境损害鉴定评估方法和标准"（2018YFC1801200）的资助

前　言

2006~2012年，我在北京航空航天大学师从刘红教授硕博连读。其间，我主要执行刘红教授主持的国际合作项目，这不仅开拓了我的视野，也让我有幸结识了一批杰出的外国专家，其中就包括美国犹他州立大学的 Scott B. Jones 教授。博士研究生毕业后，我前往 Jones 教授的实验室做博士后，除了日常的实验和论文写作外，我作为旁听生系统学习了土壤物理和 HYDRUS 模型相关课程。这段经历是我科研生涯的重要节点，自此进入土壤物理领域。回国后，我先在中国科学院生态环境研究中心工作了两年，后调入东北大学冶金学院资源与环境系成为一名高校教师。彼时我的研究方向已基本固定为环境土壤过程与生态效应，在给研究生上课时我尝试讲授环境土壤物理模型。2016年8月，一次偶然的机会，我结识了北京中科资环信息技术研究院的刘宇老师。受其相邀，经过4个多月的认真筹备，我主持的第一场"HYDRUS土壤物理模型应用"研讨会于2016年12月在北京召开。与会同行就所学、所悟、所感进行充分交流。三天会议结束后，反响还不错。于是便有了接下来的第二期（2017年3月，北京）、第三期（2017年5月，南京）、第四期（2017年7月，西安）、第五期（2017年9月，成都）、第六期（2017年12月，沈阳）。会议讨论的内容从最初的 HYDRUS-1D 逐步拓展至 HYDRUS-(2D/3D)，在反演求解方面逐步延伸至实用案例与调参技巧。在第二期研讨会结束后，我便萌生了撰写专著的想法，希望能让更多的人接触、了解和系统地学习 HYDRUS。2017年8月，中国土壤学会土壤物理学专业委员会"土壤物理学与水土资源可持续利用学术研讨会"暨 International Workshop of Soil Physics and the Nexus of Food, Energy and Water 在东北大学国际学术交流中心召开。国内外土壤物理领域的专家们云集沈阳。我不仅见到了阔别已久的 Jones 教授，更有机会向 Jirka Šimůnek（HYDRUS 模型的主要开发者）当面请教。多年来积攒的疑惑终于得以解答。疑团散去的那一刻，真是身心舒畅、兴奋不已。于是在第七期研讨会（2018年3月，武汉）召开之前，我终于鼓起勇气，提笔撰写此书。

2018年8月，科学技术部公布了首批国家重点研发计划"场地土壤污染成因与治理技术"重点专项申报指南，自此揭开了"十三五"场地土壤污染研究的序幕。我作为子课题负责人参与了其中一个项目——"场地土壤环境损害鉴定评估方法和标准"（2018YFC1801200）。在2018年发布的33个项目申报指南中，有

8个项目不同程度地涉及污染物迁移扩散模型模拟；2019年发布的30个项目申报指南（含定向）中涉及污染物迁移模型模拟的有13项；2020年发布的27个项目指南（含定向）中有7项涉及扩散通量等模型。据了解，这些项目在执行过程中很大一部分都考虑或者选择HYDRUS作为模型工具来解决包气带和饱和带污染物迁移扩散预测问题。2019年7月1日，《环境影响评价技术导则 土壤环境（试行）》（HJ 964—2018）正式实施，其推荐的土壤环境影响预测方法是一维非饱和溶质运移模型，在具体实施过程中HYDRUS成为首选。这也使得国内从事环评工作的大批同行加入到了HYDRUS的交流中来。因而，近几年HYDRUS在国内的热度呈爆发式增长。这一方面坚定了我撰写此书的决心，另一方面也让我在内容和案例编排方面颇感压力。三年来，基于国家重点研发计划项目子课题，我陆续开展了一些场地土壤污染物迁移转化模型模拟方面的研究任务。我将其中的一些案例简化以后纳入本书，欢迎各位同行交流和批评指正。

  本书是"污染物在土壤系统中迁移、转化和扩散的数学模型体系"研究成果的一部分，共三篇13章。第一篇为HYDRUS和土壤物理基础理论，包含5章内容。第1章为HYDRUS概述；第2章为土壤物理性质，包括土壤质地、土壤基质的三相比及其综合性质、土壤水分表示方法等。第3章为土壤水分运动，包括土壤水势、土壤水分特征曲线、饱和与非饱和土壤中的水流、土壤水分运动基本方程、土壤水力学特性的缩放、滞后现象、根系吸水、土壤水流运动的初始条件和边界条件、双孔隙度模型、双渗透率模型、水蒸气流、土壤水力学特性与温度的关系等。第4章为土壤溶质运移，包括土壤溶质及其迁移转化形式、对流弥散方程、吸附性溶质的迁移、土壤溶质运移的初始条件和边界条件、温度和土壤含水量对模型参数的影响等，其核心是对流弥散方程。第5章为土壤热量传输，包括土壤热性质、热通量、热量传输基本方程及其初始条件和边界条件、土壤温度的日变化。第二篇为HYDRUS-1D模型，包含3章内容。第6章为水流模型，包括单层土壤积水入渗、单层土壤稳态流、多层土壤瞬态流根系吸水问题、单步出流实验反演、番茄农田根系吸水实验反演。第7章为溶质运移模型，包括单层土壤定水头-溶质运移、单层土壤定通量-溶质运移、多层土壤瞬态流-溶质运移和根系吸收、示踪剂穿透曲线反演、有机污染物穿透曲线反演、胶体迁移穿透曲线反演。第8章为水汽热盐耦合模型。第三篇为HYDRUS-(2D/3D)模型，包含5章内容。第9章为基于C-Ride模块的胶体携带污染物迁移。第10章介绍污染源泄漏（偷排和跑冒滴漏）问题的污染羽模拟。第11章介绍沟灌和根系吸水问题在HYDRUS-2D中的实现。第12章介绍污染源泄漏的3D简单模型构建方法。第13章介绍土壤污染物淋洗3D层状模型。在第二篇和第三篇的模型实操部分，针对关键参数同时给出了中英文名称，并有详细链接至相关理论知识，此外还对模型输出结果进行了解读，便于读者查阅和学习。

本书编著过程中，主要参考了 HYDRUS-1D 和 HYDRUS-(2D/3D)模型的帮助文件和用户手册，Dani Or、Markus Tuller 和 Jon M. Wraith 教授编著的 *Environmental Soil Physics Class Notes*，邵明安、王全九和黄明斌老师编著的《土壤物理学》，依艳丽老师主编的《土壤物理研究法》等。书中案例主要选自本人和研究生的研究成果、部分 PC-PROGRESS 官网上的算例以及参加历届研讨会的部分同行提供的素材，在这里向他们表示衷心的感谢！此外，还要感谢恩师刘红教授和 Jones 教授多年的教诲，感谢 Jirka Šimůnek 教授对本书的慷慨授权和对疑难问题的耐心解惑，感谢庄杰教授、陈希娟研究员以及项目跟踪专家在课题执行过程中给予的指导，感谢各位同行专家的鼎力相助，感谢家人在生活和工作中给予我的无私关爱与鼓励。

由于作者水平有限，书中难免有不足之处，恳请读者批评指正。作者的联系方式是：huez@smm.neu.edu.cn。

胡恩柱

2023 年 6 月 17 日

目　录

前言

第一篇　HYDRUS 和土壤物理基础理论

1 HYDRUS 概述 ·· 3
　1.1　HYDRUS 简介 ··· 3
　1.2　HYDRUS-1D 模型界面介绍 ······································ 4
　1.3　HYDRUS-(2D/3D)模型界面介绍 ································ 5
　　1.3.1　HYDRUS-(2D/3D)菜单栏 ···································· 5
　　1.3.2　HYDRUS-(2D/3D)工具栏、工作区和状态栏 ·········· 13
　　1.3.3　HYDRUS-(2D/3D)导航栏 ··································· 14
　　1.3.4　HYDRUS-(2D/3D)编辑栏 ··································· 16
2 土壤物理性质 ··· 19
　2.1　土壤质地 ·· 19
　2.2　土壤基质的三相比及其综合性质 ······························ 19
　2.3　土壤水分表示方法 ·· 21
3 土壤水分运动 ··· 23
　3.1　土壤水势 ·· 23
　3.2　土壤水分特征曲线 ·· 25
　　3.2.1　土壤水分特征曲线的定义 ··································· 25
　　3.2.2　土壤水分特征曲线模型 ······································ 25
　　3.2.3　土壤水分特征曲线的用途 ··································· 27
　3.3　饱和土壤中的水流 ·· 28
　　3.3.1　土壤水分运动状态 ·· 28
　　3.3.2　达西定律 ··· 28
　3.4　非饱和土壤中的水流 ·· 30
　　3.4.1　白金汉-达西定律 ·· 30
　　3.4.2　非饱和导水率 ·· 31
　　3.4.3　非饱和导水率模型 ·· 31
　3.5　土壤水分运动基本方程 ··· 33

  3.5.1 连续方程 ··· 33
  3.5.2 Richards 方程 ··· 34
  3.5.3 Richards 方程的扩展 ··· 35
 3.6 土壤水力学特性的缩放 ·· 35
 3.7 滞后现象 ··· 36
 3.8 根系吸水 ··· 37
  3.8.1 根系分布密度函数 ··· 37
  3.8.2 潜在蒸腾量与蒸发量 ··· 38
  3.8.3 水分胁迫和盐分胁迫 ··· 40
  3.8.4 根系吸水的补偿机制 ··· 42
  3.8.5 根系生长 ··· 42
 3.9 土壤水流运动的初始条件 ·· 43
 3.10 土壤水流运动的边界条件 ·· 43
  3.10.1 水头边界条件 ·· 43
  3.10.2 通量边界条件 ·· 44
  3.10.3 梯度边界条件 ·· 44
  3.10.4 大气边界 ·· 44
  3.10.5 深层排水 ·· 46
  3.10.6 渗透面 ·· 47
  3.10.7 水平排水沟 ··· 47
  3.10.8 积雪边界 ·· 47
 3.11 双孔隙度模型 ·· 48
 3.12 双渗透率模型 ·· 49
 3.13 水蒸气流 ·· 50
 3.14 土壤水力学特性与温度的关系 ·· 51

4 土壤溶质运移 ·· 53
 4.1 土壤溶质及其迁移转化形式 ··· 53
  4.1.1 土壤溶质存在形态 ··· 53
  4.1.2 土壤溶质运移基本方程 ··· 53
  4.1.3 溶质在土壤中的反应 ··· 57
  4.1.4 根系吸收溶质 ·· 58
 4.2 对流弥散方程 ··· 61
 4.3 吸附性溶质的迁移 ·· 61
  4.3.1 平衡吸附 ··· 61
  4.3.2 非挥发性、非反应性、线性吸附溶质的迁移 ············· 62

    4.3.3 双点位化学非平衡吸附模型 ··· 63
    4.3.4 胶体运移 ··· 65
    4.3.5 双孔隙度模型 ·· 69
    4.3.6 双孔隙度-单动力学点位模型 ··· 69
    4.3.7 双渗透率模型 ·· 70
    4.3.8 双渗透率-可动区-不可动区模型 ··· 71
    4.3.9 双渗透率-双点位吸附模型 ··· 72
  4.4 土壤溶质运移的初始条件 ··· 73
    4.4.1 溶解态浓度 ··· 73
    4.4.2 吸附态浓度 ··· 74
  4.5 土壤溶质运移的边界条件 ··· 74
    4.5.1 常规边界条件 ·· 74
    4.5.2 挥发性溶质边界条件 ·· 75
  4.6 温度和土壤含水量对模型参数的影响 ··· 76
    4.6.1 温度对模型参数的影响 ·· 76
    4.6.2 土壤含水量对模型参数的影响 ·· 76
5 土壤热量传输 ··· 77
  5.1 土壤热性质 ··· 77
    5.1.1 土壤热容量 ··· 77
    5.1.2 土壤导热率 ··· 77
  5.2 土壤热通量 ··· 78
  5.3 土壤热量传输基本方程 ··· 79
  5.4 土壤热量传输的初始条件 ··· 80
  5.5 土壤热量传输的边界条件 ··· 80
  5.6 土壤温度的日变化 ··· 81

第二篇 HYDRUS-1D 模型

6 水流模型 ··· 85
  6.1 单层土壤积水入渗 ··· 85
    6.1.1 问题描述 ··· 85
    6.1.2 模型构建 ··· 85
    6.1.3 土壤剖面图形编辑 ·· 94
    6.1.4 模型运算 ··· 97
    6.1.5 模型结果 ··· 98
  6.2 单层土壤稳态流 ··· 104

  6.2.1 问题描述 ·· 104
  6.2.2 模型构建 ·· 104
  6.2.3 土壤剖面图形编辑 ·· 104
  6.2.4 模型结果 ·· 105
 6.3 多层土壤瞬态流根系吸水问题 ·· 105
  6.3.1 问题描述 ·· 105
  6.3.2 模型构建 ·· 106
  6.3.3 土壤剖面图形编辑 ·· 111
  6.3.4 模型结果 ·· 113
 6.4 参数反演——单步出流实验 ·· 115
  6.4.1 问题描述 ·· 115
  6.4.2 模型构建 ·· 116
  6.4.3 反演数据类型 ··· 118
  6.4.4 土壤剖面图形编辑 ·· 121
  6.4.5 模型结果 ·· 122
 6.5 参数反演——番茄农田根系吸水实验 ·· 123
  6.5.1 问题描述 ·· 123
  6.5.2 模型构建 ·· 125
  6.5.3 无滞后现象和根系生长的模型结果 ·· 126
  6.5.4 考虑持水曲线滞后现象的模型结果 ·· 127
  6.5.5 考虑根系生长的模型结果 ··· 128

7 溶质运移模型 ·· 131
 7.1 单层土壤定水头-溶质运移 ·· 131
  7.1.1 问题描述 ·· 131
  7.1.2 模型构建 ·· 131
  7.1.3 模型结果 ·· 135
  7.1.4 弥散度减小后的模型结果 ··· 137
  7.1.5 吸附增大后的模型结果 ·· 138
  7.1.6 考虑溶质反应的模型结果 ··· 138
 7.2 单层土壤定通量-溶质运移 ·· 140
  7.2.1 问题描述 ·· 140
  7.2.2 模型构建 ·· 140
  7.2.3 模型结果 ·· 140
  7.2.4 模型结果（链反应） ·· 140
 7.3 多层土壤瞬态流-溶质运移和根系吸收 ·· 143

  7.3.1 问题描述 ····· 143
  7.3.2 模型构建 ····· 143
  7.3.3 模型结果 ····· 144
 7.4 参数反演——示踪剂穿透曲线 ····· 145
  7.4.1 问题描述 ····· 145
  7.4.2 模型构建 ····· 145
  7.4.3 模型结果 ····· 147
 7.5 参数反演——有机污染物穿透曲线 ····· 148
  7.5.1 问题描述 ····· 148
  7.5.2 模型构建 ····· 148
  7.5.3 模型结果（双点位化学非平衡）····· 149
  7.5.4 模型结果（单点位化学非平衡）····· 150
 7.6 参数反演——胶体迁移穿透曲线 ····· 151
  7.6.1 问题描述 ····· 151
  7.6.2 模型构建 ····· 151
  7.6.3 模型结果（TKSM3）····· 153
  7.6.4 模型结果（OKSM3）····· 154
  7.6.5 模型结果（OKSM2）····· 155

8 水汽热盐耦合模型 ····· 156
 8.1 问题描述 ····· 156
 8.2 模型构建 ····· 156
 8.3 模型结果 ····· 158

第三篇 HYDRUS-(2D/3D)模型

9 基于 C-Ride 模块的胶体携带污染物迁移 ····· 161
 9.1 问题描述 ····· 161
 9.2 理论基础 ····· 161
  9.2.1 胶体运移方程 ····· 161
  9.2.2 污染物运移方程 ····· 163
 9.3 模型构建 ····· 164
 9.4 土壤剖面图形设计 ····· 172
  9.4.1 几何域 ····· 172
  9.4.2 有限元网格 ····· 175
  9.4.3 域特性 ····· 176

		9.4.4 初始条件 ………………………………………………………… 178

      9.4.4 初始条件 …………………………………………………… 178
      9.4.5 边界条件 …………………………………………………… 181
  9.5 模型结果 …………………………………………………………… 183

10 污染源泄漏 ………………………………………………………………… 186
  10.1 问题描述 ………………………………………………………… 186
  10.2 模型构建 ………………………………………………………… 186
  10.3 土壤剖面图形设计 ……………………………………………… 188
      10.3.1 几何域 ……………………………………………………… 188
      10.3.2 有限元网格 ………………………………………………… 189
      10.3.3 初始条件 …………………………………………………… 190
      10.3.4 边界条件 …………………………………………………… 191
  10.4 偷排结果 ………………………………………………………… 191
  10.5 跑冒滴漏问题 …………………………………………………… 193

11 沟灌和根系吸水 ………………………………………………………… 196
  11.1 问题描述 ………………………………………………………… 196
  11.2 模型构建 ………………………………………………………… 196
  11.3 土壤剖面图形设计 ……………………………………………… 198
      11.3.1 几何域 ……………………………………………………… 198
      11.3.2 域特性 ……………………………………………………… 199
      11.3.3 初始条件 …………………………………………………… 201
      11.3.4 边界条件 …………………………………………………… 202
  11.4 模型结果 ………………………………………………………… 202

12 污染源泄漏 3D 简单模型 ……………………………………………… 204
  12.1 问题描述 ………………………………………………………… 204
  12.2 模型构建 ………………………………………………………… 204
      12.2.1 域特性 ……………………………………………………… 207
      12.2.2 初始条件 …………………………………………………… 208
      12.2.3 边界条件 …………………………………………………… 210
  12.3 模型结果 ………………………………………………………… 211

13 土壤污染物淋洗 3D 层状模型 ………………………………………… 213
  13.1 问题描述 ………………………………………………………… 213
  13.2 模型构建 ………………………………………………………… 213
  13.3 土壤剖面图形设计 ……………………………………………… 214
      13.3.1 几何域 ……………………………………………………… 214
      13.3.2 有限元网格 ………………………………………………… 215

  13.3.3 初始条件 …………………………………………………………… 216
  13.3.4 边界条件 …………………………………………………………… 216
 13.4 模型结果 ………………………………………………………………… 218

参考文献 ………………………………………………………………………… 219
附录 HYDRUS-1D 反演求解目标函数 ………………………………………… 221

第一篇　HYDRUS 和土壤物理基础理论

1 HYDRUS 概述

1.1 HYDRUS 简介

HYDRUS 是由加州大学河滨分校环境科学系的 Jirka Šimůnek 教授、PC-PROGRESS 公司的 Miroslav Sejna 博士，以及著名的土壤物理学家 Martinus Th.（Rien）van Genuchten 教授共同开发的一套土壤物理模型软件。其界面友好，操作简单，是模拟饱和/非饱和基质水流、溶质运移和热量传输的有力工具之一，深受广大科研工作者的青睐。

HYDRUS 模型的理论核心是土壤物理三大方程：模拟水流运动的 Richards 方程、模拟溶质运移的对流弥散方程、模拟热量传输的对流传导方程。水流问题是 HYDRUS 模型的核心，溶质运移和热量传输均依赖于水流。HYDRUS 对水流问题的模拟，除了考虑土壤水在水势梯度驱动下的运动外，还考虑了根系吸水问题。对溶质运移过程的模拟，HYDRUS 除了考虑溶质随土壤水流的对流运动外，还考虑了扩散和弥散作用、固液两相之间的平衡/非平衡吸附，以及溶质在土壤中的反应消耗。针对热量传输过程，HYDRUS 除了考虑热量随着水流的对流过程外，还考虑了温度梯度引起的热量传导。有关这三个方程的含义，将会在后续章节中详细介绍。此外，HYDRUS 还与地球化学模型 PHREEQC 相结合，组建成了一组相对独立的仿真模块（HP1 和 HP2）。该模块融合了 HYDRUS 强大的土壤物理计算功能与 PHREEQC 在生物地球化学反应仿真方面的优势，可以针对许多生化反应过程参与的溶质运移和热量传输过程进行更好的模拟。

HYDRUS 模型目前在很多领域都有着广泛的应用。例如，它可以模拟农业领域中的降水、灌溉、径流、表土蒸发、植物蒸腾、根系吸水、毛细水上升、深层排水等问题，还可以模拟工业领域中的工业污染、市政污染、垃圾填埋、工业废料储存、放射性废物处置、场地修复、污染羽流等。在生态环境领域，HYDRUS 还可以模拟化肥、杀虫剂、熏蒸剂、病原菌、新型污染物等的迁移过程，以及模拟生态系统物质和能量平衡，计算碳储存与碳通量，模拟计算养分运输、土壤呼吸和温室气体释放（需结合 HP1）、土壤微生物过程、河流-含水层相互作用及全球变化生态学等问题。

HYDRUS 模型分为 1D 和(2D/3D)两个版本。顾名思义，1D 模型只能模拟一维问题，而(2D/3D)则可以针对平面和三维立体结构进行建模。HYDRUS-1D 模型是免费的,读者可登录 https://www.pc-progress.com/en/Default.aspx?H1d-downloads 下载 4.06~4.17 的各个版本。根据功能不同 HYDRUS 5.0 分为 ID 标准版、2D 简化版、2D 标准版、3D 简化版、3D 标准版和 3D 专业版,读者可根据需求购买。

1.2 HYDRUS-1D 模型界面介绍

HYDRUS-1D 模型的界面非常简洁,只有菜单栏、工具栏和底部状态栏。窗口可像其他 Windows 系统下的软件一样实现自由缩放。

完整的菜单栏包括"文件(File)""视图(View)""前处理(Pre-processing)""计算(Calculation)""结果(Results)""选项(Options)""窗口(Window)"和"帮助(Help)"八项。

单击"帮助(Help)"—"索引(Index)"会弹出 HYDRUS-1D 的帮助文件。HYDRUS-1D 使用过程中遇到的各种问题都可以通过帮助文件解决。单击"帮助(Help)"—"上下文提示(Help on)",鼠标会变成箭头问号形状 ,此时单击窗口内需要询问的位置会自动跳转至相应的帮助文件内容。单击"帮助(Help)"—"用户手册(User Manual)"会自动弹出 PDF 格式的用户手册,里面详细叙述了HYDRUS-1D 模型的基本原理。

HYDRUS-1D 的工具栏非常简洁(图 1.1)。从左至右依次为"新建(New)""打开(Open)""项目管理器(Project Manager)""保存(Save)""计算(Calculation)""窗口层叠(Cascade)""窗口堆叠(Tile Horizontal)""窗口并排(Tile Vertical)""索引(Index)""上下文提示(Help on)"和"关于 HYDRUS-1D(About HYDRUS-1D)"。

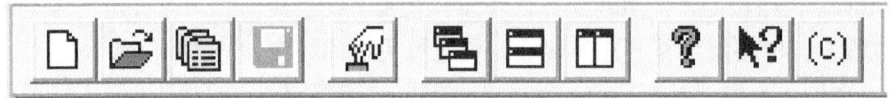

图 1.1 HYDRUS-1D 工具栏

模型主体区域分为前处理和后处理两个窗口(图 1.2)。前处理窗口所列各项与菜单栏"前处理(Pre-Processing)"下所列内容相同。其中,"主过程(Main Processes)""几何信息(Geometry Information)""时间信息(Time Information)""输出信息(Print Information)""水流-迭代准则(Water Flow-Iteration Criteria)""水流-土壤水力特性模型(Water Flow-Soil Hydraulic Property Model)""水流-土壤水力学参数(Water Flow-Soil Hydraulic Parameters)""水流-边界条件(Water Flow-Boundary Conditions)""土柱剖面-图形编辑器(Soil Profile-Graphical Editor)"

"土壤剖面-总结（Soil Profile-Summary）"是固定存在的，其他条目会随着"主过程"中模块的选择而增加。后处理窗口实际为结果列表窗口，内容与"结果（Results）"菜单下所列相同，具体条目视用户设置而定。其中，"剖面信息（Profile Information）""水流-边界通量和水头（Water Flow-Boundary Fluxes and Heads）""土壤水力学特性（Soil Hydraulic Properties）""运行时间信息（Run Time Information）"和"物质平衡信息（Mass Balance Information）"是每次运算后固定会给出的结果。

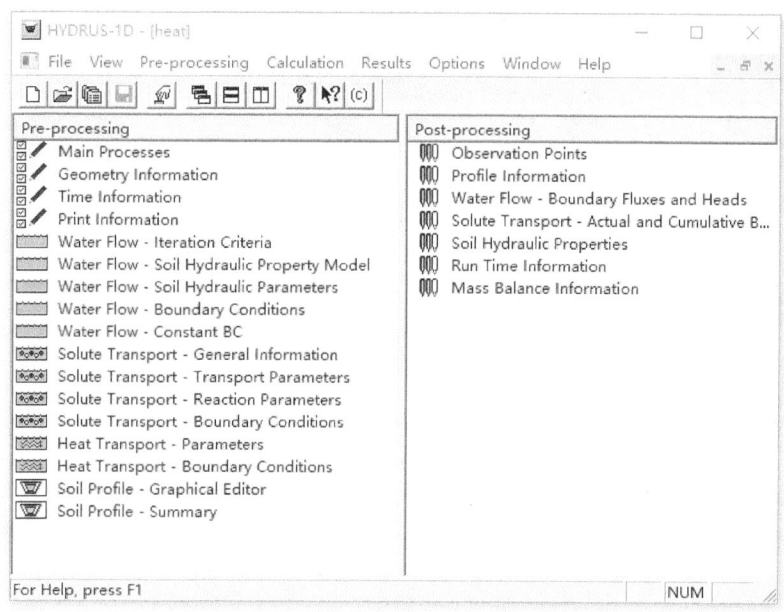

图 1.2　HYDRUS-1D 完整界面

1.3　HYDRUS-(2D/3D)模型界面介绍

HYDRUS-(2D/3D)模型包括菜单栏、工具栏、导航栏、工作区、编辑栏和状态栏（图 1.3）。

1.3.1　HYDRUS-(2D/3D)菜单栏

HYDRUS-(2D/3D)模型菜单栏包括"文件（File）""编辑（Edit）""视图（View）""插入（Insert）""计算（Calculation）""结果（Results）""工具（Tools）""选项（Options）""模块（Modules）""窗口（Window）"和"帮助（Help）"。下面选取比较重要的两项详细说明。

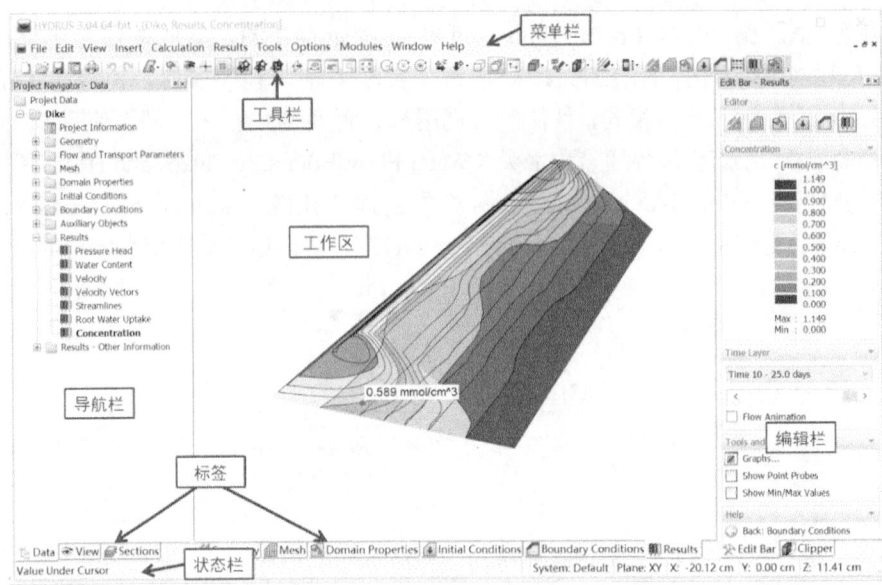

图 1.3 HYDRUS-(2D/3D)模型界面

1.3.1.1 边界条件选项

单击菜单栏"编辑（Edit）"—"边界条件（Boundary Conditions）"—"边界条件选项（Boundary Conditions Options）"，会弹出如图 1.4 所示对话框。它包

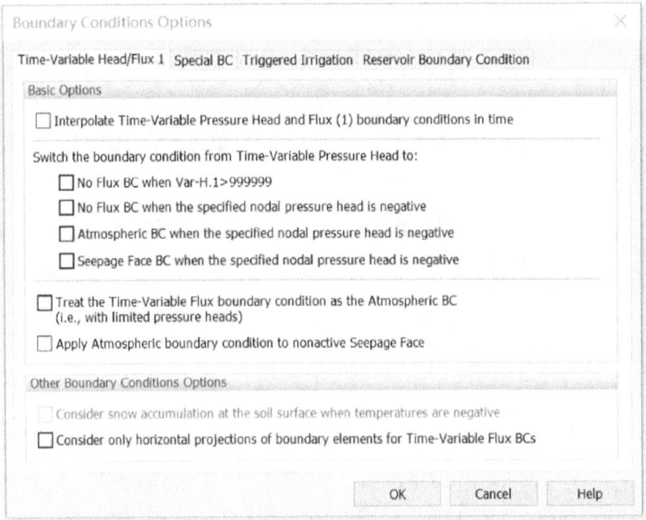

图 1.4 HYDRUS-(2D/3D)边界条件选项——可变水头/通量边界条件

括"可变水头/通量边界条件 1（Time-Variable Head/Flux 1）""特殊边界条件（Special BC）""自动灌溉（Triggered Irrigation）""蓄水池边界条件（Reservoir Boundary Condition）"四个标签。

"可变水头/通量边界条件 1"标签下提供了 9 个复选框，从上往下依次为：①对可变水头/通量 1 在时间尺度上插值；②当可变水头 1 无穷大时将可变水头条件变为零通量边界条件；③当指定节点的压力水头为负值时将可变水头条件变为零通量边界条件；④当指定节点的压力水头为负值时将可变水头条件变为大气边界条件；⑤当指定节点的压力水头为负值时将可变水头条件变为渗透面边界条件；⑥将可变通量边界条件视为大气边界条件（即允许有一定的积水）；⑦将压力水头未生效的渗透面边界视为大气边界；⑧当气温为零下时，考虑土壤表面的积雪深度；⑨对于可变通量边界条件，仅考虑边界元素的水平投影。

"特殊边界条件"（图 1.5）包括：

（1）梯度边界条件替换自由排水边界条件［Gradient Boundary Conditions (Instead of Free Drainage BC)］。可分别设置 x 方向（从右往左为正）和 y 方向（从后往前为正）的梯度值，等于 1 表示自由排水，大于 1 表示水流速率增加。通常此条件设置用于山坡等边界上。

（2）地下滴灌特征方程——仅适用于可变通量 1［Subsurface Drip Characteristic Function (for Time-Variable Flux 1 BC)］。对于此类问题，滴灌管的尺寸、形状和周围土壤的水力学特性会影响滴灌速率。采用式（1.1）进行计算：

$$Q = Q_0(h_{in} - h_s)^c \tag{1.1}$$

式中，h_s 为水源-土壤界面处的水头[L]（本书方括号表示的为量纲，圆括号表示的为单位），通常称为后水头（back pressure）；Q_0 为出口水压 h_{in}（通常为10m）和后水头为零时的表观通量（[L^{3}T^{-1}]或[L^{2}T^{-1}]）；Q 为真实后水头值对应的水流通量；指数 c 为经验常数，$c = 0.5$ 表示湍流，$c = 1$ 表示层流。随着 h_s 增加，土壤和出水口之间的压力差降低，供水通量随之下降。此处模型中需设置 Q_0 值和 c 值。

（3）地表滴灌边界条件——仅适用于可变通量 1［Surface Drip Boundary Condition (for Time-Variable Flux 1 BC)］。此选项可考虑滴灌湿润带的水平动态变化。通常将某一节点设为滴头——通量为 Q 的 Neumann 边界条件。如果此节点的水头值大于零，则该节点变为零水头边界条件，并计算真实通量 Q_a。多余的通量（$Q-Q_a$）转移至相邻节点，并将该相邻节点设为通量边界条件。如此迭代，直至全部通量 Q 被土壤容纳，计算湿润面的直径。湿润面扩散的方式可以从左往右，也可以从右往左，还可以从中心开始向两侧同时扩散。

（4）渗透面（Seepage Face）。此选项尤其适用于土柱实验。通常土柱底部与空气相通。当土壤水头为负值时，底部水流通量为零。当底部逐渐达到饱和时，将底部水头设为零,并据此计算水流通量。对于特定的实验,这个值也可以根据实际情况设为正值或负值。

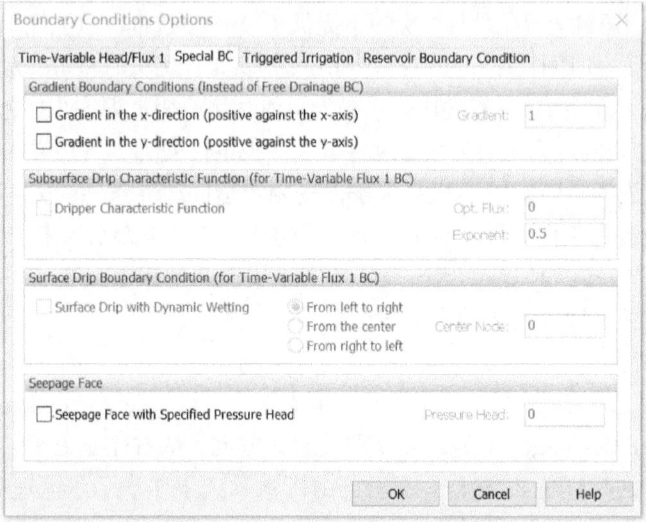

图 1.5　HYDRUS-(2D/3D)边界条件选项——特殊边界条件

"自动灌溉"选项可对选定的观测点设置自动灌溉参数(图 1.6)。勾选"自动灌溉(Triggered Irrigation)"复选框,可设置"观测点的编号(Observation Node

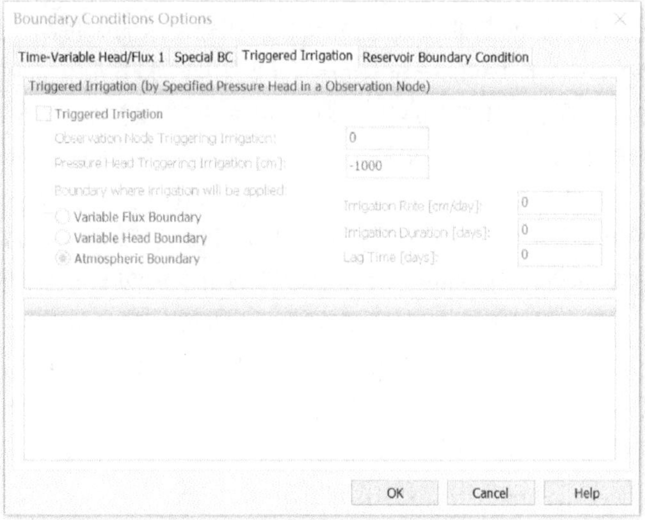

图 1.6　HYDRUS-(2D/3D)边界条件选项——自动灌溉

Triggering Irrigation）""开始灌溉的水头值（Pressure Head Triggering Irrigation）""灌溉速率［Irrigation Rate（cm/day）］""灌溉时长［Irrigation Duration（days）］""灌溉间隔［Lag Time（days）］"，以及设置灌溉时的边界条件——可变通量、可变水头或大气边界条件。

HYDRUS-(2D/3D)3.xx 版本提供了一个新的系统边界条件——蓄水池边界，它是假设在模型以外的区域存在一个蓄水池。地下水位、蓄水池中的水面高度以及外部通量决定这个外部蓄水池中的水是流入还是流出，因而也决定与之相交的界面上的边界条件动态。HYDRUS-(2D/3D)中的蓄水池包括三种几何构型：井（Well）、沟（Furrow）、湿地（Wetland）。如图 1.7 所示，h_w 为蓄水池中的水深[L]；S 为蓄水池中的水量[[L^2]（二维平面系统）或[L^3]（二维轴对称系统）]；Q_p 为抽水速率（[L^2T^{-1}]或[L^3T^{-1}]），正值表示蓄水池排水，负值表示蓄水；c 为蓄水池中的溶质浓度[ML^{-3}]；c_p 为注入水中的溶质浓度[ML^{-3}]；P 和 E 分别为降水和蒸发速率[LT^{-1}]；r_w 为水井的半径[L]；a 为沟底边半宽[L]；α 为沟边的倾角；r_{max} 为湿地的最大半径或宽度[L]；z_{max} 为湿地的最大深度[L]；b 为水面最大宽度 [[L]（二维平面系统）或[L^2]（二维轴对称系统）]；Q_{in} 为蓄水池边界通量[L^2T^{-1}]或[L^3T^{-1}]。沟边界仅适用于二维水流，而井边界和湿地边界既适用于二维平面域，也适用于二维轴对称域。

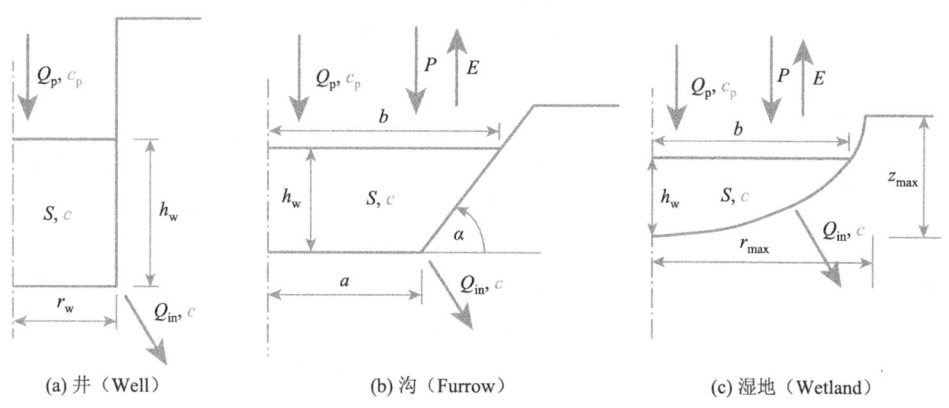

图 1.7 HYDRUS-(2D/3D)蓄水池边界的三种类型

1.3.1.2 程序选项

单击"选项（Options）"—"程序选项（Program Options）"会弹出如图 1.8 所示窗口，包括"图形（Graphics）""程序（Program）""导航（Navigator）""网格（Mesh）""文件和路径（Files and Directories）"五个标签。

"图形"标签内容（图 1.8）从上往下依次为：①OpenGL 硬件加速，可加速图像渲染；②在动态视图模式（如移动、缩放和旋转）下，当图像刷新时间短于

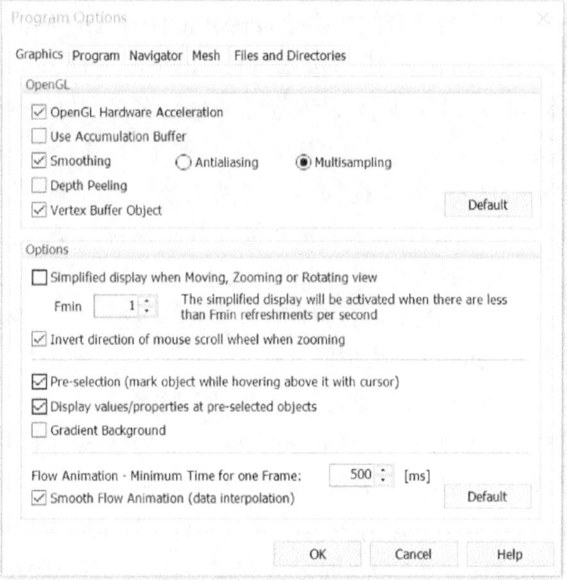

图 1.8　HYDRUS-(2D/3D)程序选项——图形

Fmin 时，简单显示，并可手动设置 Fmin 值；③缩放时反转鼠标滚轴方向；④当鼠标悬停在对象上方时，将对象预选中；⑤显示预选对象的值或属性；⑥梯度显示背景颜色；⑦设置动画单帧播放时间，默认为 500ms。

"程序选项"标签内容（图 1.9）从上往下依次为：①用户界面的语言（默认为英语）和视觉效果（默认为标准）；②撤销功能的缓存容量（默认为 20000kB），自动保存时间间隔（默认为 5min，设为 0 则关闭自动保存）；③开启软件后自动打开最近的项目；④关闭项目时自动保存窗口设置；⑤默认在几何模式下编辑域特性、边界条件和初始条件；⑥每隔 30 天（可修改）检查一次软件更新；⑦对于新建项目，默认将结果保存至外部路径；⑧将有限元结果保存至文本文件用于计算；⑨将域特性保存至文本文件用于计算；⑩采用并行计算附加模块 HYPAR。

"导航"标签内容（图 1.10）从上往下依次为：①同步选择几何对象；②同步选择有限元实体；③显示标准名称；④显示用户自定义标签；⑤显示用户自定义标签和标准名称。前两个复选框都是默认选中，在进行域特性、初始条件和边界条件设置时可灵活切换模式，使用起来非常方便。

"网格"标签内容（图 1.11）从上往下依次为：①设置 2D 和 3D 对象的最大有限元数量，2D 对象默认为 100000 个，3D 对象默认为 500000 个；②输出边界线的中间点（仅对新建项目有效）；③将内部曲线包含进边界信息表中一同输出（仅对新建项目有效）；④在输出的各个表格文件中增加对表格内容的表述；⑤2D 网格生成工具——Structured Mesh、Meshgen（默认方式）和 Genex。

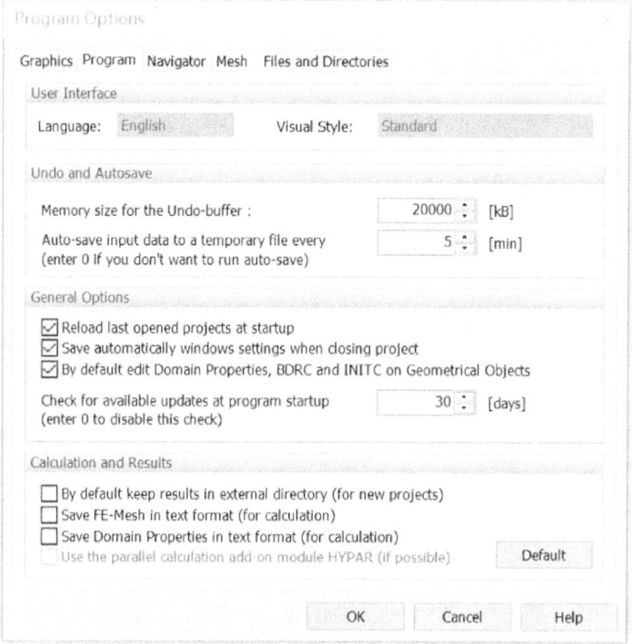

图 1.9　HYDRUS-(2D/3D)程序选项——程序

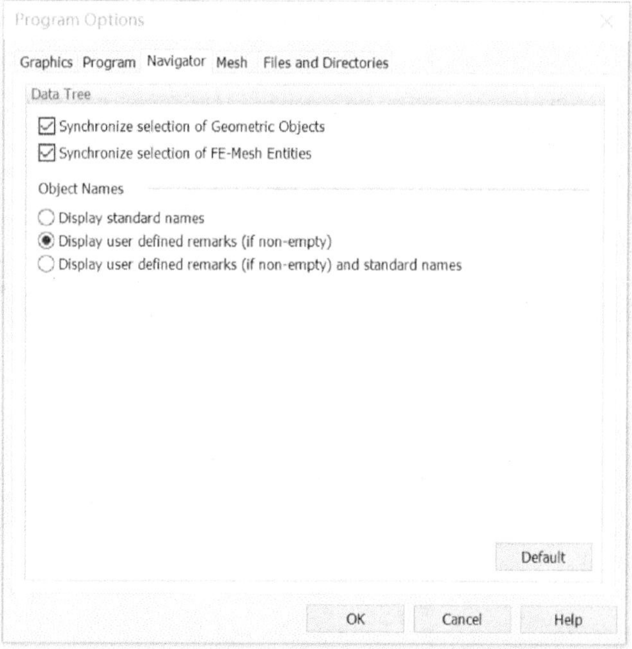

图 1.10　HYDRUS-(2D/3D)程序选项——导航

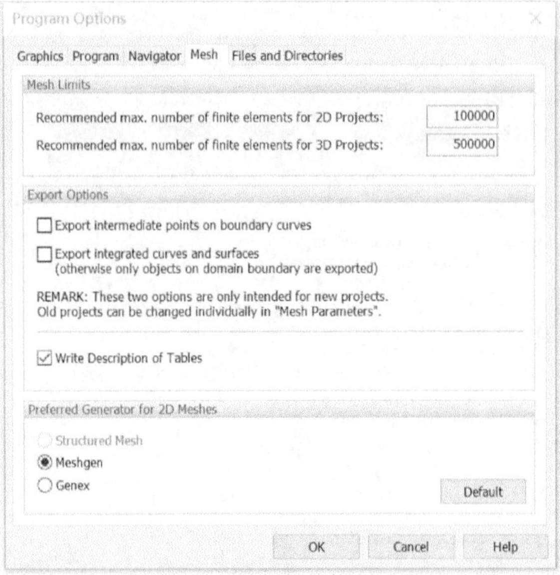

图 1.11　HYDRUS-(2D/3D)程序选项——网格

"文件和路径"标签（图 1.12）主要用于设置各种路径：①程序设置和配置文件路径；②临时文件工作路径；③项目默认存储路径；④项目模板路径；⑤几何组件路径；⑥热力学数据库路径；⑦配置文件显示选项存储路径。

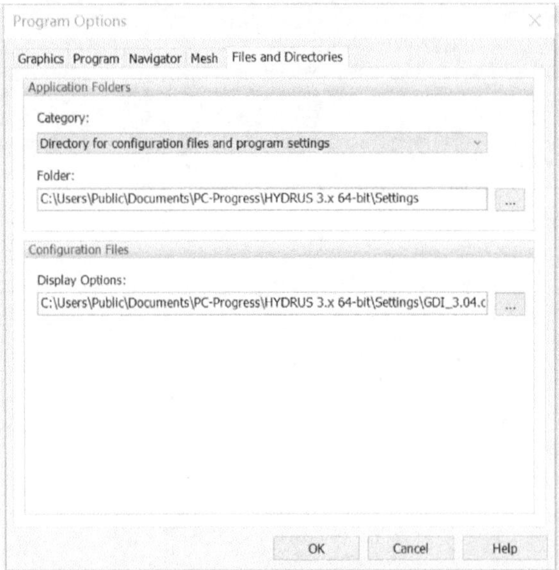

图 1.12　HYDRUS-(2D/3D)程序选项——文件和路径

1.3.2　HYDRUS-(2D/3D)工具栏、工作区和状态栏

HYDRUS-(2D/3D)将最常用的一些功能以图标的形式列在工具栏内（图1.13）。

图1.13　HYDRUS-(2D/3D)标准工具栏

从左到右依次可以分为13类：①"新建（New）""打开（Open）""保存（Save）""项目管理器（Project Manager）""打印（Print）"；②"撤销（Undo）""恢复（Redo）"；③"选择（Select）"，该工具右下角有个向下的小箭头，表示单击此工具还会弹出二级菜单，其内容同菜单栏"编辑（Edit）"—"选择（Select）"下的子菜单一样；④"设置栅格和工作区（Grid and Work Plane Settings）""显示栅格（Show Grid）""设置栅格原点（Set Grid Origin）""捕捉到栅格（Snap to Grid）"；⑤"设置XY工作区（Set XY-Work Plane）""设置YZ工作区（Set YZ-Work Plane）""设置XZ工作区（Set XZ-Work Plane）"；⑥"漫游模式（Walk Through 3D Models）""视图设置（Set View，滚轴缩放，"Shift+左键"缩放，"Ctrl+左键"旋转）""前一视图（Previous View）""矩形框缩放（Zoom by Rectangle）""显示全部（View All）"；⑦"选择旋转中心（Pick Center of Rotation）""重设旋转中心（Reset Center of Rotation）""显示/隐藏旋转中心（Show/Hide Center of Rotation）"；⑧"沿反Z轴方向(In Reverse Z-Direction)""视图（View）""轴测图（Isometric）""透视图（Perspective）""视图拉伸（View Stretching）"，其中，"视图（View）"工具的二级菜单内容同菜单栏"视图（View）"—"从特定方向查看（View in Direction）"下的子菜单一样；⑨"模型显示（Model Display）"，该工具的二级菜单内容同菜单栏"选项（Options）"—"模型显示（Model Display）"下的子菜单一样；⑩"分区（Sections）"，该工具的二级菜单内容同菜单栏"编辑（Edit）"—"分区（Sections）"下的子菜单一样；⑪"标量场显示（Scalar Field Display）"，该工具的二级菜单内容同菜单栏"选项（Options）"—"标量场显示（Scalar Field Display）"下的子菜单一样；⑫"颜色标尺（Color Scale）"，该工具的二级菜单内容同菜单栏"选项（Options）"—"颜色标尺（Color Scale）"下的子菜单一样；⑬"查看/编辑几何域（View/Edit Domain Geometry）""查看/编辑有限元网格（View/Edit FE-Mesh）""查看/编辑域特性（View/Edit Domain Properties）""查看/编辑初始条件（View/Edit Initial Conditions）""查看/编辑边界条件（View/Edit Boundary Conditions）""计算当前项目（Calculate Current Project）""查看结果（View Results）""编辑网格属性（Edit Properties on Mesh）"，这里的8个工具，除"计算当前项目"和"编辑网格属性"以外，其余

6个工具均与工作区底部的标签一一对应，其功能也完全一致，双击导航栏中相应的文件夹也可以实现同样功能。

通过切换工作区底部的标签，可以对建模过程中的"几何域（Geometry）""有限元网格（Mesh）""域特性（Domain Properties）""初始条件（Initial Conditions）""边界条件（Boundary Conditions）""结果（Results）"进行设置或展示（图1.14）。

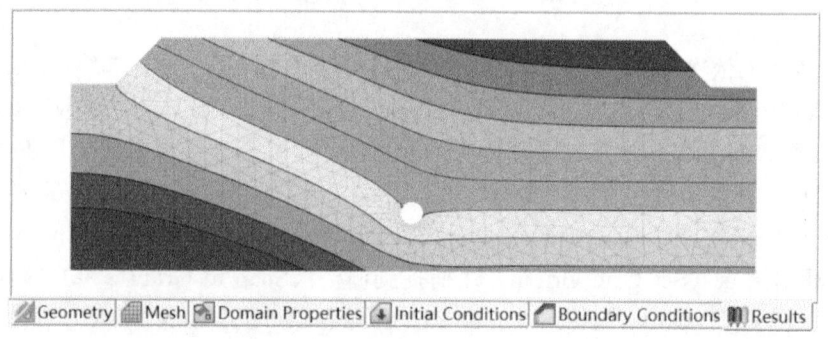

图1.14　HYDRUS-(2D/3D)工作区

HYDRUS-(2D/3D)的状态栏比HYDRUS-1D更丰富一些。当鼠标位于工作区（Work Plane）时（无须单击），状态栏左侧会给出有限元网格编号（Mesh Element）或几何对象的编号（如Line No. 6 of type Polyline）的提示，同时在右侧会给出鼠标对应位置的坐标值。当鼠标位于右侧编辑栏时，状态栏会给出鼠标停靠位置所在选项的功能描述。

1.3.3　HYDRUS-(2D/3D)导航栏

HYDRUS-(2D/3D)的导航栏包括三个标签——"数据（Data）""视图（View）""分区（Sections）"（图1.15）。

"数据"标签下给出了所有已打开项目的模型设置数据。其形式为目录树。一级目录从上至下依次为"项目信息（Project Information）""几何域（Geometry）""水流和溶质运移参数（Flow and Transport Parameters）""有限元网格（Mesh）""域特性（Domain Properties）""初始条件（Initial Conditions）""边界条件（Boundary Conditions）""辅助对象（Auxiliary Objects）"，上述目录同"编辑（Edit）"菜单下的相关选项。除此之外"数据（Data）"标签下还有"结果（Results）"和"结果-其他信息（Results-Other Information）"。某些目录下还会有二级或三级子目录。随着模型的建立，相关数据信息也会越来越完善。

1 HYDRUS 概述

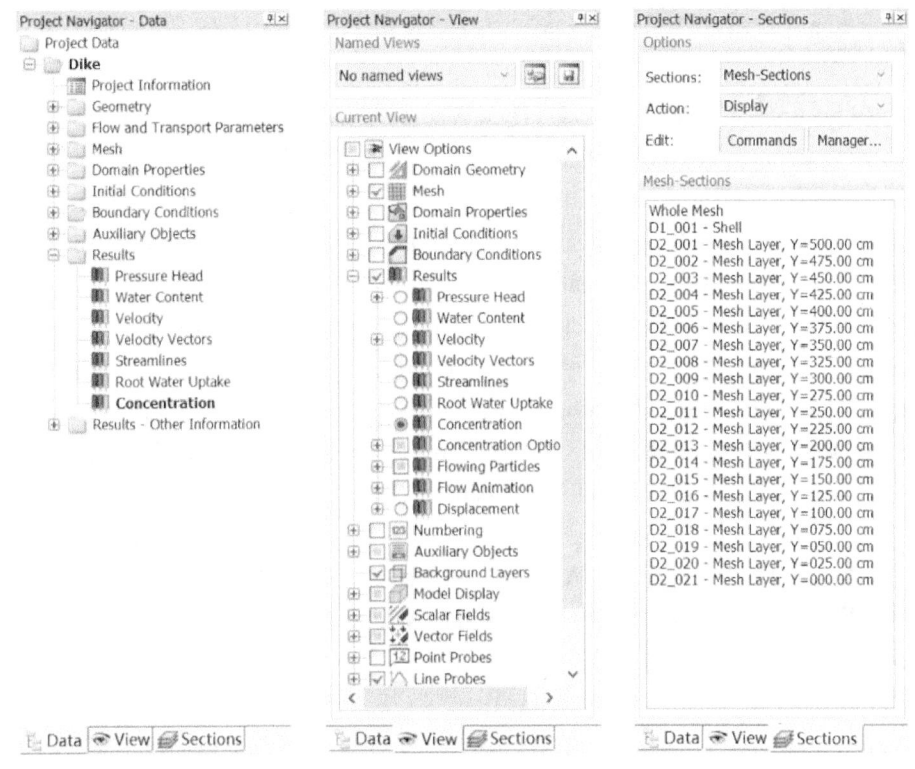

图 1.15　HYDRUS-(2D/3D)导航栏

"视图"标签也是一个目录树的形式。与"数据（Data）"标签不同的是，"视图（View）"标签下的目录树不是文件夹，而是单选按钮或复选框，其功能主要是控制相应视图的打开或关闭（单选按钮）或者相应对象的显示或隐藏（复选框）。其一级目录包括"几何域（Domain Geometry）""有限元网格（Mesh）""域特性（Domain Properties）""初始条件（Initial Conditions）""边界条件（Boundary Conditions）""结果（Results）""对象编号（Numbering）""辅助对象（Auxiliary Objects）""背景层（Background Layers）""模型显示（Model Display）""标量场（Scalar Fields）""矢量场（Vector Fields）""点探针（Point Probes）""线探针（Line Probes）""照明（Lighting）""颜色标尺（Color Scale）"。

对于"分区"标签，首先在 Sections 下拉菜单处选择"几何分区（Geo-Sections）"或"有限元分区（Mesh-Sections）"，在 Action 下拉菜单处选择是"显示（Display）"还是"选择（Select）"。通过这两个下拉菜单的组合来确定是对哪一种分区进行何种操作。此外，该标签下有两个按钮——"命令（Commands）"和"管理器（Manager）"，单击这两个按钮会弹出下拉菜单或窗口，其内容同样与工作区的标签选择有关。

如果工作区处于"几何域（Domain Geometry）"。单击"命令"按钮弹出下拉菜单包括：①显示整个域（Display Whole Domain）；②显示所选的分区（Display Selected Sections）；③隐藏整个域（Hide Whole Domain）；④隐藏所选的分区（Hide Selected Sections）；⑤隐藏所选的对象（Hide Selected Objects）；⑥只显示所选的对象（Display Only Selected Objects）；⑦显示前一视图（Display Previous Patial View）；⑧反向显示（Toggle Visibility）；⑨生成几何分区（Generate Geo-Sections）；⑩基于所选对象新建分区（Create New Section from Selected Objects）；⑪基于当前视图新建分区（Create New Section from Current View）；⑫删除所选分区（Delete Selected Sections）；⑬重命名所选分区（Rename Selected Section）；⑭将所选分区上移一层（Move Selected Section Up）；⑮将所选分区下移一层（Move Selected Section Down）；⑯选择所选分区的对象（Select Objects of Selected Sections）；⑰取消选择所选分区的对象（Unselect Objects of Selected Sections）；⑱在对话框中编辑分区（Edit Sections in Dialog）。

如果工作区选中的是"有限元网格（Mesh）"。单击"命令"按钮弹出的下拉菜单包括：①显示全部有限元网格（Display Whole FE-Mesh）；②显示所选的分区（Display Selected Sections）；③隐藏全部有限元网格（Hide Whole FE-Mesh）；④隐藏所选的分区（Hide Selected Sections）；⑤隐藏所选的节点/单元（Hide Selected Nodes/Elements）；⑥只显示所选的节点/单元（Display Only Selected Nodes/Elements）；⑦显示所选视图（Display Previous Section View）；⑧反向显示（Toggle Visibility）；⑨生成有限元网格分区（Generate FE-Mesh Sections）；⑩基于所选节点新建分区（Create New Section from Selected Nodes）；⑪基于当前视图新建分区（Create New Section from Current View）；⑫删除所选分区（Delete Selected Sections）；⑬重命名所选分区（Rename Selected Section）；⑭将所选分区上移一层（Move Selected Section Up）；⑮将所选分区下移一层（Move Selected Section Down）；⑯选择所选分区的有限元网格节点/单元（Select FE-Mesh Nodes/Elements of Selected Sections）；⑰取消选择所选分区的有限元网格节点/单元（Unselect FE-Mesh Nodes/Elements of Selected Sections）；⑱在对话框中编辑分区（Edit Sections in Dialog）。

当工作区处于"几何域（Geometry）"或"有限元网格（Mesh）"时，单击"管理器（Manager）"按钮会弹出一个窗口。其功能同"命令（Commands）"按钮下的菜单相似，都是对分区进行显示、隐藏、选择、反选、编辑和新建等。

1.3.4 HYDRUS-(2D/3D)编辑栏

HYDRUS-(2D/3D)的编辑栏随导航栏中所选项目不同而不同。

当导航栏选中"几何域（Geometry）"文件夹及其二级目录时，编辑栏的功能主要是绘制点、线、面、开口、厚度和立体，也可进行对象的复制、旋转、镜像，以及设置交叉点、插入点、分段线等。编辑栏需要重视的功能之一是底部的"帮助（Help）"标签。这里除了会给出相应的提示外，还包括"检查数据一致性（Check Data Consistency）""修复几何模型（Repair Geometry）"，同时给出了下一步应进行的操作，如"Next：FE-Mesh"。

当导航栏选中"有限元网格（Mesh）"文件夹及其二级目录时，其功能是实现有限元网格的编辑和分区设置。编辑选项包括"有限元网格参数（FE-Mesh Parameters）""有限元网格结果统计（FE-Mesh Statistics）""删除有限元网格（Delete FE-Mesh）""插入网格加密（Insert Mesh Refinement）""插入网格牵伸（Insert Mesh Stretching）""删除所有网格加密（Delete All Mesh Refinement）""删除所有网格牵伸（Delete All Mesh Stretching）""生成有限元网格（Generate FE-Mesh）""删除所选的有限元（Remove Selected Elements）"等。除此之外，编辑栏还提供了分区命令，与工具栏中的"分区命令（Section Commands）"，或菜单栏"编辑（Edit）"—"分区（Sections）"选项下的二级子菜单相同。"有限元选择（FE-Mesh Selection）"下的两个复选框——"选择网格节点（Select Mesh Nodes）""选择网格单元（Select Mesh Elements）"与"编辑（Edit）"菜单下的"有限元网格（FE-Mesh）"选项下的二级子菜单相同。

当导航栏选中"域特性（Domain Properties）"文件夹及其二级目录时，编辑栏功能主要是设置"土壤质地分布（Material Distribution）""根系吸水（Root Water Uptake）""节点补水量（Nodal Recharge）""缩放因子（Scaling Factor）""各向异性（Anisotropy）""子区（Subregions）""观测点（Observation）""流动粒子（Flowing Particles）"的数值或位置。这里有两种模式可供选择：一种是几何模式（Geo Objects）；另一种是有限元网格模式（FE-Mesh），二者可通过编辑栏里的"Edit Properties on…"相互切换。有限元网格模式下的域特性编辑是对网格节点进行操作，如设置某个或某些节点的质地、根系分布密度函数值、补水量、缩放因子、各向异性等，同时也可以通过选择节点的方式设置观测点和流动粒子，而几何模式下的所有属性编辑都是针对几何对象（点、线、面）。在几何模式下，可以选中某个平面将其整体设置为某种质地。在几何模式下设置属性需要先单击编辑栏里的"新建（New）"按钮预先建立这个属性，然后才能将其赋予（Assign）某个几何对象。已经建立的属性也可以单击"编辑（Edit）"按钮进行修改。需要注意的是，HYDRUS-(2D/3D)所采用的算法是有限元法，其计算过程是针对每一个节点展开的，因此在几何模式下设置的属性或者条件最终都要转换成有限元模式。某些属性下预留了"Transfer to the Mesh"工具，单击此按钮可手动转换。

当导航栏选中"初始条件（Initial Conditions）"文件夹及其二级目录时，编辑栏功能主要是设置"水头/含水量（Pressure Head/Water Content）""温度

(Temperature)""浓度（Concentration）"的初值。"Tools and Options"选项下的"Graphs"按钮提供了四种曲线显示工具——"截面图（Cross-Section Chart）""网格线图（Meshline）""边界线图（Boundary Meshline）""多段线图（Polyline Probe）"。勾选"Show Min/Max Values"可以在图中标出当前条件的最小值和最大值。同设置域特性的方式一样，单击"Edit Properties on…"可以在几何模式与有限元网格模式下相互切换。

当导航栏选中"边界条件（Boundary Conditions）"文件夹及其二级目录时，编辑栏功能主要是设置节点的边界条件类型，参考菜单栏"插入（Insert）"—"边界条件（Boundary Conditions）"下的内容。

当导航栏选中"结果-图形显示（Results-Graphical Display）"文件夹及其二级目录时，编辑栏功能主要是设置相应变量的颜色标尺，还可以选择相应的输出时刻观察工作区中的结果。这里有一个非常重要的复选框——"流动画（Flow Animation）"，勾选之后，图形窗口内的结果会以动画形式按输出时刻循环播放。

2 土壤物理性质

反映土壤三相物质组成的基本物理性质有土壤质地、土粒密度、土壤容重和土壤孔隙度等。它们与土壤肥力和植物生长密切相关，也是土壤物理学，即水、肥（溶质）、气、热（能量）动力学研究的重要基础。

2.1 土壤质地

土壤质地是指土壤颗粒大小的变动范围，具体来说是指某一土壤颗粒大小分布或各种大小颗粒的相对比例。土壤颗粒大小差别较大，为便于研究不同大小颗粒的性质，人们将一系列大小不同的土壤颗粒根据有效直径分为不同粒级。颗粒的有效直径可通过实验测定。大颗粒（≥0.5mm）的有效直径常用机械筛分法来测定，小颗粒（<0.5mm）通过沉降法来分离测定。

土壤质地分类是按照土壤颗粒组成的比例对土壤进行分类，一般可分为砂土、壤土和黏土三类，由于某一质地的颗粒组成均有一定的变化范围，因而可以细分为若干质地。图2.1为美国农业部的土壤质地三角形，根据不同砂粒（0.05～2mm）、粉粒（0.002～0.05mm）和黏粒（<0.002mm）含量将土壤质地分为12类，分别为：砂土（sand）、壤砂土（loamy sand）、砂壤土（sandy loam）、壤土（loam）、粉土（silt）、粉壤土（silt loam）、砂质黏壤土（sandy clay loam）、黏壤土（clay loam）、粉质黏壤土（silty clay loam）、砂黏土（sandy clay）、粉黏土（silty clay）和黏土（clay）。

2.2 土壤基质的三相比及其综合性质

土壤是由固、液、气三相物质组成的一个复杂体系。固相部分包括矿物质和有机质，土壤水和土壤空气分别构成了土壤液相和气相部分。通常，土壤固相部分相对稳定，而液相和气相部分变化频繁。当土壤孔隙度一定时，液相和气相部分此消彼长。这种变化取决于土壤质地、气象条件、地表植被状况和土壤管理等因素。

土壤基质的三相物质比例常用质量分数或体积分数来表示。图2.2为土壤三相物质比例示意图，各字母含义见下列公式。

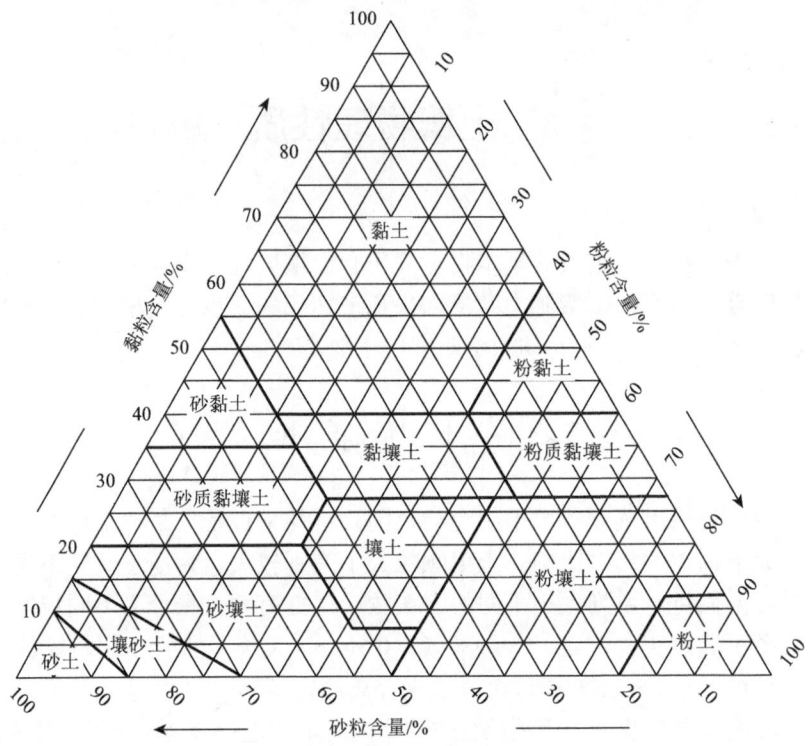

图 2.1　美国农业部土壤质地三角形

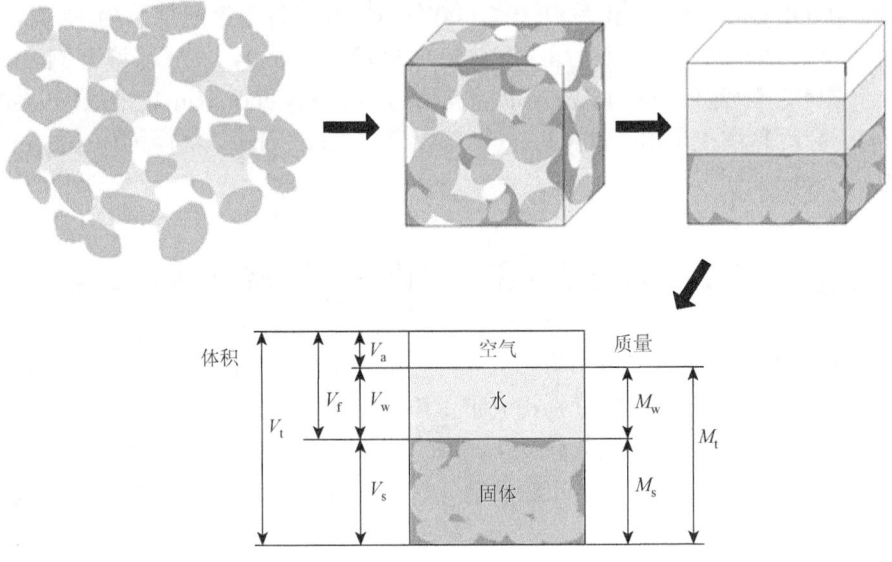

图 2.2　土壤三相物质比例示意图

(1) 土壤容重 (bulk density),又称土壤密度或干容重,是干的土壤基质质量与总体积之比,用符号 ρ_b 表示:

$$\rho_b = M_s / V_t \tag{2.1}$$

式中,M_s 为土壤固相物质质量;V_t 为土壤基质总体积。

土壤容重与土壤质地、压实状况、土壤颗粒密度、土壤有机质含量及各种土壤管理措施有关。黏质土的容重(1000~1500kg/m³)往往小于砂质土(1200~1800kg/m³)。有机质含量高、结构性好的土壤容重小。耕作亦可降低土壤容重。

(2) 孔隙度 (porosity),是单位体积土壤中孔隙容积所占的比例,用符号 f 表示:

$$f = V_f / V_t = (V_a + V_w)/(V_s + V_a + V_w) \tag{2.2}$$

式中,V_t 为土壤基质总体积;V_f 为土壤基质的孔隙容积;V_w 和 V_a 分别为土壤水和土壤空气的容积;V_s 为土壤固相的体积。土壤孔隙度说明了土壤的疏松程度及水分和空气容量的大小。土壤孔隙度与土壤质地有关,一般土壤孔隙度为0.3~0.6。

(3) 充气孔隙度 (air-filled porosity),是指土壤中空气的相对含量,用符号 a 表示:

$$a = V_a / V_t = V_a /(V_s + V_a + V_w) \tag{2.3}$$

式中,V_t 为土壤基质总体积;V_w 和 V_a 分别为土壤水和土壤空气的容积;V_s 为土壤固相的体积。充气孔隙度是表征土壤通气状况的一项重要指标。在非膨胀性土壤中,a 与土壤容积含水量 θ 的关系是

$$a = f - \theta \tag{2.4}$$

2.3 土壤水分表示方法

土壤含水量是土壤绝对水量相对于土壤的一些特性指标,如固相质量、土壤总体积、土壤孔隙容积等的比值。依据常用的参照体系,土壤含水量的定义方式一般有质量含水量、容积含水量、水层厚度、饱和度。每种定义方式在特定的条件下都有其应用上的优点。

(1) 质量含水量,又称重量含水量(gravimetric water content),是指土壤水的质量(M_w)与土壤固相物质质量(M_s)的比值,用符号 θ_m 表示:

$$\theta_m = M_w / M_s \tag{2.5}$$

式中,M_w 为土壤水的质量;M_s 为土壤固相物质质量。

(2) 容积含水量(volumetric water content),是指土壤水的容积(V_w)与土壤基质总体积(V_t)的比值,用符号 θ_v 表示:

$$\theta_v = V_w / V_t = V_w / (V_s + V_a + V_w) \tag{2.6}$$

式中，V_t 为土壤基质总体积；V_w 和 V_a 分别为土壤水和土壤空气的容积；V_s 为土壤固相的体积。

容积含水量从统一的空间角度研究问题，能更直观地反映土壤水分存在的状况，揭示土壤水分运动各要素之间的关系，因而在研究中比质量含水量应用得更广泛。一般不特别说明，土壤含水量（θ）指的就是容积含水量（θ_v）。

在实际工作中，广泛应用的烘干法直接测定的都是质量含水量，但只要知道土壤的容重（ρ_b）和水的密度（ρ_w），就可以通过式（2.7）获得土壤容积含水量：

$$\theta_v = \theta_m \cdot \rho_b / \rho_w \tag{2.7}$$

（3）水层厚度（equivalent depth of soil water），在研究土壤水分平衡和排水、灌溉时，往往采用水层厚度来表示土壤含水量。假设可以将一定面积和一定厚度的土壤压实成无孔隙的实体，此时土壤中的水分会集中在一起并均匀地分布在土体的表面，形成一定厚度的水层（图 2.2），水层厚度用 D_e 表示：

$$D_e = \theta \cdot D \tag{2.8}$$

式中，D 为有着均匀土壤含水量 θ 的土层厚度。

（4）饱和度（degree of saturation），是指土壤水的容积（V_w）与土壤基质孔隙容积（V_f）的比值，用符号 S 表示：

$$S = V_w / V_f = V_w / (V_a + V_w) \tag{2.9}$$

式中，V_f 为土壤基质的孔隙容积；V_w 和 V_a 分别为土壤水和土壤空气的容积。

对于非膨胀性土壤，由于土壤的饱和容积含水量（θ_s）与土壤孔隙度（f）相等，饱和度也可表示为

$$S = \theta / \theta_s \tag{2.10}$$

饱和度可以更清楚地反映土壤水分在土壤孔隙中的填充状况，在研究土壤水分运动时经常用到。此外，由于土壤中存在一些不连通的孔隙（死孔）和微孔，在这些孔隙中的水往往流动性极差或不流动，这部分孔隙对土壤水分运输的贡献很小。一些研究认为土壤在此含水量下导水率和扩散率为零，因而用有效饱和度（Θ）来反映土壤中的有效水分含量更为适宜：

$$\Theta = \frac{\theta - \theta_r}{\theta_s - \theta_r} \tag{2.11}$$

式中，θ_r 为滞留含水量，根据研究需要通常近似取风干土含水量。

3 土壤水分运动

土壤水分运动是陆地水循环中复杂的重要环节之一,也是土壤圈物质循环的重要组成部分,同时土壤水也是热量和溶质在土壤中传输的主要载体。

3.1 土壤水势

土壤中水的数量只是土壤水分的某一瞬时状态,对于研究土壤水分运动是不够的,还必须分析土壤水分所处的能量状态。不同位置土壤水分能量状态的差异是土壤水分运动的驱动力。土壤水的机械能包括动能和势能。但是通常情况下,水在土壤中的流动速率很小,以致动能可忽略不计。因此,土壤水的能量状态可用其势能来代替,简称土壤水势。

水分子在土壤中受到多种力的作用,包括重力、通过液体均匀传递的压力、土壤颗粒的吸持力、溶质的吸力等。此外,温度通过改变土壤理化性质(如黏性、表面张力和渗透压)进而改变土壤水分的熵值最终影响水势。

势能是物体由于力场的作用在位移方向上所具有的能量,因此土壤水的势能没有绝对量,只有相对大小,需要选择一个标准参考状态。通常情况下将纯的(没有溶质)、自由的(除了重力以外没有其他外力)水在参考压力 p_0、参考温度 T_0 和参考高度 z_0 下的状态定义为标准参考状态。土壤水势即单位数量的水所具有的能量与其在标准参考状态下能量的差。

土壤水势随着土壤水分数量的计量方式不同存在不同的表达形式:

(1) 单位质量土壤的水势 μ,单位为 J/kg;

(2) 单位容积土壤的水势 ψ,单位为 Pa;

(3) 单位重量土壤的水势 H,单位为 cm 或 m。此时土壤水势的量纲为长度,计算过程最简单。在 HYDRUS 模型中如无特殊说明,均为单位重量土壤的水势。

这三者之间存在如下数量关系:

$$\mu = \frac{\psi}{\rho_w} = g \cdot H \tag{3.1}$$

式中,ρ_w 为水的密度;g 为重力加速度。

土壤水势总体来说由 5 个分量——重力势、基质势、压力势、溶质势(或渗透势)和温度势组成。

1）重力势

土壤水的重力势是由重力场的存在而引起的,是将单位重量的水从高度 z 移到参考高度 z_0,土壤水所做的功。重力势的大小与坐标原点的位置和坐标轴的方向有关,可以通过测定研究点与参考平面的相对位置($z-z_0$)得到。HYDRUS-1D 模型将参考高度 $z_0=0$ 选在了地表,对于一维垂向问题来说,向上为正,向下为负。HYDRUS-(2D/3D)可将参考平面选在地表或地下水位等处。

2）基质势

土壤水的基质势是由土壤基质对水的吸持作用和毛细管作用而引起的,是将单位重量的水从非饱和土壤中的某一点移到标准参考状态,除基质作用外,其他各项维持不变时土壤水所做的功。对于饱和土壤,土壤水的基质势与自由水相当,此时没有基质吸力,只存在重力,因此基质势为零。所以饱和土壤所处的状态就是基质势的标准参考状态。对于非饱和土壤,在此过程中土壤水要克服土壤基质的吸持作用,所以土壤水所做的功为负值,基质势小于零。

3）压力势

土壤水的压力势是由上层土壤水的重力作用引起的,是上层的饱和水对下层某一位点所施加的压力。其标准参考状态定义为大气压。在非饱和条件下,由于土壤孔隙的连通性,各点土壤水承受的压力均可近似为大气压,因此压力势为零。在饱和区土壤水的压力势大于等于零,其中在潜水面处等于零（饱和,且与大气连通）。具体的水势大小可以通过压力计直接测定,或通过测定观测点位置到水-气界面的相对位置获得。

4）溶质势

土壤水的溶质势（H_s）是土壤溶液中所有溶质对土壤水分综合作用的结果,指与研究点处土壤溶液组成一样的溶质溶解在单位重量纯水中引起的能量变化。没有任何溶质的纯水是其标准参考状态。

溶质势恒为负值,常用 van't Hoff 公式计算:

$$H_s = -RTc'_s / (\rho_w \cdot g) \tag{3.2}$$

式中,c'_s 为溶质的摩尔浓度（mol/m³）;R 为气体常数[8.314J/(mol·K)];T 为绝对温度（K）;ρ_w 为水的密度;g 为重力加速度。

溶质势只有在半透膜存在的情况下才起作用。半透膜即膜孔的大小刚好允许水分子通过,而大多数溶质分子或离子由于直径大于膜孔孔径而不能通过。植物根系存在半透膜,因此考虑植物根系吸水问题时,溶质势的作用不可忽略。土壤水分的气态转换和传输也类似于半透膜。当水分子以气态形式运动时,通常土壤溶液中的溶质分子或离子很少能随水汽迁移,由此形成对溶质的隔离。此时,土壤溶液的溶质势是影响水汽运动的重要因素,因为溶质势决定着气-液界面上水汽压差的大小。在蒸发或土壤比较干燥的情况下，水汽扩散在土壤水分运动中发挥着重要作用，应当考虑溶质势的影响。

5）温度势

土壤水的温度势（H_T）是由温度场的温差所引起的，可由研究点的温度与标准参考状态下的温度之差（ΔT）决定：

$$H_T = -S_e \Delta T / (\rho_w \cdot g) \tag{3.3}$$

式中，S_e 为单位数量土壤水分的熵值；ρ_w 为水的密度；g 为重力加速度。在分析土壤水分运动时，通常仅考虑其他四个分势就可以解释土壤物理中绝大部分现象，所以温度势的作用常被忽略。

6）土壤总水势

上述五个分势加上其他可能的水势分量构成土壤总水势，其中，各分势的相对重要性因研究的具体问题不同而有所不同。通常情况下，溶质势和温度势都很小，可以忽略不计。在分析田间饱和土壤水分运动时，基质势为零，总水势近似由压力势和重力势组成。在研究非饱和土壤水分运动时，通常认为土壤所有孔隙是与大气连通的，压力势为零，总水势仅考虑基质势和重力势。基质势和压力势总有一个为零，或者两者同时为零（潜水面），二者之和称为水头（hydraulic head，h）。

3.2 土壤水分特征曲线

3.2.1 土壤水分特征曲线的定义

土壤中不同大小孔隙中的水处于不同的能量状态，且水势的大小与孔隙尺寸特征密切相关。当外界的能量低于土壤孔隙水时，土壤孔隙排水；反之，土壤孔隙吸水。在一定的能量状况下，小于某一等效孔径的土壤孔隙为水所充满，大于此孔径的土壤孔隙不能吸持水分。因此，土壤水的能量（h）与数量（θ）必然存在着某种对应关系。在一定温度条件下，这种关系仅与土壤自身属性有关，是土壤重要的水力特性之一，决定着土壤水分循环的速率和方向。土壤水的数量与能量之间的关系称为土壤水分特征曲线，或持水曲线（soil retention curve）（图 3.1）。依据毛细管理论，土壤水分特征曲线实际反映的是土壤孔隙状况与含水量之间的关系。它主要受土壤质地、结构、容重、温度等因素的影响。

3.2.2 土壤水分特征曲线模型

由于土壤水分特征曲线的影响因素复杂，迄今为止尚没有从理论上建立土壤含水量和土壤基质势之间的关系，通常用经验模型来描述，常用的模型有 van Genuchten-Mualem 模型、Brooks-Corey 模型和 Kosugi 模型等。

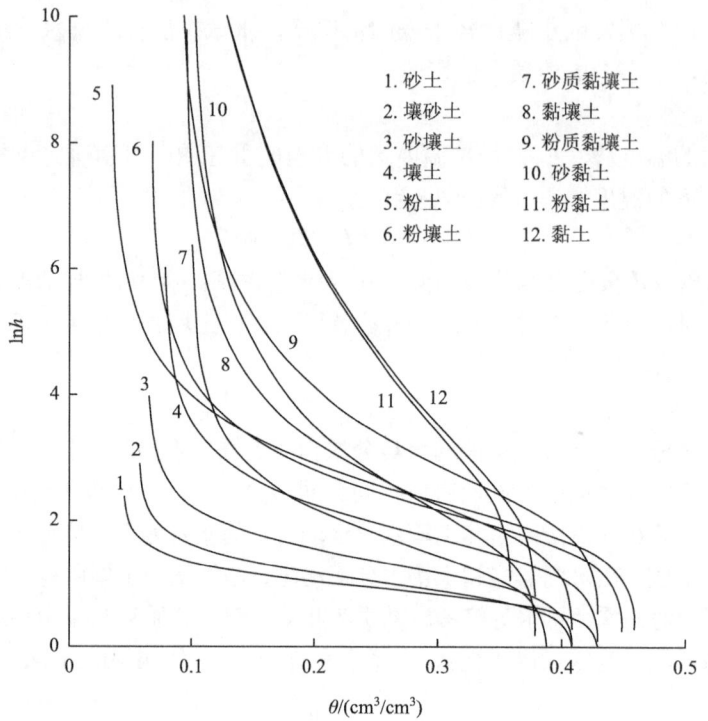

图 3.1　HYDRUS 中 12 种质地土壤平均水分特征曲线

基于 van Genuchten-Mualem 模型和 NRCS 土壤普查数据库

(1) van Genuchten-Mualem 模型：

$$\Theta = \frac{\theta - \theta_r}{\theta_s - \theta_r} = \begin{cases} [1+(\alpha|h|)^n]^{-m} & h<0 \\ 1 & h \geqslant 0 \end{cases} \quad (3.4)$$

式中，Θ 为有效饱和度；θ 为容积含水量；θ_s 为饱和含水量；θ_r 为残留含水量；h 为基质势；α、m 和 n 为模型形状参数，$n>1$。其中，$m = 1-1/n$（Mualem，1976；van Genuchten，1980）。

(2) 改进的 van Genuchten-Mualem 模型：

改进的 van Genuchten-Mualem 模型以进气值（air entry value，h_b）作为分隔点，分隔非线性曲线段和直线段，使得模型在描述近饱和状态下的土壤水力学特性时更加灵活（Vogel and Císlerová，1988）。此外，为了提高模型的适应性，曲线方程中用一个虚构的参数 θ_m 替代饱和含水量 θ_s（θ_m 略大于 θ_s），残留含水量 θ_r 用一个虚构参数 θ_a 替代（$\theta_a \leqslant \theta_r$）：

$$\Theta = \frac{\theta - \theta_a}{\theta_m - \theta_a} = \begin{cases} [1+(\alpha|h|)^n]^{-m} & h<h_b \\ 1 & h \geqslant h_b \end{cases} \quad (3.5)$$

这一改动对持水曲线的模拟没有太大的影响，但是对 3.4.3 节将要介绍的非饱和导水率模型的影响十分显著，尤其是针对质地比较细（$1.0<n<1.3$）的土壤类型。

（3）Brooks-Corey 模型：

$$\Theta = \begin{cases} \dfrac{\theta - \theta_r}{\theta_s - \theta_r} = \left(\dfrac{h_b}{h}\right)^\lambda & h < h_b \\ 1 & h \geqslant h_b \end{cases} \quad (3.6)$$

式中，Θ 为有效饱和度；θ 为容积含水量；θ_s 为饱和含水量；θ_r 为残留含水量；h 为基质势；h_b 为进气值；λ 为模型形状参数。其中，进气值（h_b）是土壤开始排水的临界基质势值，即土壤含水量从饱和含水量开始下降的临界基质势（Brooks and Corey，1964）。

（4）Kosugi 模型：

$$\Theta = \frac{1}{2} \text{erfc} \left[\frac{\ln(h/h_0)}{\sqrt{2}\sigma} \right] \quad (3.7)$$

式中，Θ 为有效饱和度；h_0 和 σ 为模型形状参数；erfc 为余误差函数（Kosugi，1996）。

3.2.3 土壤水分特征曲线的用途

土壤水分特征曲线提供了土壤水基质势和含水量之间的换算关系。在田间，通过基质势的测定也可以间接而快速地获得土壤水分状况信息。例如，当土壤水基质势为-33kPa 时对应的含水量可认为是田间持水量（field capacity），当土壤水基质势为-1500kPa 时对应的含水量为凋萎点（wilting point），这样就可以将不同质地土壤的田间持水量和凋萎点用相同的能量状态予以统一。植物可利用水分正是介于这二者之间。-33kPa 和-1500kPa 这两个数值在预测土壤水力学参数的 Rosetta 模型中有着非常重要的用途，6.1.2.9 节还会提到。

土壤水分特征曲线也可以间接地反映土壤孔隙大小分布状况，用来分析不同质地土壤的持水性和有效性。根据测定的土壤水分特征曲线和饱和导水率，结合相应的导水率模型，计算土壤的非饱和导水率，为土壤水分运动的模拟和预报提供基本运动参数。

3.3 饱和土壤中的水流

3.3.1 土壤水分运动状态

1) 平衡与非平衡

土壤水分运动的内在动力是水势梯度,即土壤水从水势高处往水势低处流动。在平衡状态下,土壤系统内部各点水势相等,土壤水处于相对静止状态。只要土壤系统内部存在水势不等的点,系统就不会平衡,土壤内就会有水分运动。所以,发生水分运动的土壤系统必定是非平衡系统。在没有外界物质和能量输入的条件下,土壤系统会自发地向平衡状态转化。在自然条件下,往往系统还没有达到平衡状态,土壤系统的外界条件(降水、太阳辐射、蒸发、灌溉、蒸腾等)已经发生变化,因此自然土壤大多处于非平衡状态。

2) 饱和与非饱和

液态水可以在土壤饱和状态下运动,如地下水的流动,也可以在非饱和状态下运动,如田间水分的蒸发和根系吸水过程。而田间水分的其他一些过程,如水分入渗、再分配过程,以及浅层地下水的蒸发过程则既包含饱和水分运动,也包含非饱和水分运动。

3) 稳态与非稳态

非平衡土壤水分运动可以是稳态的,也可以是非稳态的。当土壤系统的边界输入条件恒定时,系统总会达到这样一种状态——系统内各点的水势梯度恒定,从而水流通量不随时间发生变化,因此土壤内水分储量也不会发生变化,各点水势恒定(注意不是相等),这样的系统称为稳态系统。如果土壤系统的边界输入条件是变化的,或在系统从开始到稳态的转化过程中,以及系统内部的再分配过程中,系统的水势、水流通量、水分储量随时间发生变化,这样的系统称为非稳态系统。

3.3.2 达西定律

饱和情况下,土壤水分运动的内在动力是压力势和重力势梯度,通过土壤的水流通量与土壤水势梯度成正比。饱和情况下土壤水分运动过程中的能量损失规律称为达西定律:

$$J_w = \frac{Q}{A} = \frac{V}{A \cdot t} = -K_s \cdot \frac{\Delta H}{\Delta z} \tag{3.8}$$

用微分形式表示为

$$J_w = -K_s \cdot \frac{dH}{dz} \quad (3.9)$$

式中，J_w 为水流通量 $[LT^{-1}]$；Q 为流量 $[L^3T^{-1}]$；A 为横截面积 $[L^2]$；V 为过水体积 $[L^3]$；t 为时间 $[T]$；K_s 为饱和导水率 $[LT^{-1}]$，这是一个与水流状况无关仅与土壤特性有关的参数；H 为水势；$\Delta H/\Delta z$ 为水势梯度 [量纲一]；负号表示水流运动方向与水势梯度方向相反。

HYDRUS 中，典型土壤的饱和导水率及 van Genuchten-Mualem 模型 [式（3.4）] 参数如表 3.1 所示。

表 3.1 HYDRUS 中典型土壤的饱和导水率及 van Genuchten-Mualem 模型参数

土壤质地	θ_r	θ_s	a/cm^{-1}	n	$K_s/(\text{cm/d})$
砂土	0.045	0.43	0.145	2.68	712.80
壤砂土	0.057	0.41	0.124	2.28	350.20
砂壤土	0.065	0.41	0.075	1.89	106.10
壤土	0.078	0.43	0.036	1.56	24.96
粉土	0.034	0.46	0.016	1.37	6.00
粉壤土	0.067	0.45	0.020	1.41	10.80
砂质黏壤土	0.100	0.39	0.059	1.48	31.44
黏壤土	0.095	0.41	0.019	1.31	6.24
粉质黏壤土	0.089	0.43	0.010	1.23	1.68
砂黏土	0.100	0.38	0.027	1.23	2.88
粉黏土	0.070	0.36	0.005	1.09	0.48
黏土	0.068	0.38	0.008	1.09	4.80

对于均质土壤，土壤各向同性，各个方向上的导水率相等，三维空间水分运动的达西定律可写成

$$J_w = -K_s \cdot \left(\frac{\partial H}{\partial x} \boldsymbol{i} + \frac{\partial H}{\partial y} \boldsymbol{j} + \frac{\partial H}{\partial z} \boldsymbol{k} \right) \quad (3.10)$$

式中，$\boldsymbol{i}$、$\boldsymbol{j}$、$\boldsymbol{k}$ 为与 x 轴、y 轴、z 轴方向相同的单位向量。对于非均质土壤，土壤在各个方向上的导水率是不同的。对于三维空间的水分运动，达西定律可写成

$$J_w = -K_{sx} \frac{\partial H}{\partial x} \boldsymbol{i} - K_{sy} \frac{\partial H}{\partial y} \boldsymbol{j} - K_{sz} \frac{\partial H}{\partial z} \boldsymbol{k} \quad (3.11)$$

式中，K_{sx}、K_{sy}、K_{sz} 分别为 x、y、z 三个方向上的饱和导水率。

注意：达西定律只适用于层流状况。当土壤水流通量很高时，惯性力与黏性力相比，其作用不可忽略，水流达到紊流，水流通量与单位能量损失之间不再满足线性关系。此外，当水流通过大的孔隙或过细的孔隙时，水分运动规律可能不符合达西定律。

3.4 非饱和土壤中的水流

饱和水分运动的驱动力主要是重力势梯度和压力势梯度，而非饱和水分运动的驱动力则主要是重力势梯度和基质势梯度。此外，饱和导水率通常为常数，但是非饱和情况下，导水率的大小取决于土壤中连通的充水孔隙的分布状态，非饱和导水率通常远小于饱和导水率，其数值是土壤含水量或基质势的函数。

3.4.1 白金汉-达西定律

白金汉（Buckingham）修正达西定律以描述非饱和土壤中的水流，该定律称为白金汉-达西定律。垂直方向上一维非饱和土壤的白金汉-达西定律可表示为

$$J_w = -K(\theta) \cdot \frac{\partial H}{\partial z} = -K(\theta) \cdot \frac{\partial (h+z)}{\partial z} = -K(\theta) \cdot \left(\frac{\partial h}{\partial z} + 1\right) \tag{3.12}$$

式中，J_w 为水流通量；$K(\theta)$ 为非饱和导水率；H 为水头；h 为基质势；z 为重力势，即空间坐标。

对于各向同性土壤，其三维空间下的白金汉-达西定律可表示为

$$J_w = -K(\theta)\left(\frac{\partial h}{\partial x}\boldsymbol{i} + \frac{\partial h}{\partial y}\boldsymbol{j} + \left(\frac{\partial h}{\partial z}+1\right)\boldsymbol{k}\right) \tag{3.13}$$

如果土壤各向异性，则三个方向上的非饱和导水率函数一般是不同的，白金汉-达西定律可表示为

$$J_w = -K_x(\theta)\frac{\partial h}{\partial x}\boldsymbol{i} - K_y(\theta)\frac{\partial h}{\partial y}\boldsymbol{j} - K_z(\theta)\left(\frac{\partial h}{\partial z}+1\right)\boldsymbol{k} \tag{3.14}$$

式中，$K_x(\theta)$、$K_y(\theta)$、$K_z(\theta)$ 分别为 x、y、z 三个方向上的非饱和导水率函数。

3.4.2 非饱和导水率

非饱和导水率（单位水势梯度下，单位时间内通过单位面积土壤的水量）是土壤含水量（或土壤水势）的函数，随着土壤含水量的增加而升高，随着土壤吸力（基质势绝对值）的增大而降低（图3.2）。在饱和条件下，砂土的导水率高于细质土壤。这是因为粗质土壤的孔隙空间主要分布在少量的大孔隙中，饱和时这部分孔隙充满水，能以较高的导水率传导水分。在非饱和状态下，吸力的微小增加就能使这些大孔隙迅速排空，土壤中只有很细的孔隙中充满水分，导水断面大为减小，且由于细孔隙导水能力很差，土壤有效导水率急剧降低。而对细质土壤来说，其孔隙分布比较均匀，孔隙排水比较缓慢，土壤可以维持较大的持水孔隙，导水率减小较缓。随着土壤含水量的进一步减少，粗质砂土的非饱和导水率甚至会低于细质土。

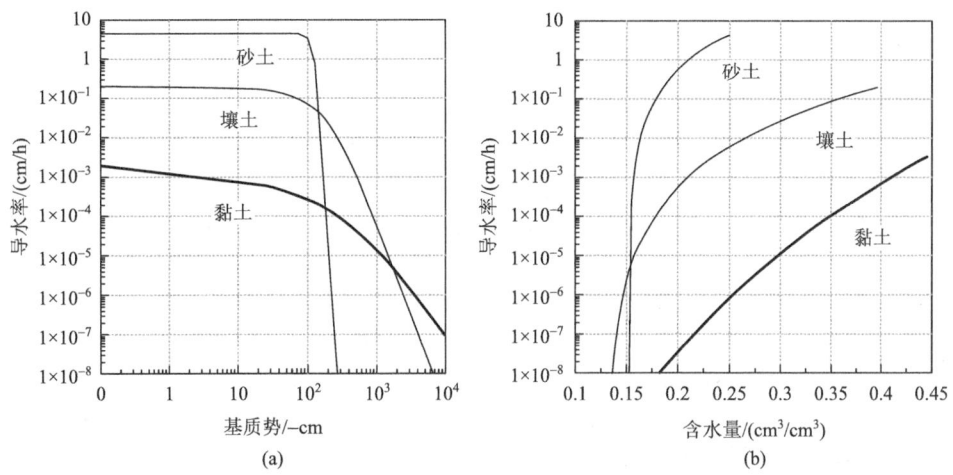

图3.2 非饱和导水率随基质势和含水量的变化

3.4.3 非饱和导水率模型

常用的非饱和导水率模型主要有 van Genuchten-Mualem 模型、Brooks-Corey 模型、Kosugi 模型等。其模型参数的定义与土壤水分特征曲线模型相同，见 3.2.2 节。

（1）van Genuchten-Mualem 模型：

$$K(\theta) = K_s \left(\frac{\theta - \theta_r}{\theta_s - \theta_r} \right)^l \left[1 - \left(1 - \left(\frac{\theta - \theta_r}{\theta_s - \theta_r} \right)^{\frac{1}{m}} \right)^m \right]^2 \tag{3.15}$$

$$K(h) = K_s \cdot \frac{[(1-(\alpha h)^{n-1}[1+(\alpha h)^n]^{-m})]^2}{[1+(\alpha h)^n]^{\frac{m}{2}}} \tag{3.16}$$

式中，$K(\theta)$或$K(h)$为非饱和导水率；K_s为饱和导水率；θ为容积含水量；h为基质势；θ_s为饱和含水量；θ_r为残留含水量；α、m和n为van Genuchten-Mualem模型形状参数（$m=1-1/n$）；l为模型参数，通常取0.5（Mualem，1976；van Genuchten，1980）。

(2) 改进的 van Genuchten-Mualem 模型：

$$K(h)=\begin{cases} K_s K_r(h) & h \leqslant h_k \\ K_k + \dfrac{(h-h_k)(K_s-K_k)}{h_b-h_k} & h_k < h < h_b \\ K_s & h \geqslant h_b \end{cases} \quad (3.17)$$

式中，

$$K_r = \frac{K_k}{K_s}\frac{\Theta}{\Theta_k}\left[\frac{F(\theta_r)-F(\theta)}{F(\theta_r)-F(\theta_{kr})}\right]^2 \quad (3.18)$$

$$F(\theta)=\left[1-\left(\frac{\theta-\theta_a}{\theta_m-\theta_a}\right)^{1/m}\right]^m \quad (3.19)$$

$$\Theta_k = \frac{\theta_k-\theta_r}{\theta_s-\theta_r} \quad (3.20)$$

式中，$K(h)$为非饱和导水率；K_s为饱和导水率；θ为容积含水量；h为基质势；θ_s为饱和含水量；θ_r为残留含水量；θ_m、θ_a、θ_k、h_k、K_k为模型形状参数；h_b为进气值，对于质地较细的土壤（$1.0<n<1.3$），$h_b=-2$cm（Vogel and Císlerová，1988）。

(3) Brooks-Corey 模型：

$$K(\theta)=K_s\left(\frac{\theta-\theta_r}{\theta_s-\theta_r}\right)^{3+\frac{2}{\lambda}} \quad (3.21)$$

$$K(h)=K_s\left(\frac{h}{h_b}\right)^{-2-3\lambda} \quad (3.22)$$

式中，$K(\theta)$或$K(h)$为非饱和导水率；K_s为饱和导水率；θ为容积含水量；h为基质势；θ_s为饱和含水量；θ_r为残留含水量；λ为模型形状参数；h_b为进气值（Brooks and Corey，1964）。

(4) Kosugi 模型：

$$K(h)=K_s\Theta^l\left\{\frac{1}{2}\operatorname{erfc}\left[\frac{\ln(h/h_0)}{\sqrt{2}\sigma}+\frac{\sigma}{\sqrt{2}}\right]\right\}^2 \quad (3.23)$$

式中，$K(h)$为非饱和导水率；K_s为饱和导水率；h为基质势；Θ为有效饱和度；h_0和σ为模型形状参数；erfc 为余误差函数（Kosugi，1996）。

3.5 土壤水分运动基本方程

3.5.1 连续方程

土壤水分运动遵循物质和能量守恒定律。假设土壤为刚性基模，设土壤内部空间任意一点为(x, y, z)，并以此点为中心任意选取一个无限小的六面体，六面体边长分别为Δx、Δy、Δz，并且与相应的坐标轴平行，如图 3.3 所示。

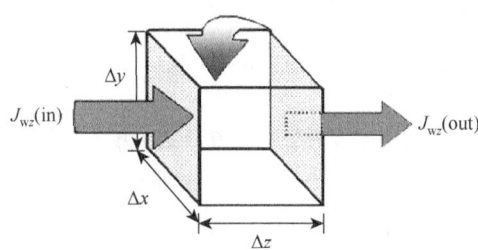

图 3.3 单元土壤基模水分变化示意图

设任意时刻 t，在 Δt 时间内土壤水分运动使单元体内水分质量发生变化。沿 z 方向上的水流通量为 J_{wz}。

在 Δt 时间内，进出单元的水量为 $-[J_{wz}(\text{out})-J_{wz}(\text{in})]\Delta x \Delta y \Delta t$。其间单元含水量的变化为 $\Delta\theta(\Delta x \Delta y \Delta z)$，这两者应相等，即

$$-[J_{wz}(\text{out}) - J_{wz}(\text{in})]\Delta x \Delta y \Delta t = \Delta\theta(\Delta x \Delta y \Delta z) \tag{3.24}$$

两侧约去 $\Delta x \Delta y$，得

$$-[J_{wz}(\text{out}) - J_{wz}(\text{in})]\Delta t = \Delta\theta \Delta z \tag{3.25}$$

即

$$\frac{\Delta\theta}{\Delta t} = -\frac{\Delta J_{wz}}{\Delta z} \tag{3.26}$$

写成微分形式为

$$\frac{\partial\theta}{\partial t} = -\frac{\partial J_w}{\partial z} \tag{3.27}$$

式（3.27）即一维土壤水流运动的连续方程，其含义为土壤含水量随时间的变化等于水流通量随空间的变化。

设单元体三个方向的水流通量分别为 J_{wx}、J_{wy} 和 J_{wz}，并设单位体积土体植物根系的吸水速率为 S，则三维空间下土壤水流运动的连续方程可表示为

$$\frac{\partial \theta}{\partial t} = -\left(\frac{\partial J_{wx}}{\partial x} + \frac{\partial J_{wy}}{\partial y} + \frac{\partial J_{wz}}{\partial z}\right) - S \qquad (3.28)$$

3.5.2 Richards 方程

将白金汉-达西定律 [式（3.12）和式（3.14）] 代入连续方程 [式（3.27）和式（3.28）]，可得一维和三维空间的 Richards 方程，即土壤水分运动基本方程：

$$\frac{\partial \theta}{\partial t} = \frac{\partial}{\partial z}\left[K(\theta) \cdot \left(\frac{\partial h}{\partial z} + 1\right)\right] - S \qquad (3.29)$$

$$\frac{\partial \theta}{\partial t} = \frac{\partial}{\partial x}\left(K_x(\theta)\frac{\partial h}{\partial x}\right) + \frac{\partial}{\partial y}\left(K_y(\theta)\frac{\partial h}{\partial y}\right) + \frac{\partial}{\partial z}\left[K_z(\theta)\left(\frac{\partial h}{\partial z} + 1\right)\right] - S \qquad (3.30)$$

对于各向同性介质，$K(\theta) = K_x(\theta) = K_y(\theta) = K_z(\theta)$，三维空间的 Richards 方程可表示为

$$\frac{\partial \theta}{\partial t} = \frac{\partial}{\partial x}\left(K(\theta)\frac{\partial h}{\partial x}\right) + \frac{\partial}{\partial y}\left(K(\theta)\frac{\partial h}{\partial y}\right) + \frac{\partial}{\partial z}\left[K(\theta)\left(\frac{\partial h}{\partial z} + 1\right)\right] - S \qquad (3.31)$$

引入比水容量（specific water capacity）的概念，即单位基质势的增加所引起的土壤含水量的变化，符号为 $C(h)$：

$$C(h) = \mathrm{d}\theta / \mathrm{d}h \qquad (3.32)$$

将其代入式（3.31），可得到以基质势（h）为因变量的 Richards 方程：

$$C(h)\frac{\partial h}{\partial t} = \frac{\partial}{\partial x}\left(K(h)\frac{\partial h}{\partial x}\right) + \frac{\partial}{\partial y}\left(K(h)\frac{\partial h}{\partial y}\right) + \frac{\partial}{\partial z}\left(K(h)\frac{\partial h}{\partial z}\right) + \frac{\partial K(h)}{\partial z} - S \qquad (3.33)$$

引入土壤水分扩散率（soil water diffusivity）的概念，用符号 $D(h)$ 表示，定义其为导水率 $K(h)$ 与比水容量 $C(h)$ 的比值，即

$$D(h) = \frac{K(h)}{C(h)} = K(h)\frac{\mathrm{d}h}{\mathrm{d}\theta} \qquad (3.34)$$

将其代入式（3.33），可得

$$\frac{\partial h}{\partial t} = \frac{\partial}{\partial x}\left(D(h)\frac{\partial h}{\partial x}\right) + \frac{\partial}{\partial y}\left(D(h)\frac{\partial h}{\partial y}\right) + \frac{\partial}{\partial z}\left(D(h)\frac{\partial h}{\partial z}\right) + \frac{\partial D(h)}{\partial z} - S / C(h) \qquad (3.35)$$

从式（3.34）可以看出，$\mathrm{d}h/\mathrm{d}\theta$ 为土壤水分特征曲线的斜率，$K(h)$ 为非饱和导水率，这二者都可以用相应的模型进行描述，因此土壤水分扩散率 $D(h)$ 也可以用 van Genuchten-Mualem 模型或 Brooks-Corey 模型等给出。

(1) van Genuchten-Mualem 模型：

$$D(\Theta) = \frac{(1-m)K_s}{\alpha m(\theta_s - \theta_r)} \Theta^{\frac{1}{2}-\frac{1}{m}} \left[\left(1-\Theta^{\frac{1}{m}}\right)^{-m} + \left(1-\Theta^{\frac{1}{m}}\right)^m - 2 \right] \quad (3.36)$$

(2) Brooks-Corey 模型：

$$D(\Theta) = \frac{K_s h_b}{\lambda(\theta_s - \theta_r)} \Theta^{2+\frac{1}{\lambda}} \quad (3.37)$$

3.5.3 Richards 方程的扩展

式（3.29）描述的是一个垂直的一维土柱结构。为了模拟任意角度的一维问题，HYDRUS 模型对 Richards 方程进行了改进：

$$\frac{\partial \theta}{\partial t} = \frac{\partial}{\partial z}\left[K \cdot \left(\frac{\partial h}{\partial z} + \cos\alpha \right) \right] - S \quad (3.38)$$

式中，h 为基质势[L]；θ 为容积含水量[量纲一]；t 为时间[T]；z 为空间坐标[L]，垂直向上方向为正；S 为根系吸水速率等汇项[T^{-1}]；α 为水流方向与 z 轴之间的夹角（即 $\alpha = 0°$ 表示竖直土柱，$\alpha = 90°$ 表示水平土柱，$0° < \alpha < 90°$ 表示倾斜土柱）；K 为非饱和导水率[LT^{-1}]。

对于 2D 和 3D 问题来说，式（3.30）可做如下扩展：

$$\frac{\partial \theta}{\partial t} = \frac{\partial}{\partial x_i}\left[K \cdot \left(K_{ij}^A \frac{\partial h}{\partial x_j} + K_{iz}^A \right) \right] - S \quad (3.39)$$

式中，h 为基质势[L]；θ 为容积含水量[量纲一]；t 为时间[T]；S 为根系吸水速率等汇项[T^{-1}]；$x_i(i=1,2,3)$ 为空间坐标[L]；K_{ij}^A 为各向异性张量 $\boldsymbol{K}^A$ 的各个组分；K_{iz}^A 为 $\boldsymbol{K}^A$ 在 z 轴方向上的分量[量纲一]；K 为非饱和导水率[LT^{-1}]。

3.6 土壤水力学特性的缩放

非饱和土壤水力学特性主要是土壤水分特征曲线和非饱和导水率曲线在空间尺度上的变异性，HYDRUS 提供了三个缩放因子（scaling factor），分别针对含水量、水势和导水率进行比例调节，以应对可能存在的局部非刚性问题。

$$\theta(h) = \theta_r + \alpha_\theta [\theta^*(h^*) - \theta_r^*] \quad (3.40)$$

$$h = \alpha_h h^* \quad (3.41)$$

$$K(h) = \alpha_K K^*(h^*) \quad (3.42)$$

式中，α_θ、α_h 和 α_K 分别为土壤含水量、土壤水势和土壤导水率的缩放因子，彼此相互独立；$\theta^*(h^*)$ 和 $K^*(h^*)$ 为参考值。

3.7 滞后现象

假定土壤处于完全无水的状态，加少量的水时，最小的孔隙先充水，然后依次是稍大的孔隙充水，直到所有的孔隙都充满水时基质势为零。在此过程中，土壤水势和含水量服从如图3.4所示的吸水曲线。当通过蒸发水分或通过多孔物质接触而使土壤系统失水干燥时，一般来说孔隙变空的顺序是由大到小，如图3.4的排水曲线所示。然而，液态水封闭在大孔隙中的方式使得大孔隙的排空顺序和充水顺序不同——直到至少有一个与其连接的较小孔隙排空时，大孔隙才开始排水，此时较大的孔隙快速排空。其结果导致某一给定的基质势所对应的排水系统的含水量比吸水系统的含水量高，即对于给定的土壤，基质势与含水量之间的关系不是唯一的，这种现象称为土壤水分数量和能量关系的滞后现象（hysteresis）。

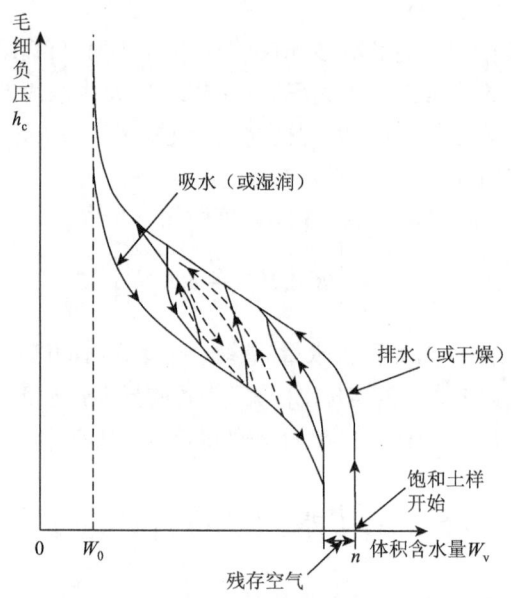

图 3.4　土壤水分特征曲线的滞后现象

图3.4中，土壤"从饱和到干燥"和"从干燥到饱和"的水分特征曲线为滞后作用的主线，可分别称为主排水曲线和主吸水曲线。如果土壤从部分湿润状态开始排水，或是从部分干燥状态开始吸水，基质势与土壤含水量的关系曲线并不沿主吸水曲线和主排水曲线，而是沿两条主线之间的曲线变化，这些中间曲线称为扫描曲线。

包含滞后现象的土壤水分特征曲线模型可表述如下：

$$\varTheta = \frac{\theta - \theta_r^w}{\theta_s^w - \theta_r^w} = [1 + (\alpha^w |h|)^n]^{-m} \tag{3.43}$$

$$\varTheta = \frac{\theta - \theta_r^d}{\theta_s^d - \theta_r^d} = [1 + (\alpha^d |h|)^n]^{-m} \tag{3.44}$$

式中，$\varTheta$ 为有效饱和度；h 为基质势；m 和 n 为模型形状参数，$m = 1-1/n$；通常假设主吸水曲线和主排水曲线的残留含水量相等，即 $\theta_r^d = \theta_r^w = \theta_r$；$\alpha^w$ 和 α^d 分别为吸水曲线和排水曲线的经验参数，它们之间近似满足 $\alpha^w \approx 2\alpha^d$（Kool and Parker，1987）。

与土壤水分特征曲线类似，在吸水和排水条件下测得的导水率随土壤含水量（或基质势）的变化曲线也是不同的，这种现象称为土壤导水率的滞后现象。

3.8 根系吸水

植物根系吸水动力包括水势梯度和根压。植物在蒸腾作用下，叶细胞由于失水造成细胞溶液浓度升高和体积缩小，因而溶质势和压力势均减小。叶水势的降低形成了沿着土壤—根—茎—叶逐渐减小的水势分布。在这种水势梯度的作用下，水分由土壤进入植物体，沿根、茎导管上升到叶面，源源不断地补充蒸腾所散失的水分。一旦蒸腾停止，根系吸水随之减弱，甚至停止。一般称蒸腾作用下植物吸水为被动吸水，其吸水动力为水势梯度。因植物根系的生理活动使液体从根部上升的压力称为根压。根压把根部的水分压到地上部，土壤中的水分便不断补充到根部，这种由根区水势引起的根系吸水过程称为主动吸水。

通常认为主动吸水和被动吸水两种机制都存在，只是不同情况下所起的作用不同。高大植物或在蒸腾作用强烈的情况下，物理性的被动吸水是主要的。幼小植物或当成年植物蒸腾作用受到抑制时，生理的主动吸收是主要的。

3.8.1 根系分布密度函数

HYDRUS 模型分析根系吸水过程主要是考虑蒸腾作用下的被动吸水。假设植物整个根区的潜在吸水量等于冠层潜在蒸腾量，根区的潜在吸水速率等于冠层潜在蒸腾速率（T_p）。具体到某一点的根系吸水速率可以用式（3.45）计算：

$$S_p = b(z)T_p \tag{3.45}$$

$$\int_{L_r} b(z)\mathrm{d}z = 1 \tag{3.46}$$

式中，S_p 为坐标 z 点的潜在根系吸水速率[T^{-1}]；T_p 为研究区域的潜在蒸腾速率[LT^{-1}]；$b(z)$ 为根系分布密度函数[L^{-1}]，其在根区的积分等于1；L_r 为根系深度[L]。

一维土柱的根系分布密度函数可以采用非线性方程进行描述，如（Hoffman and van Genuchten，1983）

$$b(z) = \begin{cases} \dfrac{1.667}{L_r} & z < 0.2L_r \\ \dfrac{2.0833}{L_r}\left(1-\dfrac{z}{L_r}\right) & z \in (0.2L_r, L_r) \\ 0 & z > L_r \end{cases} \tag{3.47}$$

式中，z 为土壤深度[L]；L_r 为根系深度[L]。

对于 2D 系统来说：

$$S_p = b(x,z) L_t T_p \tag{3.48}$$

$$\int_{\Omega_R} b(x,z) \mathrm{d}x \mathrm{d}z = 1 \tag{3.49}$$

式中，S_p 为潜在根系吸水速率[T^{-1}]；T_p 为潜在蒸腾速率[LT^{-1}]；$b(x,z)$ 为二维根系分布密度函数[L^{-2}]；L_t 为土壤表面植物蒸腾所占区域的长度[L]；Ω_R 为根区纵向剖面[L^2]。

HYDRUS-(2D/3D)模型采用如下公式来计算二维和三维系统根系密度函数的空间分布（Vrugt et al.，2002）：

$$b(x,z) = \left(1-\dfrac{z}{Z_m}\right)\left(1-\dfrac{x}{X_m}\right)\exp\left(-\dfrac{p_z}{Z_m}|z^*-z|-\dfrac{p_x}{X_m}|x^*-x|\right) \tag{3.50}$$

$$b(x,y,z) = \left(1-\dfrac{x}{X_m}\right)\left(1-\dfrac{y}{Y_m}\right)\left(1-\dfrac{z}{Z_m}\right)\exp\left(-\dfrac{p_x}{X_m}|x^*-x|-\dfrac{p_y}{Y_m}|y^*-y|-\dfrac{p_z}{Z_m}|z^*-z|\right)$$

$$\tag{3.51}$$

式中，x、y 和 z 为三维坐标轴中某一点到植物根系原点的距离；X_m、Y_m 和 Z_m 为 x、y 和 z 方向上根系的最大长度[L]；x^*、y^* 和 z^* 为根系吸水最大强度所至的最大范围；p_x、p_y 和 p_z 为形状参数。

3.8.2 潜在蒸腾量与蒸发量

在实际工作中，通常比较容易获取的数据为蒸散量（evaportranspiration，E_t），潜在蒸腾量（T_p）是潜在蒸散量（E_t）与土壤潜在蒸发量（E_s）的差值，即

$$T_p = E_t - E_s \tag{3.52}$$

而潜在蒸散量和土壤潜在蒸发量都可由相关模型计算得出。

1）Penman-Monteith（彭曼-蒙特斯）模型

潜在蒸散量可由 Penman-Monteith 模型计算，其取决于土壤水分含量、冠层的持水性质以及大气条件（净辐射、水汽压差、温度和风速）：

$$E_t = \frac{\Delta(R_n - G) + \rho_a c_p (e_a^* - e_a)/r_a}{\lambda[\Delta + \gamma(1 + r_s/r_a)]} \tag{3.53}$$

$$\Delta = \frac{4098 e_a}{(T + 237.3)^2} \tag{3.54}$$

$$\gamma = \frac{Pc_p}{\lambda \varepsilon} \times 10^{-3} = 0.00163 \frac{P}{\lambda} \tag{3.55}$$

式中，E_t 为潜在蒸散量（mm/d）；Δ 为饱和蒸汽压温度曲线 $e_s(T)$ 的斜率（kPa/℃）；R_n 为冠层表面净辐射[MJ/(m²·d)]；G 为土壤热通量[MJ/(m²·d)]；λ 为水的汽化潜热（MJ/kg）；$(e_a^* - e_a)$ 为地面上某一高度的饱和蒸汽压与该处蒸汽压之差（kPa）；c_p 为空气的定压比热[1.1013kJ/(kg·℃)]；ρ_a 为恒压下空气的密度（kg/m³）；γ 为湿度计常数（kPa/℃）；r_s 和 r_a 分别为冠层阻力和空气动力学阻力（s/m）；T 为温度（℃）；P 为气压（kPa）；ε 为水蒸气和干空气的分子量比值（0.622）。

当缺少辐射观测数据时，净辐射可由下式计算：

$$R_n = R_{ns} - R_{nl} \tag{3.56}$$

$$R_{ns} = (1 - \alpha)\left(a_s + b_s \frac{n}{N}\right) R_a \tag{3.57}$$

$$R_{nl} = f \varepsilon' \sigma \frac{(T_{max}^4 + T_{min}^4)}{2} \tag{3.58}$$

$$\varepsilon' = \varepsilon_a - \varepsilon_{vs} \approx a_1 + b_1 \sqrt{e_a} \tag{3.59}$$

式中，R_n 为冠层表面净辐射[MJ/(m²·d)]；R_{ns} 为净短波辐射[MJ/(m²·d)]；R_{nl} 为净长波辐射[MJ/(m²·d)]；R_a 为地外辐射[MJ/(m²·d)]；α 为行星反射率或冠层反射系数（0.23）；a_s 和 b_s 为辐射分数因子（$a_s = 0.25$，$b_s = 0.5$）；n/N 为相对日照分数[量纲一]；f 为云量因子[量纲一]；ε' 为净辐射率；σ 为 Stefan-Boltzmann 常数[4.90×10^{-9} MJ/(m²·K⁴·d)]；T_{max} 和 T_{min} 为日最高和最低气温（K）；ε_a 为大气有效辐射率；ε_{vs} 为植被和土壤的辐射率；e_a 为真实蒸汽压（kPa）；a_1 和 b_1 为模型系数。

2）Hargreaves 模型

潜在蒸散量的另一种计算方式是 Hargreaves 模型：

$$E_t = 0.0023 R_a (T_m + 17.8) \sqrt{T_R} \tag{3.60}$$

式中，R_a 为地外辐射[J/(m²·s)]；T_m 为日平均气温，按最高气温和最低气温的平均值计算（℃）；T_R 为日最高和最低气温之间的温度范围（℃）。

$$R_a = \frac{G_{SC}}{\pi} d_r (\omega_s \sin\varphi \sin\delta + \cos\varphi \cos\delta \sin\omega_s) \tag{3.61}$$

$$\omega_s = \arccos(-\tan\varphi\tan\delta) \quad (3.62)$$

$$d_r = 1 + 0.033\cos\left(\frac{2\pi}{365}J\right) \quad (3.63)$$

$$\delta = 0.409\sin\left(\frac{2\pi}{365}J - 1.39\right) \quad (3.64)$$

式中，G_{SC} 为太阳常数[1360J/(m²·s)]；φ 为纬度；ω_s 为太阳时角；d_r 为日地相对距离；δ 为太阳倾斜角；J 为一年中的第 J 天。

3）土壤表面潜在蒸发模型

获得潜在蒸散量（E_t）之后，潜在蒸腾量和潜在蒸发量可由 Beer 定律进行分割：

$$T_p = E_t \cdot [1 - \exp(-k \cdot \text{LAI})] = E_t \cdot S_{CF} \quad (3.65)$$

$$E_s = E_t \cdot \exp(-k \cdot \text{LAI}) = E_t \cdot (1 - S_{CF}) \quad (3.66)$$

式中，E_t、T_p 和 E_s 分别为潜在蒸散量、潜在蒸腾量和潜在蒸发量[LT^{-1}]；LAI 为叶面积指数（leaf area index）；S_{CF} 为土壤覆盖比例；k 为冠层消光系数，取决于太阳角度、植被类型及叶片空间分布特征（通常介于 0.5~0.75）。

3.8.3 水分胁迫和盐分胁迫

植物根系吸水速率与土壤含水量或土壤水势密切相关。例如在含水量较低时，根系吸水速率随土壤含水量的减少而迅速降低。此外，土壤溶液浓度越高，其渗透势越负，根系从中吸水越困难，并且根细胞透水性下降，导致吸水速率降低。因此，实际根系吸水量和吸水速率往往会受到土壤含水量和溶质含量的胁迫而发生衰减，实际值往往小于潜在估计值。

3.8.3.1 水分胁迫响应函数

定义根系实际吸水量与潜在吸水量之间满足如下关系：

$$S(h) = \alpha(h)S_p \quad (3.67)$$

式中，$S(h)$ 为实际吸水量；S_p 为潜在吸水量；$\alpha(h)$ 为水分胁迫响应函数（0≤α≤1），常见的有 Feddes 模型和 S 形曲线模型。

1）Feddes 模型

Feddes 模型是一个分段函数。h_1 表示厌氧点（anaerobiosis point），当土壤吸力（即基质势绝对值）小于此点时根系吸水速率为零；h_4 为凋萎点，当土壤吸力大于此点时，根系吸水速率同样为零；当土壤水势在 h_2 和 h_3 之间时，根系吸水速率最大；在 h_1 和 h_2 之间时，根系吸水速率随土壤水势的降低（即土壤吸力的增加）线性增大；在 h_3 和 h_4 之间时，根系吸水速率随土壤水势的降低（即土壤吸力的增加）线性减小。

$$\alpha(h) = \begin{cases} \dfrac{h-h_4}{h_3-h_4} & h_3 > h > h_4 \\ 1 & h_2 \geq h \geq h_3 \\ \dfrac{h-h_1}{h_2-h_1} & h_1 > h > h_2 \\ 0 & h \leq h_4 \text{或} h \geq h_1 \end{cases} \quad (3.68)$$

2）S 形曲线模型

van Genuchten（1987）提出了一个 S 形曲线模型来模拟根系吸水的水分胁迫：

$$\alpha(h) = \frac{1}{1+(h/h_{50})^{p_1}} \quad (3.69)$$

式中，h_{50} 为吸水量占潜在蒸腾量一半时的水头值；p_1 为指数因子，通常设为 3。

3.8.3.2 盐分胁迫响应函数

S 形曲线模型可以同时考虑水分胁迫与盐分胁迫：

$$S(h,h_\varphi) = \alpha(h,h_\varphi)S_p \quad (3.70)$$

式中，$S(h,h_\varphi)$ 为实际吸水量；S_p 为潜在吸水量；$\alpha(h,h_\varphi)$ 为水盐协同胁迫响应函数（$0 \leq \alpha \leq 1$）；h_φ 为渗透势（溶质势），与溶质浓度成正比。

$$h_\varphi = a_i c_i \quad (3.71)$$

式中，c_i 为溶质浓度 $[ML^{-3}]$；a_i 为实验系数 $[L^4 M^{-1}]$。

水分胁迫和盐分胁迫这两部分可以用加法［式（3.72）］或乘法［式（3.73）］的形式综合在一起：

$$\alpha(h,h_\varphi) = \frac{1}{1+\left(\dfrac{h+h_\varphi}{h_{50}}\right)^p} \quad (3.72)$$

$$\alpha(h,h_\varphi) = \frac{1}{1+\left(\dfrac{h}{h_{50}}\right)^{p_1}} \times \frac{1}{1+\left(\dfrac{h_\varphi}{h_{\varphi 50}}\right)^{p_2}} \quad (3.73)$$

式中，p、p_1 和 p_2 为实验常数，p_2 通常取 3；h_{50} 为忽略溶质势的作用时吸水量占潜在蒸腾量一半时的水头值；$h_{\varphi 50}$ 为仅考虑溶质势的作用时吸水量占潜在蒸腾量一半时的水头值。

3.8.4 根系吸水的补偿机制

将式（3.45）代入式（3.70），得

$$S(h, h_\varphi, z) = \alpha(h, h_\varphi, z) b(z) T_p \tag{3.74}$$

对式（3.74）进行积分，可得实际吸水量（即实际蒸腾量）：

$$T_a = \int_{L_r} S(h, h_\varphi, z) \mathrm{d}z = T_p \int_{L_r} \alpha(h, h_\varphi, z) b(z) \mathrm{d}z \tag{3.75}$$

将实际蒸腾量与潜在蒸腾量之比定义为胁迫因子（ω）：

$$\omega = \frac{T_a}{T_p} = \frac{1}{T_p} \int_{L_r} S(h, h_\varphi, z) \mathrm{d}z = \int_{L_r} \alpha(h, h_\varphi, z) b(z) \mathrm{d}z \tag{3.76}$$

这里取胁迫因子的临界值 ω_c，称为根系适应性因子（root adaptability factor，又称临界湿润度），表征根系吸水补偿的阈值。

当 $\omega > \omega_c$ 时，因水分胁迫和盐分胁迫引起的吸水速率的下降，模型自动予以补偿：

$$S(h, h_\varphi, z) = \alpha(h, h_\varphi, z) b(z) \frac{T_p}{\omega} \tag{3.77}$$

$$\frac{T_a}{T_p} = \frac{\int_{L_r} \alpha(h, h_\varphi, z) b(z) \mathrm{d}z}{\omega} = \frac{\omega}{\omega} = 1 \tag{3.78}$$

当 $\omega < \omega_c$ 时正常衰减：

$$S(h, h_\varphi, z) = \alpha(h, h_\varphi, z) b(z) \frac{T_p}{\omega_c} \tag{3.79}$$

$$\frac{T_a}{T_p} = \frac{\int_{L_r} \alpha(h, h_\varphi, z) b(z) \mathrm{d}z}{\omega_c} = \frac{\omega}{\omega_c} < 1 \tag{3.80}$$

当 ω_c 设为 1 时即完全不考虑补偿机制，当 ω_c 趋近于 0 时即完全忽略水盐胁迫（这种情况实际上不可能发生）。通常情况下都不需要考虑根系吸水的补偿机制，但是在沙漠等特别干旱环境下生长的特殊植物需要酌情考虑。

3.8.5 根系生长

如考虑根系生长，假设根长 L_r 与根系最大长度 L_m 之间满足以下公式：

$$L_r(t) = L_m f_r(t) \tag{3.81}$$

式中，$f_r(t)$ 为根系生长函数，采用经典的 Logistic 生长方程：

$$f_\mathrm{r}(t) = \frac{L_0}{L_0 + (L_\mathrm{m} - L_0)\mathrm{e}^{-rt}} \tag{3.82}$$

式中，L_0 为初始根长[L]；r 为生长速率[T^{-1}]，若无实测数据，可假设生长季达到一半的时刻根系也生长到 $0.5L_\mathrm{m}$。

3.9 土壤水流运动的初始条件

土壤水流运动的初始条件可以水势或含水量的形式给出：

$$h(z,0) = h_i(z) \tag{3.83}$$
$$\theta(z,0) = \theta_i(z) \tag{3.84}$$

对于 3D 问题：

$$h(x,y,z,0) = h_i(x,y,z) \tag{3.85}$$
$$\theta(x,y,z,0) = \theta_i(x,y,z) \tag{3.86}$$

式中，h_i、θ_i 分别为土壤初始水头、初始含水率分布函数。如果是均匀分布，则 h_i 和 θ_i 为常数；如果是非均匀分布，则 h_i 和 θ_i 可表示为坐标的函数。

初始条件也可以田间持水量的形式给出：

$$S_\mathrm{fc} = \frac{\theta_\mathrm{fc} - \theta_\mathrm{r}}{\theta_\mathrm{s} - \theta_\mathrm{r}} = n^{-0.60(2+\lg K_\mathrm{s})} \tag{3.87}$$

式中，θ_fc 和 S_fc 分别为田间持水量条件下的土壤含水量和有效饱和度；θ_r、θ_s、n 和 K_s 为 van Genuchten-Mualem 模型参数［式（3.4）］。在田间持水量条件下土壤导水率约为 0.01cm/d。根据式（3.4）也可以计算田间持水量条件下的土壤基质势。

3.10 土壤水流运动的边界条件

3.10.1 水头边界条件

水头边界条件为狄利克雷型（Dirichlet type），即"第一类边界条件"，根据水头值是否随时间变化又可分为定水头条件和变水头条件。

对于 1D 问题：

$$h(z,t) = h_0(t) \quad z=0 \text{ 或 } z=L \tag{3.88}$$

对于 3D 问题：

$$h(x,y,z,t) = \psi(x,y,z,t) \quad (x,y,z) \in \Omega_\mathrm{D} \tag{3.89}$$

式中，h_0 为边界上的水头值[L]；ψ 为空间函数[L]；Ω_D 为水头边界条件所处的分区范围；t 为时间[T]；(x,y,z) 为空间坐标[L]。

3.10.2 通量边界条件

通量边界条件为诺依曼型（Neumann type），即"第二类边界条件"，根据通量值是否随时间变化又可分为定通量条件和变通量条件。

对于 1D 问题：

$$-K\left(\frac{\partial h}{\partial z}+\cos\alpha\right)=q_0(t) \quad z=0\text{或}z=L \quad (3.90)$$

对于 3D 问题：

$$-\left[K\left(K_{ij}^A\frac{\partial h}{\partial x_i}+K_{iz}^A\right)\right]n_i=\sigma_1(x,y,z,t) \quad (x,y,z)\in\Omega_N \quad (3.91)$$

式中，q_0 为边界上的水流通量值[LT^{-1}]；σ_1 为空间和时间的函数[LT^{-1}]；Ω_N 为通量边界条件所处的分区范围；n_i 为垂直于 Ω_N 的单位向量；t 为时间[T]；$x_i(i=1,2,3)$ 为空间坐标[L]；K_{ij}^A 为各向异性张量 K^A 的各个组分，其中 K_{iz}^A 为 K^A 在 z 轴方向上的分量[量纲一]；K 为非饱和导水率[LT^{-1}]。

3.10.3 梯度边界条件

当地下水位足够深时，土壤剖面的下边界通常为自由排水（free drainage）边界，即零梯度（zero gradient）边界。

对于 1D 问题：

$$\frac{\partial h}{\partial z}=0 \quad z=L \quad (3.92)$$

其排水速率可表示为

$$q(h)=-K(h) \quad (3.93)$$

对于 3D 问题：

$$\left(K_{ij}^A\frac{\partial h}{\partial x_i}+K_{iz}^A\right)n_i=\sigma_2(x,y,z,t) \quad (x,y,z)\in\Omega_G \quad (3.94)$$

式中，h 为特定位点的水头值；$K(h)$ 为该点的导水率；σ_2 为空间和时间的函数[量纲一]；Ω_G 为梯度边界条件所处的分区范围；n_i 为垂直于 Ω_G 的单位向量；t 为时间[T]；$x_i(i=1,2,3)$ 为空间坐标[L]；K_{ij}^A 为各向异性张量 K^A 的各个组分，其中 K_{iz}^A 为 K^A 在 z 轴方向上的分量[量纲一]。

3.10.4 大气边界

土壤-大气的交界面，直接暴露在空气条件下，通过这个界面的水流通量不仅依赖于土壤本身的水分条件,还与很多外部因素有关。其边界条件类型既可以是水头边界条件,又可以是通量边界条件,在二者之间可以转换。

1)大气边界条件-表面径流

如果土壤表面没有积水,即"大气边界条件-表面径流(atmospheric boundary condition with surface runoff)",则边界条件可由下列公式确定。

对于 1D 问题:

$$\left| -K\frac{\partial h}{\partial z} - K \right| \leqslant E \quad z = 0 \tag{3.95}$$

对于 3D 问题:

$$\left| K\left(K_{ij}^A \frac{\partial h}{\partial x_i} + K_{iz}^A \right) n_i \right| \leqslant E \tag{3.96}$$

此外,还包括:

$$h_A \leqslant h \leqslant h_S \tag{3.97}$$

式中,E 为在当前大气条件下的最大潜在入渗率(+)或蒸发率(−)的绝对值;h 为土壤表面的水头;h_A 和 h_S 分别为在通常土壤条件下的最小和最大水头值,h_S 通常设为零,而 h_A 可由界面处土壤含水量或空气湿度来计算。

$$h_A = \frac{RT}{Mg} \ln H_r \tag{3.98}$$

式中,M 为水的摩尔质量(0.018015kg/mol);g 为重力加速度(9.81m/s^2);R 为气体常数[8.314J/(mol·K)];H_r 为空气绝对湿度:

$$H_r = \exp\left(\frac{hMg}{RT}\right) \tag{3.99}$$

潜在蒸腾量和潜在蒸发量的计算参考 3.8.2 节。在缺少详细实验数据的情况下,HYDRUS 针对蒸腾和蒸发的处理采用了一种简化的方式——假设从 18:00 到次日 6:00 这段时间内,每小时的平均蒸腾(蒸发)量占当日总蒸腾(蒸发)量的 1%,其余时段满足正弦函数:

$$T_p(t) = \begin{cases} 0.24\overline{T}_p & t \leqslant 0.264, t \geqslant 0.736 \\ 2.75\overline{T}_p \cdot \sin\left(\frac{2\pi t}{\Delta t} - \frac{\pi}{2}\right) & 0.264 < t < 0.736 \end{cases} \tag{3.100}$$

式中,$\overline{T}_p$ 为 Δt(d)时间内的日潜在蒸腾量(cm/d)。潜在蒸发量(E_s)也可以做类似处理。

类似地,降水量也可以做平滑处理:

$$P(t) = \bar{P} \cdot \left[1 + \cos\left(\frac{2\pi t}{\Delta t} - \pi\right)\right] \quad (3.101)$$

式中，$\bar{P}$ 为 $\Delta t(\text{d})$ 时间内的平均降水量（cm/d）。

当模型输入叶面积指数（LAI）后，HYDRUS 还会考虑冠层对水分的截留（I）：

$$I = a \cdot \text{LAI}\left(1 - \frac{1}{1 + \frac{bP}{a \cdot \text{LAI}}}\right) \quad (3.102)$$

式中，P 为降水量（cm/d）；I 为截留量（cm/d）；a 和 b 为经验常数，对于一般的农业作物来说，$a \approx 0.025 \text{cm/d}$，$b \approx S_{\text{CF}}$ [土壤覆盖比例，式（3.65）]。

2）大气边界条件-表面积水

在"大气边界条件-表面径流"条件下，假设土壤表面的多余水分会瞬间流开，不会形成积水。HYDRUS-1D 同时还考虑了另一种情形，即大气边界表面积水（atmospheric boundary condition with surface layer），其边界条件可表述为

$$-K\left(\frac{\partial h}{\partial z} + \cos\alpha\right) = q_0(t) - \frac{\text{d}h}{\text{d}t} \quad z = 0 \quad (3.103)$$

式中，q_0 为净入渗率，即降水量与蒸发量之差。土壤表面的水头随着降水过程而增大，随着入渗和蒸发而减小。

在地表无积水的条件下，一旦降雨停止，入渗率即刻降为零。而当地表有积水时，入渗率较无积水时要大，并且即便降雨停止，入渗过程仍可持续一段时间。

3）自动灌溉

当上边界条件选为大气边界条件时，HYDRUS 允许设置自动灌溉（Triggered Irrigation）模式，当特定观测点的水头值低于设定值时，自动灌溉模式启动，先经历一个设置好的迟滞期，然后按给定的速率供水，供水周期也可以设定（参考图 1.6）。

3.10.5 深层排水

深层排水（deep drainage）边界条件与地下水位有关，并且地下水位要在土壤下边界以上。其排水速率可表示为地下水位的函数：潜水面越高，水流通量越大，反之亦然。

$$q(h) = -A_{\text{qh}} \exp(B_{\text{qh}} | h - \text{GWL} |) \quad (3.104)$$

式中，A_{qh} 和 B_{qh} 为模型经验参数；h 为水头值；GWL 为地下水面的坐标。

关于模型经验参数（A_{qh} 和 B_{qh}）的取值可参考相关文献（Hopmans，1988；

Hopmans and Stricker，1989）。简而言之，它们与排水间隔、土壤质地、大孔隙的存在与否、排水材质、地下水横向流动等因素有关。最好的方式是基于对地下水位和土壤下边界排水通量的观测，进行反演求解。

在实际应用中，当所研究的土壤剖面存在地下水时，可以根据具体情形、对模型精度的要求，结合所掌握的信息量进行以下选择：①定水头或变水头条件；②零通量条件或深层排水条件。

3.10.6 渗透面

水分可由饱和一侧流出的界面称为渗透面（seepage face），如盆栽的底面，或者测渗仪的下边界，又如堤坝水位较低一侧与饱和水位之间的边界，或者是水井侧壁能够渗出水的那段区域。当饱和一侧水头为负值或小于某一设定值（h_{seep}）时，该边界视为零通量边界；当其达到饱和或者设定值（h_{seep}）时，可以有水渗出。

3.10.7 水平排水沟

在 HYDRUS-1D 中有一类特殊的下边界条件，称为水平排水沟（tile drains）边界。该边界条件允许 HYDRUS-1D 解决土柱两侧具有水平排水沟的 2D 问题。HYDRUS-1D 采用两种解析形式来估算水平排水沟的排水速率，对于均质土壤采用的是 Hooghoudt 方程，对于层状土壤采用 Ernst 方程。随着 HYDRUS-(2D/3D)软件的推出，目前水平排水沟边界条件在 HYDRUS-1D 中的应用越来越少。

3.10.8 积雪边界

HYDRUS 还可以考虑积雪（snow）这类特殊的大气边界条件。模型假设当气温低于-2℃时，所有降水都以雪的形式存在；当气温高于 2℃时，所有降水都以雨的形式存在；当气温介于-2℃和 2℃之间时，雨、雪两种形式共存，并且随温度升高，由雪到雨线性过渡。模型同时还假设当气温高于 0℃时，积雪融化与气温成正比，比例系数称为融雪常数（snow melting constant），即气温每升高 1℃，积雪在一天时间内融化成水的水层厚度（如 0.43cm）。积雪的潜在蒸发量由雪升华常数（snow sublimation constant）确定——由积雪所引起的潜在蒸发量的衰减比例。在 HYDRUS 中，积雪的厚度用参数"雪水当量（Snow Water Equivalent）"表示。新雪的密度大约为水密度的 10%，因此，1cm 雪水当量意味着 10cm 深的积雪。

3.11 双孔隙度模型

在扰动均质土中,孔隙大小分布均匀,绝大部分水可以移动或者易于同可移动水体发生交换。但是,对于原状土而言,其水流过程有别于扰动土。自然土壤中存在大量的团聚体,它由相互连通的大孔隙网络体系和团聚体内部的小孔隙组成。相对而言,大孔隙中水分流动比较快,而小孔隙水分流动比较慢,或者几乎不流动。此外,块状结构土壤中可能有裂隙,介质中的水分实际上都在裂隙中运动。

双孔隙度(dual-porosity)模型将土壤孔隙分为可动区(mobile regions)和不可动区(immobile regions)。可动区土壤含水量为θ_{mo},其中的水分可以流动;不可动区土壤含水量为θ_{im},其中水分不可移动。可动区与不可动区之间的水分和溶质交换通常采用一级速率方程进行计算。

HYDRUS中的双孔隙度模型采用Richards方程来计算可动区的水流:

对于1D问题:

$$\frac{\partial \theta_{mo}}{\partial t} = \frac{\partial}{\partial z}\left[K(h) \cdot \left(\frac{\partial h}{\partial z} + \cos\alpha\right)\right] - S_{mo} - \Gamma_w \tag{3.105}$$

对于2D和3D问题:

$$\frac{\partial \theta_{mo}}{\partial t} = \frac{\partial}{\partial x_i}\left[K(h) \cdot \left(K_{ij}^A \frac{\partial h}{\partial x_i} + K_{iz}^A\right)\right] - S_{mo} - \Gamma_w \tag{3.106}$$

而不可动区的水分动态基于简单的质量平衡方程进行计算:

$$\frac{\partial \theta_{im}}{\partial t} = -S_{im} + \Gamma_w \tag{3.107}$$

式中,S_{mo}和S_{im}分别为可动区和不可动区的汇项,如根系吸水等;Γ_w为从可动区到不可动区的水分传质速率;h为基质势;θ_{mo}为可动区土壤含水量;θ_{im}为不可动区土壤含水量;t为时间;z为空间坐标,垂直向上方向为正;α为水流方向与z轴之间的夹角;K为非饱和导水率。

在当前版本的HYDRUS模型中S_{im}设为零,可动区与不可动区之间的水分传质速率(Γ_w)与两区之间的有效饱和度差成正比:

$$\Gamma_w = \frac{\partial \theta_{im}}{\partial t} = \alpha_w(\Theta_{mo} - \Theta_{im}) \tag{3.108}$$

式中,θ_{im}为不可动区土壤含水量;t为时间;α_w为一级传质速率系数;Θ_{mo}和Θ_{im}分别为可动区和不可动区的有效饱和度。

注意：式（3.108）本质上是以土壤含水量的梯度作为传质动力，这与水分运动的达西定律是有出入的，因此也有其他模型以两区的水头差作为传质驱动力进行计算。

式（3.108）无论是模型形式还是参数数量相对来说都比较简单，对于不可动区只需要知道其残留含水量和饱和含水量即可，并不需要不可动区特别详细的土壤水分特征曲线。将其与双孔隙度模型结合起来可以将非平衡系统转化为简单的平衡系统来进行计算。此外，模型还假设可动区的残留含水量（θ_r^{mo}）为零，即假设土壤中全部的残留含水量都在不可动区，从而使模型形式更加简化。但是，式（3.108）假设可动区与不可动区的水分特征曲线是唯一的，即不考虑可动区与不可动区的滞后现象。因此，式（3.108）也只适用于双孔隙度模型，对于接下来要介绍的双渗透率模型则不适用。

3.12 双渗透率模型

当土壤中存在大孔隙时，脉冲输入的土壤溶质穿透曲线往往表现出双峰现象，在这种情况下，双孔隙度模型往往无法描述，需要采用两流区模型，其又称为双渗透率（dual-permeability）模型。双孔隙度模型假设小孔隙中的水分不可移动，而双渗透率模型将土壤分为裂隙区（fracture）和孔隙区（matrix），并假设孔隙区中的水分也可以移动，只是移动速率较慢。

对于 1D 问题来说：

$$\frac{\partial \theta_f(h_f)}{\partial t} = \frac{\partial}{\partial z}\left[K_f(h_f) \cdot \left(\frac{\partial h_f}{\partial z} + \cos\alpha\right)\right] - S_f(h_f) - \frac{\Gamma_w}{w} \quad (3.109)$$

$$\frac{\partial \theta_m(h_m)}{\partial t} = \frac{\partial}{\partial z}\left[K_m(h_m) \cdot \left(\frac{\partial h_m}{\partial z} + \cos\alpha\right)\right] - S_m(h_m) - \frac{\Gamma_w}{1-w} \quad (3.110)$$

式中，K 为非饱和导水率；S 为汇相，下标 f 和 m 分别表示裂隙区和孔隙区；θ_f 为裂隙区土壤含水量；θ_m 为孔隙区土壤含水量；w 为裂隙区域占土壤总体积的比例；Γ_w 为裂隙区和孔隙区之间的水分传质速率。HYDRUS 中，假设植物根系只能吸收利用孔隙区的水分，即 S_f 设为零。

注意：在双孔隙度模型中，θ_{mo} 和 θ_{im} 都是相对于整个土壤基模而言的，即 $\theta = \theta_{mo} + \theta_{im}$；而在双渗透率模型中，$\theta_f$ 和 θ_m 是相对于各自分区而言的，即 $\theta = w\theta_f + (1-w)\theta_m$。

对于双渗透率模型，裂隙区与孔隙区之间的水分传质速率由两区之间的水势差决定：

$$\Gamma_w = \alpha_w(h_f - h_m) \quad (3.111)$$

式中，h_m 和 h_f 分别为孔隙区和裂隙区的土壤水势；α_w 为一级传质速率系数，对于几何形状比较规则的土壤结构，可由下式计算：

$$\alpha_w = \frac{\beta}{d^2} K_a \gamma_w \qquad (3.112)$$

式中，d 为有效扩散路径的长度，即土壤团聚体尺寸的一半，或土壤裂隙尺寸的一半；β 为形状因子；γ_w 为缩放因子，通常取 0.4；K_a 为孔隙/裂隙界面的有效导水率，可表示为

$$K_a = 0.5[K_a(h_f) + K_a(h_m)] \qquad (3.113)$$

与式（3.108）不同，式（3.111）以水势差为传质动力。因此，需要知道孔隙区和裂隙区的土壤水分特征曲线。

需要注意的是，式（3.112）仅适用于几何形状规则的裂隙，如矩形、圆形等。但是实际的土壤基质都是由各种形状不规则的团聚体所构成的，而且 β、d 和 γ_w 等参数也不易获得。基于此，可用一个孔隙/裂隙界面的有效导水率参数（K_a^*）来近似替代 α_w，即

$$\alpha_w = K_a^*(h) \qquad (3.114)$$

式中，K_a^* 为 HYDRUS 模型输入的校准参数。

3.13 水蒸气流

通常情况下土壤水分运动以液态水流动为主，但一定条件下也可以水蒸气的形式流动（vapor flow）。尤其是当土壤比较干燥时，水蒸气流占土壤水流总通量的比重较大，通常不能忽略。HYDRUS 模型中非等温液相水流和气相水蒸气流采用如下公式计算：

$$\frac{\partial \theta_T(h)}{\partial t} = \frac{\partial}{\partial z}\left[(K_{Lh} + K_{vh}) \cdot \left(\frac{\partial h}{\partial z} + \cos\alpha\right) + (K_{LT} + K_{vT})\frac{\partial T}{\partial z}\right] - S(h) \qquad (3.115)$$

式中，θ_T 为总容积含水量[量纲一]，$\theta_T = \theta + \theta_{vapor}$，$\theta$ 为液相容积含水量，θ_{vapor} 为气相水蒸气的容积含量；T 为温度[K]；K_{Lh} 为等温液相导水率[LT^{-1}]；K_{LT} 为热力液相导水率[L^{2}K^{-1}T^{-1}]；K_{vh} 为等温气相导水率[LT^{-1}]；K_{vT} 为热力气相导水率[L^{2}K^{-1}T^{-1}]；$S(h)$ 为根系吸水速率等汇项[T^{-1}]；h 为基质势[L]；t 为时间[T]，z 为空间坐标[L]；α 为水流方向与 z 轴之间的夹角。

式（3.115）包括以下五个部分：等温液相水流、等温水蒸气流、重力液相水流、热力液相水流和热力水蒸气流。因热力液相水流和热力水蒸气流均涉及土壤温度，因此式（3.115）需结合第 5 章土壤热量传输相关模型进行计算。

热力液相导水率 K_{LT} 可由下式计算：

$$K_{LT}(T) = K_{Lh}(h) \cdot \left(hG_{wT}\frac{1}{\gamma_0}\frac{d\gamma}{dT}\right) \qquad (3.116)$$

式中，K_{Lh} 为等温液相导水率[LT^{-1}]；G_{wT} 为增益因子（砂土取 7），用来表征温度对土壤水分特征曲线的影响；γ 为土壤水的表面张力；γ_0 为 25℃时土壤水的表面张力（71.89g/s²）。γ（g/s²）与温度 T（℃）之间的关系可由下式表示：

$$\gamma = 75.6 - 0.1425T - 2.38 \times 10^{-4}T^2 \tag{3.117}$$

等温气相导水率（K_{vh}）和热力气相导水率（K_{vT}）可表示为

$$K_{vh} = \frac{D_v}{\rho_w} \rho_{vs} H_r \frac{Mg}{RT} \tag{3.118}$$

$$K_{vT} = \frac{D_v}{\rho_w} \eta_e H_r \frac{d\rho_{vs}}{dT} \tag{3.119}$$

式中，ρ_w 为液相水的密度[ML^{-3}]；ρ_{vs} 为饱和水蒸气密度[ML^{-3}]；M 为水的摩尔质量（0.018015kg/mol）；g 为重力加速度（9.81m/s²）；R 为气体常数[8.314J/(mol·K)]；η_e 为量纲一增强因子；H_r 为空气湿度［式（3.99）］；D_v 为土壤中水蒸气的扩散率[L^2T^{-1}]。

$$D_v = \tau_g a D_a \tag{3.120}$$

式中，a 为充气孔隙度；τ_g 为 Millington-Quirk 模型计算的弯曲度因子［式（4.16）］；D_a 为特定温度（T）条件下水蒸气在空气中的扩散率：

$$D_a = 2.12 \times 10^{-5} \left(\frac{T}{273.15} \right)^2 \tag{3.121}$$

饱和水蒸气密度（ρ_{vs}）也是温度的函数：

$$\rho_{vs} = \frac{\exp\left(31.3716 - \frac{6014.79}{T} - 7.92495 \times 10^{-3} T \right)}{T} \times 10^{-3} \tag{3.122}$$

当气液两相土壤水分在土壤孔隙中达到平衡时，土壤水蒸气的密度可由饱和水蒸气密度与空气湿度的乘积表示：

$$\rho_v = \rho_{vs} H_r \tag{3.123}$$

量纲一增强因子（η_e）用来表征因"液岛（liquid-island）效应"和气相温度梯度增加而引起的热力水蒸气通量增大，可表示为

$$\eta_e = 9.5 + \frac{3\theta}{\theta_s} - 8.5 \cdot \exp\left\{ -\left[\left(1 + \frac{2.6}{\sqrt{f_c}} \right) \frac{\theta}{\theta_s} \right]^4 \right\} \tag{3.124}$$

式中，f_c 为土壤中黏粒的含量。

3.14　土壤水力学特性与温度的关系

关于温度对土壤水力学特性的影响，在 HYDRUS 中也是采用缩放因子的方式

进行处理。基于毛细管理论，温度可以通过影响表面张力影响土壤水势。Philip 和 de Vries 建立了如下模型：

$$\frac{dh}{dT} = \frac{h}{\sigma} \cdot \frac{d\sigma}{dT} \tag{3.125}$$

式中，T 为温度[K]；σ 为水气界面的表面张力[MT^{-2}]。

$$h_T = \frac{\sigma_T}{\sigma_{\text{ref}}} h_{\text{ref}} = \alpha_h^* h_{\text{ref}} \tag{3.126}$$

式中，h_T 和 h_{ref} 分别为温度 T 和参考温度 T_{ref} 下的水势；σ_T 和 σ_{ref} 分别为温度 T 和参考温度 T_{ref} 下的表面张力；α_h^* 为土壤水势在温度尺度上的缩放因子。

温度对导水率的影响可用 Constantz（1982）模型进行描述：

$$K_T(\theta) = \frac{\mu_{\text{ref}}}{\mu_T} \cdot \frac{\rho_T}{\rho_{\text{ref}}} \cdot K_{\text{ref}}(\theta) = \alpha_K^* K_{\text{ref}}(\theta) \tag{3.127}$$

$$\mu_T = \frac{1.787 - 0.007T}{1 + 0.03225T} \tag{3.128}$$

$$\rho_T = 1 - 7.37 \times 10^{-6}(T-4)^2 + 3.79 \times 10^{-8}(T-4)^3 \tag{3.129}$$

式中，K_T 和 K_{ref} 分别为温度 T 和参考温度 T_{ref} 下的导水率；μ_T 和 μ_{ref} 分别为温度 T 和参考温度 T_{ref} 下的动力学黏度[g/(m·s)]；ρ_T 和 ρ_{ref} 分别为温度 T 和参考温度 T_{ref} 下水的密度（g/cm^3）；α_K^* 为土壤导水率在温度尺度上的缩放因子。

4 土壤溶质运移

溶质在土壤系统中的迁移转化，不仅是研究盐碱土水盐运动的基础，也是农田合理施肥、植物对养分吸收与利用、土壤以及水环境污染防治的基础，而且已经成为土壤物理学、地下水文学、农业和环境保护等领域的研究热点。

4.1 土壤溶质及其迁移转化形式

4.1.1 土壤溶质存在形态

由于土壤环境条件不同，溶质可以三种形态存在于土壤中：①以气体形态存在于土壤空气中，简称挥发态或气态；②溶解或分散在土壤溶液中，简称溶解态；③吸附或附着于土壤固相有机质或矿物质表面，简称吸附态。土壤溶质总浓度（C）可以表示为

$$C = \rho_b s + \theta c + ag \tag{4.1}$$

式中，s 为吸附态的溶质浓度，用单位质量烘干土中溶质的量表示[量纲一]；c 为溶解态的溶质浓度，用单位体积土壤溶液中溶质的量表示[ML^{-3}]；g 为气态的溶质浓度，用单位体积土壤空气中溶质的量表示[ML^{-3}]；ρ_b 为土壤容重[ML^{-3}]；θ 为容积含水量[量纲一]；a 为充气孔隙度[量纲一]。

4.1.2 土壤溶质运移基本方程

土壤溶质通量是指单位时间、单位浓度梯度作用下通过单位土体面积的溶质量。不同形态的土壤溶质迁移机制也不相同。总体来说，土壤中溶质的迁移包括三种途径：对流（convection）、扩散（diffusion）和机械弥散（mechanical dispersion）。

4.1.2.1 对流

土壤水是土壤溶质的溶剂和载体，溶质可以随着土壤水分的整体运动而迁移，这种过程称为对流。由对流引起的土壤溶质迁移通量与土壤水流通量和溶质浓度有关，可表示为

$$J_{wc} = J_w \cdot c = -c \cdot K(h) \cdot \left(\frac{\partial h}{\partial z} + 1\right) \tag{4.2}$$

式中，J_{wc} 为对流引起的溶质通量；J_w 为土壤水流通量；c 为溶解态溶质的浓度；$K(h)$ 为非饱和导水率；h 为基质势；z 为空间坐标。

对于稳态流，引入孔隙水平均流速的概念（$v = J_w/\theta$），式（4.2）可转化为

$$J_{wc} = v\theta c \tag{4.3}$$

4.1.2.2 扩散

扩散是由分子热运动所引起的混合和分散作用，其变化趋势是由浓度高处向浓度低处运移，以求最后达到浓度均匀。土壤中溶质的扩散包括气态溶质扩散和土壤溶液中的溶质分子扩散两部分，其通量均服从菲克定律，即以扩散形式迁移的溶质通量与浓度梯度成正比。

（1）气态分子扩散：

$$J_g = -aD_g^s \frac{\partial g}{\partial z} \tag{4.4}$$

式中，J_g 为气态溶质通量；a 为充气孔隙度；g 为气态溶质的浓度；z 为坐标；D_g^s 为气相分子扩散系数[L^2T^{-1}]。

HYDRUS 假设气、液两相溶质浓度之间为瞬态平衡，满足亨利定律：

$$g = \frac{c}{K_H RT} = k_g c \tag{4.5}$$

式中，c 和 g 分别为溶解态和气态溶质浓度；k_g 为经验常数；K_H 为亨利常数[T^2L^{-1}]；R 为气体常数[8.314J/(mol·K)]；T 为绝对温度（K）。

（2）溶解态分子扩散：

$$J_{ds} = -\theta D_s \frac{\partial c}{\partial z} \tag{4.6}$$

式中，J_{ds} 为溶解态溶质扩散通量；θ 为容积含水量；c 为溶解态溶质的浓度；z 为坐标；D_s 为土壤中的分子扩散系数[T^2L^{-1}]。

受土壤含水量、孔隙弯曲度（tortuosity）等因素的影响，土壤中分子扩散系数比自由水中小。一般把土壤中溶质分子扩散系数表示为含水量的函数，与土壤溶质浓度无关：

$$D_s = D_0 \frac{\theta^{10/3}}{\theta_s^2} \tag{4.7}$$

或者

$$D_s = D_0 a' e^{b\theta} \tag{4.8}$$

式中，D_s 为土壤中的溶质分子扩散系数；D_0 为土壤水分扩散率；θ 为容积含水量；θ_s 为饱和含水量；a' 和 b 为经验系数。

4.1.2.3 机械弥散

由于土壤中存在着大小不一、形状各异的孔隙，水溶液在其中流动的过程中，每个孔隙的流速大小和方向各不相同，使溶质分散并扩大运移范围，这种迁移现象称为机械弥散。

机械弥散所引起的溶质迁移通量表示为

$$J_h = -\theta D_h \frac{\partial c}{\partial z} \tag{4.9}$$

式中，J_h 为土壤溶质机械弥散通量；θ 为容积含水量；c 为溶解态溶质的浓度；z 为坐标；D_h 为溶质机械弥散系数$[L^2T^{-1}]$。

通常机械弥散系数可以表示为孔隙水平均流速（v）的函数，即

$$D_h = \lambda \cdot v^n \tag{4.10}$$

式中，λ 为纵向弥散度[L]；v 为孔隙水平均流速$[LT^{-1}]$；n 为经验指数。

4.1.2.4 水动力弥散

机械弥散和液相分子扩散作用在土壤中都会引起溶质迁移，但因微观流速不易测定，弥散与扩散作用也很难区分，同时两者所引起的溶质迁移通量表达形式基本相同［式（4.6）和式（4.9）］，所以在实际中常把这两种作用联合考虑，称之为水动力弥散。同样把分子扩散系数和机械弥散系数叠加起来，称之为水动力弥散系数。

水动力弥散作用是个别分子或离子在孔隙中运动及在孔隙中所发生的一切物理和化学作用的宏观表现。根据水动力弥散的定义及其与分子扩散和机械弥散之间的关系，可把水动力弥散所引起的土壤溶质迁移通量表示为

$$J_{sh} = -\theta D_{sh} \frac{\partial c}{\partial z} \tag{4.11}$$

式中，J_{sh} 为水动力弥散所引起的土壤溶质通量；θ 为容积含水量；c 为溶解态溶质的浓度；z 为坐标；D_{sh} 为水动力弥散系数$[L^2T^{-1}]$，如联合式（4.8）和式（4.10）：

$$D_{sh} = D_s + D_h = a' D_0 e^{b\theta} + \lambda v^n \tag{4.12}$$

4.1.2.5 孔隙弯曲度对扩散/弥散的影响

在 HYDRUS 中，孔隙弯曲度表示水分通过一段土壤标本的表观长度与所经

过的孔隙实际距离之比。考虑孔隙弯曲度的影响，可以在气相和液相分子扩散系数上乘以相应的弯曲度因子（τ）（Bear，1972）：

液相：
$$\theta D = \lambda |J_w| + \theta D_0 \tau_w \tag{4.13}$$

液相 + 气相：
$$\theta D = \lambda |J_w| + \theta D_0 \tau_w + a D_g^s k_g \tau_g \tag{4.14}$$

式中，D 为有效弥散系数；λ 为纵向弥散度；J_w 为土壤水流通量；D_0 为土壤水分扩散率；D_g^s 为土壤气体扩散系数；θ 为容积含水量；a 为充气孔隙度；k_g 为经验常数[式（4.5）]；τ_w 和 τ_g 分别为液相分子扩散系数弯曲度因子和气相分子扩散系数弯曲度因子，可以用以下两个模型计算。

（1）Millington-Quirk 模型：

$$\tau_w = \frac{\theta^{7/3}}{\theta_s^2} \tag{4.15}$$

$$\tau_g = \frac{a^{7/3}}{\theta_s^2} \tag{4.16}$$

式中，τ_w 和 τ_g 分别为液相分子扩散系数弯曲度因子和气相分子扩散系数弯曲度因子；θ 为容积含水量；a 为充气孔隙度；θ_s 为饱和含水量。

（2）Moldrup 模型：

$$\tau_w = 0.66 \left(\frac{\theta}{\theta_s} \right)^{8/3} \tag{4.17}$$

$$\tau_g = \frac{a^{1.5}}{\theta_s} \tag{4.18}$$

式中，τ_w 和 τ_g 分别为液相分子扩散系数弯曲度因子和气相分子扩散系数弯曲度因子；θ 为容积含水量；a 为充气孔隙度；θ_s 为饱和含水量。

Millington-Quirk 模型较适用于描述砂土，Moldrup 模型则适用于各种土壤质地类型。

4.1.2.6 土壤溶质迁移总通量

（1）以液态形式迁移的土壤溶质通量为

$$J_l = J_w c - \theta D_{sh} \frac{\partial c}{\partial z} \tag{4.19}$$

（2）综合考虑液态和气态迁移的土壤溶质通量为

$$J_t = J_w c - \theta D_{sh} \frac{\partial c}{\partial z} - a D_g^s \frac{\partial g}{\partial z} = J_w c - (\theta D_{sh} + a D_g^s k_g) \frac{\partial c}{\partial z} \tag{4.20}$$

式中，J_w 为土壤水流通量；c 为溶解态溶质的浓度；θ 为容积含水量；a 为充气孔隙度；g 为气态溶质的浓度；D_{sh} 为水动力弥散系数；D_g^s 为土壤气体扩散系数；k_g 为经验常数[式（4.5）]；z 为坐标。

4.1.3 溶质在土壤中的反应

物质迁移转化往往涉及生化反应降解等过程。一般生化反应受温度、pH、微生物种类和数量、碳源含量等因素的综合影响。在 HYDRUS 模型中主要采用零级反应（即反应速率与反应物浓度无关）和/或一级反应（即反应速率与反应物浓度的一次方成正比）予以描述。其中，后者还包括链反应和简单反应两种形式（图 4.1）。

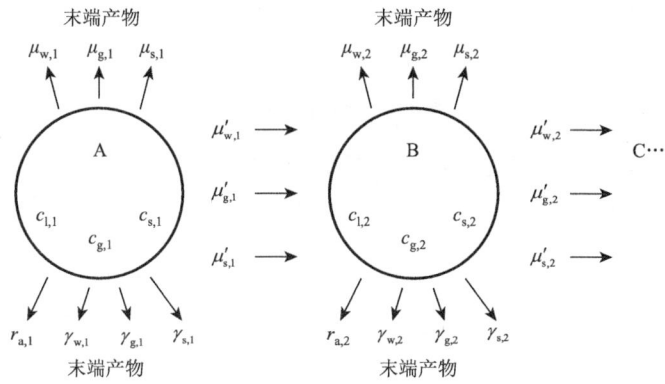

图 4.1 土壤溶质链反应及根系吸收示意图

根据反应相的不同，零级反应和一级反应均可分解为固、液、气三相中发生的反应：

$$\gamma = -\gamma_w \theta - \gamma_g a - \gamma_s \rho_b \tag{4.21}$$

$$U = -\mu_w \theta c - \mu_g a g - \mu_s \rho_b s \tag{4.22}$$

式中，γ_w、γ_g 和 γ_s 分别为液相、气相和固相的零级反应速率常数，分别以单位体积土壤水、单位体积土壤空气和单位土壤干重来表示；μ_w、μ_g 和 μ_s 分别为液相、气相和固相的一级简单反应速率系数；负号表示溶质浓度降低；s 为吸附态的溶质浓度；c 为溶解态溶质的浓度；g 为气态溶质的浓度；ρ_b 为土壤容重；θ 为容积含水量；a 为充气孔隙度。

如果考虑链反应，不仅要考虑当前溶质消耗量，还要考虑前一级反应对本级反应的贡献：

$$U'_k = -\mu'_{w,k}\theta c_k - \mu'_{g,k}ag_k - \mu'_{s,k}\rho_b s_k + \mu'_{w,k-1}\theta c_{k-1} + \mu'_{g,k-1}ag_{k-1} + \mu'_{s,k-1}\rho_b s_{k-1} \quad (4.23)$$

式中，U'_k 为第 k 种溶质的一级链反应反应量；负号表示溶质浓度降低，正号表示浓度升高；$\mu'_{w,k}$、$\mu'_{g,k}$ 和 $\mu'_{s,k}$ 分别为第 k 种溶质液相、气相和固相的一级链反应速率系数；s_k、c_k 和 g_k 分别为第 k 种吸附态、溶解态和气态溶质浓度；$\mu'_{w,k-1}$、$\mu'_{g,k-1}$ 和 $\mu'_{s,k-1}$ 分别为第 $k-1$ 种溶质液相、气相和固相的一级链反应速率系数；s_{k-1}、c_{k-1} 和 g_{k-1} 分别为第 $k-1$ 种吸附态、溶解态和气态溶质浓度；ρ_b 为土壤容重；θ 为容积含水量；a 为充气孔隙度；$k=2,3,4,\cdots$。

4.1.4 根系吸收溶质

图 4.1 中除给出土壤溶质的化学反应以外，还包括根系对溶质的吸收速率（r_a）。HYDRUS 中的根系溶质吸收采用的是 Šimůnek 和 Hopmans（2008）模型。

$$r_a(z,t) = p_a(z,t) + a_a(z,t) \quad (4.24)$$

$$R_a(t) = P_a(t) + A_a(t) \quad (4.25)$$

式中，r_a、p_a 和 a_a 分别为在 z 处 t 时刻根系对溶质的总吸收速率、被动吸收速率和主动吸收速率；R_a、P_a 和 A_a 分别为 t 时刻整个根区溶质吸收的总量、被动吸收量和主动吸收量。

4.1.4.1 被动吸收

根系对溶质的被动吸收速率等于根系吸水速率乘以相应的溶质浓度：

$$p_a(z,t) = S(z,t) \cdot \min[c(z,t), c_{\max}] \quad (4.26)$$

式中，p_a 为 z 处 t 时刻根系被动吸收溶质的速率；S 为根系吸水速率；c 为土壤溶液中的溶质浓度；$c_{\max}$ 为能够被根系被动吸收的土壤溶质浓度阈值。通过改变 $c_{\max}$ 可以调控根系对溶质被动吸收的比例。当 $c<c_{\max}$ 时，土壤溶液中的溶质都可以被根系吸收；当 $c_{\max}$ 设为 0 时，不考虑根系对溶质的被动吸收。

对式（4.26）积分，可以获得整个根区的土壤溶质被动吸收量（P_a）：

$$P_a(t) = \int_{L_r} p_a(z,t)\mathrm{d}z = \int_{L_r} S(z,t) \cdot \min[c(z,t), c_{\max}]\mathrm{d}z \quad (4.27)$$

将式（3.77）和式（3.79）代入式（4.27），得

$$P_a(t) = \frac{T_p(t)}{\max[\omega(t),\omega_c]} \int_{L_r} \alpha(h,h_\varphi,z,t)b(z,t) \cdot \min[c(z,t), c_{\max}]\mathrm{d}z \quad (4.28)$$

4.1.4.2 主动吸收

HYDRUS 模型假设植物对特定溶质有一个潜在的需求量(R_p, [ML^{-2}T^{-1}]),并且假设当被动吸收无法满足植物对溶质的潜在需求时,调用主动吸收方式。因此,植物对溶质的潜在主动吸收速率(A_p, [ML^{-2}T^{-1}])可由下式计算:

$$A_p(t) = \max[R_p(t) - P_a(t), 0] \tag{4.29}$$

由式(4.26)的分析可知,改变 c_{max} 的值可以调控被动吸收所占的比例,当 $c_{max}=0$ 时,被动吸收完全关闭,植物对溶质的需求完全通过主动吸收的方式来实现。而当 R_p 值设为零时,主动吸收也完全关闭。

一旦 A_p 值已知,可以参考根系吸水部分的原理,基于根系分布密度函数 $b(z,t)$,获得根区各点的潜在主动吸收速率(a_p, [ML^{-3}T^{-1}]):

$$a_p(z,t) = b(z,t) A_p(t) \tag{4.30}$$

对于 2D 系统来说,土壤剖面各点根系对溶质的潜在主动吸收速率可表示为

$$a_p(x,z,t) = b(x,z,t) L_t A_p(t) \tag{4.31}$$

考虑溶质浓度本身对主动吸收速率的影响,基于 Michaelis-Menten 动力学方程(Jungk, 1991),计算各点实际的主动吸收速率。

对于 1D 问题:

$$a_a(z,t) = \frac{c(z,t)}{K_m + c(z,t)} a_p(z,t) = \frac{c(z,t)}{K_m + c(z,t)} b(z,t) A_p(t) \tag{4.32}$$

对于 2D 问题:

$$a_a(x,z,t) = \frac{c(x,z,t)}{K_m + c(x,z,t)} a_p(x,z,t) = \frac{c(x,z,t)}{K_m + c(x,z,t)} b(x,z,t) L_t A_p(t) \tag{4.33}$$

式中,K_m 为 Michaelis-Menten 常数[ML^{-3}],对于特定的植物物种和特定的溶质种类,这一常数可通过查阅文献获得;c 为特定位点土壤溶液中的溶质浓度。

从式(4.32)和式(4.33)可以看出,当土壤溶液中的溶质浓度较低时,实际主动吸收量趋近于零。因此,存在一个最小溶质浓度(c_{min})来启动根系对溶质的主动吸收过程。c_{min} 值越大,主动吸收所占的比例越小。

最后,对 a_a 积分,以获得整个根区的实际主动吸收溶质总量(A_a)。

对于 1D 问题:

$$A_a(t) = \int_{L_r} a_a(z,t) dz = A_p(t) \int_{L_r} \frac{c(z,t)}{K_m + c(z,t)} b(z,t) dz \tag{4.34}$$

对于 2D 问题:

$$A_a(t) = \int_{\Omega_R} a_a(x,z,t) dx dz = L_t A_p(t) \int_{\Omega_R} \frac{c(x,z,t)}{K_m + c(x,z,t)} b(x,z,t) dx dz \tag{4.35}$$

4.1.4.3 根系吸收溶质的补偿机制

与根系吸水类似,根系对溶质的吸收也可以引入类似的补偿机制,引入参数——溶质胁迫因子(π),表示实际的根系主动吸收量与潜在的主动吸收量之间的比值:

$$\pi(t) = \frac{A_a(t)}{A_p(t)} \tag{4.36}$$

将式(4.34)和式(4.35)代入式(4.36),得到如下公式。

对于 1D 问题:

$$\pi(t) = \int_{L_r} \frac{c(z,t)}{K_m + c(z,t)} b(z,t) \mathrm{d}z \tag{4.37}$$

对于 2D 问题:

$$\pi(t) = L_t \int_{\Omega_R} \frac{c(x,z,t)}{K_m + c(x,z,t)} b(x,z,t) \mathrm{d}x \mathrm{d}z \tag{4.38}$$

定义临界值 π_c,当 $\pi > \pi_c$ 时,溶质主动吸收的损失由算法自动补偿。获得补偿之后的溶质主动吸收速率。

对于 1D 问题:

$$a_{ac}(z,t) = \frac{c(z,t)}{K_m + c(z,t)} b(z,t) \frac{A_p(t)}{\max[\pi(t), \pi_c]} \tag{4.39}$$

对于 2D 问题:

$$a_{ac}(x,z,t) = \frac{c(x,z,t)}{K_m + c(x,z,t)} b(x,z,t) L_t \frac{A_p(t)}{\max[\pi(t), \pi_c]} \tag{4.40}$$

因此,考虑补偿机制的溶质主动吸收总量计算公式如下。

对于 1D 问题:

$$A_{ac}(t) = \int_{L_r} a_{ac}(z,t) \mathrm{d}z = \frac{A_p(t)}{\max[\pi(t), \pi_c]} \int_{L_r} \frac{c(z,t)}{K_m + c(z,t)} b(z,t) \mathrm{d}z \tag{4.41}$$

对于 2D 问题:

$$A_{ac}(t) = \int_{\Omega_R} a_{ac}(x,z,t) \mathrm{d}x \mathrm{d}z = \frac{L_t A_p(t)}{\max[\pi(t), \pi_c]} \int_{\Omega_R} \frac{c(x,z,t)}{K_m + c(x,z,t)} b(x,z,t) \mathrm{d}x \mathrm{d}z \tag{4.42}$$

由式(4.26)和式(4.27)可知,根系对溶质的被动吸收会随着根系吸水量的降低而下降。与此同时,由式(4.29)可知,根系对溶质的主动吸收逐渐增大。换句话说,基于上述模型计算的根系对溶质的总吸收量并不存在土壤水分胁迫。但是这一点明显与实际不符——当植物处于缺水状态时,其对溶质的需求量也会降低。考虑这一因素,在植物对溶质的潜在需求量(R_p)中引入根系吸水的影响,将式(3.76)的胁迫因子纳入式(4.29):

$$A_p(t) = \max[R_p(t)\omega - P_a(t), 0] = \max\left[R_p(t)\frac{T_a(t)}{T_p(t)} - P_a(t), 0\right] \quad (4.43)$$

4.2 对流弥散方程

土壤溶质迁移同水分运动过程一样,服从质量守恒定律和连续方程。通常情况下,土壤中化学物质以固、液、气三种状态存在,根据对流弥散理论所描述的土壤溶质迁移通量方程,联合质量守恒方程,可以获得描述土壤溶质迁移的基本方程,称之为对流弥散方程。

$$\begin{aligned}\frac{\partial \theta c_k}{\partial t} + \frac{\partial a g_k}{\partial t} + \frac{\partial \rho_b s_k}{\partial t} &= \frac{\partial}{\partial z}\left(\theta D_{sh}\frac{\partial c_k}{\partial z}\right) + \frac{\partial}{\partial z}\left(a D_g^s \frac{\partial g_k}{\partial z}\right) - \frac{\partial J_w c_k}{\partial z} \\ &- (\mu_{w,k} + \mu'_{w,k})\theta c_k - (\mu_{g,k} + \mu'_{g,k})a g_k - (\mu_{s,k} + \mu'_{s,k})\rho_b s_k \\ &+ \mu'_{w,k-1}\theta c_{k-1} + \mu'_{g,k-1}a g_{k-1} + \mu'_{s,k-1}\rho_b s_{k-1} + \gamma_{w,k}\theta + \gamma_{g,k}a + \gamma_{s,k}\rho_b - r_{a,k}\end{aligned}$$

$$(4.44)$$

式中,θ 为容积含水量;a 为充气孔隙度;ρ_b 为土壤容重;c、g 和 s 分别为溶解态、气态和吸附态的溶质浓度;D_{sh} 为水动力弥散系数;D_g^s 为土壤气体扩散系数;J_w 为土壤水流通量;μ_w、μ_g 和 μ_s 分别为液相、气相和固相的一级简单反应速率系数;μ'_w、μ'_g 和 μ'_s 分别为液相、气相和固相的一级链反应速率系数;γ_w、γ_g 和 γ_s 分别为液相、气相和固相的零级反应速率系数(注意:γ 为负值表示反应消耗);r_a 为根系吸收溶质的速率;下标 k 为溶质种类编号。

式(4.44)给出了一般意义上土壤溶质迁移的对流弥散方程。在实际应用中,根据土壤溶质所存在的状态、迁移过程以及所发生的物理化学反应确定式(4.44)中各分项的取舍,进而获得具体状况下的土壤溶质迁移对流弥散方程。

4.3 吸附性溶质的迁移

4.3.1 平衡吸附

HYDRUS 采用 Freundlich-Langmuir 方程描述固液两相之间的等温吸附平衡:

$$s = \frac{K_d c^\beta}{1 + \eta c^\beta} \quad (4.45)$$

式中,c 和 s 分别为溶解态和吸附态的溶质浓度;K_d 为吸附分配系数;β 和 η 为经验常数。

当 $\eta = 0$、$\beta = 1$ 时，式（4.45）可转化为线性形式，此时 K_d 的量纲为 $[L^3M^{-1}]$：
$$s = K_d c \tag{4.46}$$
当 $\eta = 0$、$\beta \neq 1$ 时，式（4.45）可转化为 Freundlich 形式，此时 K_d 的量纲为 $[L^{3\beta}/M^\beta]$：
$$s = K_d c^\beta \tag{4.47}$$
当 $\eta \neq 0$、$\beta = 1$ 时，式（4.45）可转化为 Langmuir 形式：
$$s = \frac{K_d c}{1 + \eta c} \tag{4.48}$$
当 $K_d = 0$ 时，$s = 0$，即不考虑吸附作用。

4.3.2 非挥发性、非反应性、线性吸附溶质的迁移

通过非挥发性（$g = 0$）、非反应性（$\mu = 0$、$\gamma = 0$）、线性吸附（$K_d \neq 0$、$\eta = 0$、$\beta = 1$）溶质的迁移，来进一步理解各参数的作用。如果不考虑根系吸收，结合式（4.44）可知此类溶质的迁移满足如下公式：

$$\frac{\partial \theta c}{\partial t} + \frac{\partial \rho_b s}{\partial t} = \frac{\partial}{\partial z}\left(\theta D_{sh} \frac{\partial c}{\partial z}\right) - \frac{\partial J_w c}{\partial z} \tag{4.49}$$

式中，θ 为容积含水量；ρ_b 为土壤容重；c 和 s 分别为溶解态和吸附态的溶质浓度；D_{sh} 为水动力弥散系数；J_w 为土壤水流通量。

由于是线性吸附，对于稳态流（水流通量恒定，土壤含水量不随时间变化）：

$$(\theta + \rho_b K_d)\frac{\partial c}{\partial t} = \theta D_{sh} \frac{\partial^2 c}{\partial z^2} - v\theta \frac{\partial c}{\partial z} \tag{4.50}$$

两边同时除以 θ，得

$$\left(1 + \frac{\rho_b K_d}{\theta}\right)\frac{\partial c}{\partial t} = D_{sh} \frac{\partial^2 c}{\partial z^2} - v\frac{\partial c}{\partial z} \tag{4.51}$$

令

$$R_d = 1 + \rho_b K_d / \theta \tag{4.52}$$

式中，R_d 为延时因子，表示吸附作用引起的溶质运移时间比无吸附作用时延长到原来的 R_d 倍。将其代入式（4.51），可转化为

$$R_d \frac{\partial c}{\partial t} = D_{sh} \frac{\partial^2 c}{\partial z^2} - v\frac{\partial c}{\partial z} \tag{4.53}$$

从延时因子（R_d）的定义可以看出：当 $R_d = 1$ 时，固液两相之间没有相互作用，即不存在吸附；当 $R_d > 1$ 时，存在吸附作用；当 $R_d < 1$ 时，存在离子排斥作用。图 4.2 给出了活塞流（$R_d = 1$、$D_{sh} = 0$），仅有纵向弥散（$R_d = 1$、$D_{sh} \neq 0$）、有纵向弥散和吸附（$R_d > 1$、$D_{sh} \neq 0$）、有纵向弥散和离子排斥（$R_d < 1$、$D_{sh} \neq 0$）各种曲线的形式。

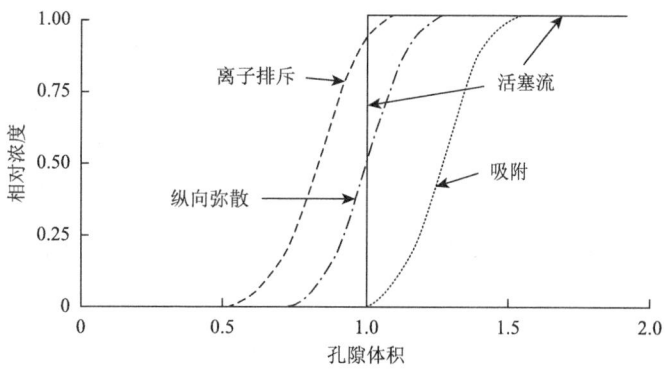

图 4.2　溶质迁移模式

注意：延时（retardation）这个概念仅适用于瞬态吸附过程（平衡吸附，或者包含平衡吸附点位的双点位化学非平衡吸附），对于单动力学点位模型是不适用的。

定义佩克莱数（Peclet number，N_{Pe}）：

$$N_{Pe} = vL / D_{sh} \tag{4.54}$$

式中，v 为孔隙水平均流速；L 为土柱长度；D_{sh} 为弥散系数。

不同水动力弥散系数的穿透曲线如图 4.3 所示。随着佩克莱数的减小，即水动力弥散系数的增大，溶质扩散范围逐渐扩大，曲线变缓，峰值浓度减小，但是峰面积不变。说明水动力弥散系数增大主要起到分散土壤溶质的作用，使溶质运移范围扩大。

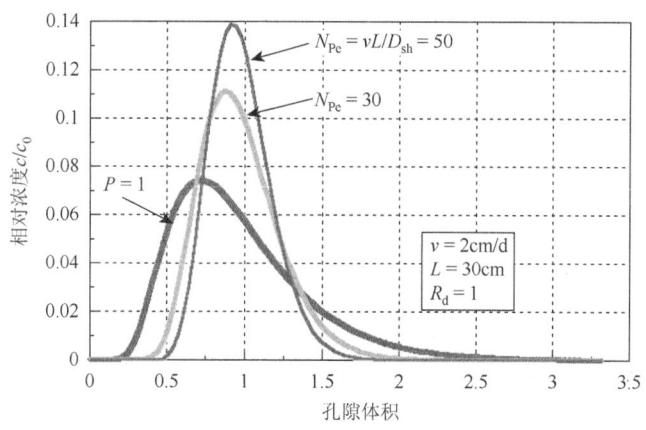

图 4.3　不同水动力弥散系数的穿透曲线

4.3.3　双点位化学非平衡吸附模型

如果考虑化学非平衡吸附-解吸反应，可采用双点位吸附模型。该模型将吸附点位分为两类：第一类能达到瞬态吸附平衡（s^e），称为平衡（equilibrium）吸附点位；第二类与时间有关（s^k），称作动力学（kinetic）吸附点位。

$$s = s^e + s^k \tag{4.55}$$

$$s^e = fs \tag{4.56}$$

$$s^k = (1-f)s \tag{4.57}$$

式中，f 为液相中平衡吸附点位所占的比例，$f=0$ 时即单点位化学非平衡模型，$f=1$ 时即平衡吸附模型。

由于第一类点位一直处于平衡状态，因此其吸附率满足：

$$\frac{\partial s^e}{\partial t} = f \frac{\partial s}{\partial t} \tag{4.58}$$

式（4.45）两边对时间 t 求导，得

$$\frac{\partial s}{\partial t} = \frac{K_d \beta c^{\beta-1}}{(1+\eta c^\beta)^2} \cdot \frac{\partial c}{\partial t} + \frac{c^\beta}{1+\eta c^\beta} \cdot \frac{\partial K_d}{\partial t} - \frac{K_d c^{2\beta}}{(1+\eta c^\beta)^2} \cdot \frac{\partial \eta}{\partial t} + \frac{K_d c^\beta \ln c}{(1+\eta c^\beta)^2} \cdot \frac{\partial \beta}{\partial t} \tag{4.59}$$

而对于非平衡吸附点位，假设其吸附满足一级动力学速率方程，综合考虑吸附和降解过程，其物质平衡方程为

$$\frac{\partial s^k}{\partial t} = \omega \cdot \left[(1-f) \frac{K_d c^\beta}{1+\eta c^\beta} - s^k \right] - (\mu_s + \mu_s') s^k + (1-f)\gamma_s \tag{4.60}$$

式中，ω 为一级动力学吸附速率系数；μ_s 和 μ_s' 分别为固相一级简单反应和一级链反应速率系数；γ_s 为固相零级反应速率系数（注意：γ 为负值表示反应消耗）。

对于具有非挥发性、非反应性、线性等温吸附特征的溶质迁移过程，综合考虑其瞬态吸附和动力学吸附，不考虑根系吸收，式（4.58）和式（4.60）可转化为

$$s^e = f K_d c \tag{4.61}$$

$$\frac{\partial s^k}{\partial t} = \omega \cdot [(1-f) K_d c - s^k] \tag{4.62}$$

将式（4.55）、式（4.61）、式（4.62）代入式（4.49），可得

$$\left(1 + \frac{\rho_b f K_d}{\theta}\right) \frac{\partial c}{\partial t} + \frac{\rho_b \omega}{\theta} [(1-f) K_d c - s^k] = D_{sh} \frac{\partial^2 c}{\partial z^2} - v \frac{\partial c}{\partial z} \tag{4.63}$$

其量纲一形式为

$$\beta R_d \frac{\partial C_1}{\partial T} + (1-\beta) R_d \frac{\partial C_2}{\partial T} = \frac{1}{N_{Pe}} \frac{\partial^2 C_1}{\partial X^2} - \frac{\partial C_1}{\partial X} \tag{4.64}$$

式中，R_d 为延时因子，见式（4.52）；N_{Pe} 为佩克莱数，表示的是弥散通量相对于对流迁移的贡献，见式（4.54）；其余参数定义如下：

$$(1-\beta) R_d \frac{\partial C_2}{\partial T} = D_a (C_1 - C_2) \tag{4.65}$$

$$\beta = (1 + \rho_b f K_d / \theta) / R_d \tag{4.66}$$

$$C_1 = c / c_0 \tag{4.67}$$

$$C_2 = s^k / [c_0 K_d (1-f)] \tag{4.68}$$

$$T = vt / L \tag{4.69}$$

$$X = z / L \tag{4.70}$$

$$D_a = \omega(1-\beta) R_d L / v \tag{4.71}$$

式中，β 为与液相中平衡吸附点位所占比例（f）有关的参数，其表示瞬时延迟所占的份额；T 为以孔隙体积表示的量纲一时间；X 为量纲一距离；C_1 和 C_2 分别为平衡吸附点位和动力学吸附点位的标准化浓度；L 为土柱长度；D_a 为达姆科勒数（Damkohler number），表示的是水力动态延迟时间与吸附反应时间的比值，换句话说，它代表的是吸附速率与迁移速率的比值，其数值越大说明体系的非平衡度越小。

4.3.4 胶体运移

4.3.4.1 胶体运移基础知识

胶体通常是指粒径在 1nm 和 1μm 之间的微小颗粒。在土壤中，胶体是一种广泛存在的物质，它可能是土壤中的黏土颗粒，也可能是铁氧化物、细菌或病毒，还可能是无机矿物或有机大分子聚合体等。通常人们把土壤胶体分为无机胶体、有机胶体以及生物胶体。黏土矿物是典型无机胶体，有机质是典型有机胶体。工业纳米材料、碳粉、零价铁颗粒、沸石和羟基磷灰石等用于治理和修复土壤污染的材料也属于无机胶体。细菌、病毒和原生动物统称为生物胶体。细菌的大小一般为 0.5~2μm，有鞭毛、纤毛，使其具有能动性。病毒的大小为 20~200nm，在地下水中的迁移能力更强。原生动物大小为 3~12μm，关于其在地下介质中迁移规律的研究相对较少。

胶体和溶质具有明显不同的物理化学性质，其在多孔介质中的运移过程与溶质运移过程显著不同。土壤胶体具有较大的表面能和比表面积，对污染物通常有很强的吸附能力，可作为土壤中污染物的"运输载体"。同时，一些胶体本身就是污染物，如细菌、病毒等。因此关于胶体在土壤环境中的运移过程和机理研究对于土壤和地下水的安全具有十分重要的意义，也是近年来土壤物理学界的研究热点之一。

由于胶体粒径的特殊性，胶体在土壤中的运移过程非常复杂，涉及运移（transport）、附着（attachment）、分离（detachment）、阻塞（blocking）、滞留（straining）、释放（release）、聚集（aggregation）、沉积（sedimentation）等过程（Bradford and Torkzaban，2008）。

1）胶体释放

胶体释放是胶体从土壤基质表面释放到土壤溶液中的过程，包括两个连续的子过程:一是附着在多孔介质表面的胶体发生分离;二是分离后的胶体穿过扩散边界层远离介质表面。通常随着水流速度的增加,孔隙水流动产生的剪切力增大,有利于胶体摆脱界面的束缚,胶体的释放速率和释放量也增大。另外,胶体的释放还受到土壤化学条件的影响。例如在高 pH 和低离子强度条件下,胶体表面和土壤固体颗粒的表面电势较低,胶体的扩散和释放更容易。此外,胶体的释放过程也具有动力学非指数性和老化效应(即胶体吸附在固体颗粒表面上的时间越长,释放的可能性也就越小)。

2)胶体沉积

胶体沉积是溶液中的胶体在运移过程中沉积到土壤介质表面上的过程。胶体沉积包括运移和附着两个连续子过程。附着是胶体分离的逆过程。

3)胶体阻塞

当两个及以上的固体颗粒所组成的孔隙过小时,随水流运移的胶体被限制于孔隙中即为阻塞。胶体阻塞受物理因素(孔隙与胶体颗粒的相对大小、固体颗粒形状、水动力条件、地下含水介质的非均质性等)和化学因素的双重影响。

学者们常用土柱实验得到的穿透曲线和胶体在土柱中的滞留剖面来分析胶体的迁移行为。穿透曲线分为上升阶段、平衡阶段和下降阶段。然而,一些实验结果表明平衡阶段内流出液浓度仍有变化,将浓度在平衡阶段出现缓慢上升的现象称为阻塞,微弱下降的现象称为熟化(ripening)。阻塞现象的产生是因为介质表面的附着点位越来越少造成附着速率轻微降低。Bradford 等(2007)发现胶体粒径越小,阻塞现象越明显。而熟化现象的产生是由于胶体附着在基质表面后,胶体表面形成新的附着点位造成附着速率的轻微提高。此外,一些研究表明进入平衡阶段后延长土柱的淋洗时间,流出液浓度会达到另一个更高的平衡阶段,穿透曲线图像变成一种类似双峰的图像。

4.3.4.2 胶体运移模型

在 HYDRUS 中可采用双动力学点位附着-分离模型(two kinetic sites attachment-detachment model)描述胶体运移动态:

$$\frac{\partial \theta c}{\partial t} + \rho_b \left(\frac{\partial s^e}{\partial t} + \frac{\partial s^1}{\partial t} + \frac{\partial s^2}{\partial t} \right) = \frac{\partial}{\partial z}\left(\theta D_{sh} \frac{\partial c}{\partial z} \right) - \frac{\partial J_w c}{\partial z} - \mu_w \theta c - \mu_s \rho_b (s^e + s^1 + s^2)$$

(4.72)

式中,θ 为容积含水量;ρ_b 为土壤容重;c 为土壤液相中胶体的浓度[L^{-3}];s 为土壤固相中胶体的浓度[M^{-1}];μ_w 为液相失活(inactivation)反应速率常数;μ_s 为固相降解(degradation)反应速率常数;上标 e、1、2 分别表示平衡吸附点位、第一动力学点位、第二动力学点位。

平衡点位的吸附过程可以用式（4.58）描述。动力学点位的传质过程可表示为

$$\rho_b \frac{\partial s^1}{\partial t} = \theta k_a^1 \psi^1 c - k_d^1 \rho_b s^1 \tag{4.73}$$

$$\rho_b \frac{\partial s^2}{\partial t} = \theta k_a^2 \psi^2 c - k_d^2 \rho_b s^2 \tag{4.74}$$

式中，k_a 为一级附着系数[T^{-1}]；k_d 为一级分离系数[T^{-1}]；ψ 为胶体截留函数（colloid retention function）[量纲一]；上标 1 和 2 分别代表不同动力学点位，点位 1 和点位 2 可分别用来描述阻塞和附着，也可以分别用来描述固-液和气-液界面的附着作用。由于式（4.73）和式（4.74）中的 k_a 和 k_d 都是相互独立的模型参数，因此双动力学点位模型不需要像双点位化学非平衡模型那样设置点位份额参数（f）。

为了模拟介质表面附着点位越来越少所造成的附着速率降低的阻塞现象，采用如下 Langmuir 动态方程：

$$\psi = (s_{max} - s)/s_{max} = 1 - s/s_{max} \tag{4.75}$$

式中，s_{max} 为最大固相浓度[M^{-1}]。

相反，为了模拟附着在基质表面的胶体提供新的附着点位造成附着速率提高的熟化现象，可采用

$$\psi = \max(1, s_{max}) \tag{4.76}$$

Johnson 和 Elimelech（1995）提出了一个随机连续吸附模型来描述吸附点位的阻塞现象：

$$\psi = \begin{cases} 1 - 4a + 3.308a^2 + 1.4069a^3 & s \leq 0.8 s_{max} \\ \dfrac{(1-bs)^3}{2 d_{50}^2 b^3} & s > 0.8 s_{max} \end{cases} \tag{4.77}$$

式中，

$$a = 0.546 \cdot s/s_{max} \tag{4.78}$$

$$b = 1/s_{max} \tag{4.79}$$

Bradford 等（2003）提出了一个与位置有关的函数来描述滞留（straining）过程：

$$\psi = \left(\frac{d_{50} + z - z_0}{d_{50}} \right)^{-\beta} \tag{4.80}$$

式中，d_{50} 为土壤中位粒径[L]；z_0 为滞留过程开始的位置，如土壤表面或不同土层的交界面；β 为经验因子（0.432）。通常当胶体与土壤粒径的比值（d_p/d_{50}）大于 0.005 时，滞留将是一个非常重要的机制。

此外，还有一种形式是综合考虑 Langmuir 阻塞和深度相关的滞留（combined depth-dependent straining and Langmuirian blocking）：

$$\psi = \left(1 - \frac{s}{s_{max}}\right)\left(\frac{d_{50} + z - z_0}{d_{50}}\right)^{-\beta} \quad (4.81)$$

式（4.73）和式（4.74）中的附着系数（k_a）还可基于胶体渗透理论（colloid filtration theory，CFT）进行计算。

$$k_a = \frac{3(1-\theta)}{2d_{50}} \eta \alpha v \quad (4.82)$$

式中，θ 为容积含水量；d_{50} 为土壤中位粒径[L]；α 为碰撞效率，表示土粒表面胶体的黏附速率与碰撞速率之比，即与土粒表面发生接触的胶体的沉降概率；v 为孔隙水平均流速；η 为单集接触效率（single-collector contact efficiency）。

$$\eta = 4A_s^{1/3} N_{Pe}^{-2/3} + A_s N_{Lo}^{1/8} N_R^{15/8} + 0.00338 A_s N_G^{1.2} N_R^{-0.4} \quad (4.83)$$

式中，等式右侧三个分量分别表示扩散、拦截和重力沉降；N_{Pe} 为佩克莱数，表征对流迁移与扩散迁移的比例；N_R 为拦截数，又称纵横比；N_G 为重力沉降数，表征斯托克斯粒子沉降速度与流体速度之比；N_{Lo} 表示范德瓦耳斯势对粒子迁移的影响；A_s 为与含水量有关的校正因子。

$$A_s = \frac{2(1-\gamma^5)}{2 - 3\gamma + 3\gamma^5 - 2\gamma^6} \quad (4.84)$$

$$\gamma = (1-\theta)^{1/3} \quad (4.85)$$

佩克莱数（N_{Pe}）可由下式计算：

$$N_{Pe} = \frac{3\pi\mu d_p d_{50} J_w}{kT} \quad (4.86)$$

式中，μ 为流体黏度（0.00093Pa·s）；d_{50} 为土壤中位粒径（m）；d_p 为胶体直径（m）；J_w 为达西通量（m/s）；k 为Boltzmann常数（1.38048×10^{-23}J/K）；T 为绝对温度（298K）。

$$N_R = d_p / d_{50} \quad (4.87)$$

$$N_G = \frac{g(\rho_p - \rho_f)d_p^2}{18\mu J_w} \quad (4.88)$$

$$N_{Lo} = \frac{4H}{9\pi\mu d_p^2 J_w} \quad (4.89)$$

式中，H 为Hamaker常数（1×10^{-20}J）；g 为重力加速度（9.81m/s^2）；ρ_p 为胶体密度（细菌大约为1080kg/m^3）；ρ_f 为流体密度（998kg/m^3）。

式（4.82）中的碰撞效率 α 可由下式计算：

$$\alpha = -\frac{2}{3}\frac{d_{50}}{(1-\theta)L\eta}\ln B = -\frac{2}{3}\frac{d_{50}}{(1-\theta)L\eta}\ln\left[\sum_{i=1}^{n} C_i \cdot \Delta t / (C_0 \cdot t_{pulse})\right] \quad (4.90)$$

式中，d_{50} 为土壤中位粒径；θ 为容积含水量；L 为土柱长度；η 为单集接触效率；B 为土柱实验穿透曲线的回收率；C_i 为出液口第 i 次观测的胶体浓度；C_0 为进液胶体浓度；Δt 为出液口监测的时间间隔；t_{pulse} 为脉冲周期。关于 η 的计算主要有两种方法：一种是拉格朗日轨迹分析法（如 Happel 球胞模型）；另一种是对流扩散方程的数值解法（欧拉法）。这两种方法实际操作都非常困难，因此后人又开发出了相关方程（即提供 η 与易获取指标的相关关系方程）以便于计算。比较流行的相关方程有两种：一种是 Rajagopalan 和 Tien 方程（简称 RT 方程）；另一种是 Tufenkji 和 Elimelech 方程（简称 TE 方程）。RT 方程和 TE 方程都基于 Happel 球胞模型，所不同的是：①RT 方程采用轨迹法测定 η，而 TE 方程则采用的是欧拉数值解法。②RT 模型里没有单独的布朗运动项，而是将其叠加进了拦截和沉降项里；而 TE 方程考虑了范德瓦耳斯力和水力学相互作用对布朗运动的影响。HYDRUS 模型在计算 η 时，采用的是较为经典的 RT 方程，在模型实际操作时需要人为设置 d_{50}、d_p、α、k_{d1}、k_{d2}、s_{max1} 和 s_{max2}。

4.3.5 双孔隙度模型

对于双孔隙度模型（见 3.11 节），总的土壤含水量由可动区和不可动区两部分构成：

$$\theta = \theta_{mo} + \theta_{im} \tag{4.91}$$

可动区与不可动区之间的溶质交换服从一级传质速率方程：

$$\left[\theta_{im} + \rho_b(1-f)\frac{k_d \beta c_{im}^{\beta-1}}{(1+\eta c_{im}^\beta)^2}\right]\frac{\partial c_{im}}{\partial t} = \omega(c_{mo} - c_{im}) + \gamma_w \theta_{im}$$

$$+ (1-f)\rho_b \gamma_s - \left[\theta_{im}(\mu_w + \mu_w') + \rho_b(\mu_s + \mu_s')(1-f)\frac{K_d c_{im}^{\beta-1}}{1+\eta c_{im}^\beta}\right]c_{im} \tag{4.92}$$

式中，θ_{mo} 和 θ_{im} 分别为可动区和不可动区土壤含水量；c_{mo} 和 c_{im} 分别为可动区和不可动区的溶质浓度；ρ_b 为土壤容重；ω 为可动区与不可动区之间的传质系数；f 为液相中平衡吸附点位所占的比例；K_d 为吸附分配系数；β 和 η 为吸附方程经验常数。

4.3.6 双孔隙度-单动力学点位模型

与简单的双孔隙度模型不同的是，双孔隙度-单动力学点位模型将可动区分为了平衡吸附和动力学吸附两部分。平衡状态下总的吸附浓度可表示为

$$s = (1-f_{mo})s_{im} + f_{mo}s_{mo} = (1-f_{mo})s_{im} + f_{mo}(s_{mo}^e + s_{mo,e}^k)$$
$$= (1-f_{mo})K_d c_{mo} + f_{mo}f_{em}K_d c_{mo} + f_{mo}(1-f_{em})K_d c_{mo} = K_d c_{mo} \tag{4.93}$$

式中，s_{mo}^e 和 s_{im} 分别为可动区和不可动区吸附态溶质浓度[量纲一]；c_{mo} 为可动区的溶解态溶质浓度；$s_{mo,e}^k$ 为可动区动力学吸附点位在平衡时的吸附量[量纲一]；f_{mo} 为可动区点位所占的比例；f_{em} 为可动区平衡吸附点位所占的比例。

完整的双孔隙度-单动力学点位模型可分为以下几部分：
（1）可动区的溶质运移：
$$\frac{\partial \theta_{mo} c_{mo}}{\partial t} + f_{mo}\rho_b \frac{\partial s_{mo}^e}{\partial t} = \frac{\partial}{\partial z}\left(\theta_{mo} D_{mo} \frac{\partial c_{mo}}{\partial z}\right) - \frac{\partial J_{mo} c_{mo}}{\partial z} - \varphi_{mo} - \Gamma_{s1} - \Gamma_{s2} \quad (4.94)$$

（2）不可动区的物质平衡：
$$\frac{\partial \theta_{im} c_{im}}{\partial t} + (1-f_{mo})\rho_b \frac{\partial s_{im}}{\partial t} = \Gamma_{s1} - \varphi_{im} \quad (4.95)$$

（3）可动区动力学吸附点位的物质平衡：
$$f_{mo}\rho_b \frac{\partial s_{mo}^k}{\partial t} = \Gamma_{s2} - \varphi_{mo,k} \quad (4.96)$$

（4）可动区与不可动区之间的溶质运移：
$$\Gamma_{s1} = \omega_{ph}(c_{mo} - c_{im}) \quad (4.97)$$

（5）可动区内向动力学吸附点位的溶质运移：
$$\Gamma_{s2} = \alpha_{ch}(s_{mo,e}^k - s_{mo}^k) \quad (4.98)$$

（6）可动区平衡点位吸附：
$$s_{mo}^e = f_{em} K_d c_{mo} \quad (4.99)$$

（7）可动区动力学点位的吸附：
$$s_{mo,e}^k = (1-f_{em}) K_d c_{mo} \quad (4.100)$$

式中，ω_{ph} 和 α_{ch} 分别为物理和化学一级反应速率系数[T^{-1}]；Γ_{s1} 为可动区与不可动区之间的溶质交换速率[$ML^{-3}T^{-1}$]；Γ_{s2} 为可动区内向动力学吸附点位传输溶质的速率[$ML^{-3}T^{-1}$]；φ_{mo}、φ_{im} 和 $\varphi_{mo,k}$ 分别为可动区、不可动区和动力学吸附点位的源/汇项[$ML^{-3}T^{-1}$]；式（4.99）和式（4.100）中的 K_d 为吸附分配系数，这里也可以用式（4.45）的非线性形式进行描述。

4.3.7 双渗透率模型

对于双渗透率模型（见 3.12 节），裂隙区和孔隙区的溶质运移表示如下。
（1）裂隙区溶质运移：
$$\frac{\partial \theta_f c_f}{\partial t} + \rho_b \frac{\partial s_f}{\partial t} = \frac{\partial}{\partial z}\left(\theta_f D_f \frac{\partial c_f}{\partial z}\right) - \frac{\partial J_f c_f}{\partial z} - \varphi_f - \frac{\Gamma_s}{w} \quad (4.101)$$

（2）孔隙区溶质运移：
$$\frac{\partial \theta_m c_m}{\partial t} + \rho_b \frac{\partial s_m}{\partial t} = \frac{\partial}{\partial z}\left(\theta_m D_m \frac{\partial c_m}{\partial z}\right) - \frac{\partial J_m c_m}{\partial z} - \varphi_m - \frac{\Gamma_s}{1-w} \quad (4.102)$$

（3）孔隙区和裂隙区之间的溶质交换：
$$\Gamma_s = \omega_{dp}(1-w)\theta_m(c_f - c_m) + \Gamma_w c^* \quad (4.103)$$

$$c^* = \begin{cases} c_f & \varGamma_w > 0 \\ c_m & \varGamma_w \leqslant 0 \end{cases} \quad (4.104)$$

式中,下标 f 和 m 分别为裂隙区和孔隙区;θ_f 和 θ_m 分别为裂隙区和孔隙区土壤含水量;c 和 s 分别为溶解态和吸附态的溶质浓度;ρ_b 为土壤容重;D 为水动力弥散系数;J 为水流通量;φ_f 和 φ_m 分别为裂隙区和孔隙区的源/汇项;w 为裂隙区占土壤总体积的比例;$\varGamma_s$ 为裂隙区与孔隙区之间的溶质交换速率;ω_{dp} 为传质速率系数;$\varGamma_w$ 为裂隙区和孔隙区之间的水分传质速率。

4.3.8 双渗透率-可动区-不可动区模型

对于双渗透率-可动区-不可动区模型,假设孔隙区的水分含量包括可动区($\theta_{mo,m}$)和不可动区($\theta_{im,m}$)两部分:

$$\theta_m = \theta_{mo,m} + \theta_{im,m} \quad (4.105)$$

其溶质运移包括以下几方面。

(1) 裂隙区溶质运移:

$$\frac{\partial \theta_f c_f}{\partial t} + \rho_f \frac{\partial s_f}{\partial t} = \frac{\partial}{\partial z}\left(\theta_f D_f \frac{\partial c_f}{\partial z}\right) - \frac{\partial J_f c_f}{\partial z} - \varphi_f - \frac{\varGamma_s}{w} \quad (4.106)$$

(2) 孔隙区-可动区溶质运移:

$$\frac{\partial \theta_{mo,m} c_{mo,m}}{\partial t} + \rho_m f_{mo} \frac{\partial s_{mo,m}}{\partial t} = \frac{\partial}{\partial z}\left(\theta_{mo,m} D_m \frac{\partial c_{mo,m}}{\partial z}\right) - \frac{\partial J_m c_{mo,m}}{\partial z} - \varphi_{mo,m} - \frac{\varGamma_s}{1-w} - \varGamma_s^* \quad (4.107)$$

(3) 孔隙区-不可动区溶质运移:

$$\frac{\partial \theta_{im,m} c_{im,m}}{\partial t} + \rho_m (1 - f_{mo}) \frac{\partial s_{im,m}}{\partial t} = \varGamma_s^* - \varphi_{im,m} \quad (4.108)$$

(4) 孔隙区和裂隙区之间的溶质交换:

$$\varGamma_s = \omega_{dp}(1-w)\theta_m(c_f - c_{mo,m}) + \varGamma_w c^* \quad (4.109)$$

$$c^* = \begin{cases} c_f & \varGamma_w > 0 \\ c_m & \varGamma_w \leqslant 0 \end{cases} \quad (4.110)$$

(5) 孔隙区内部、可动区与不可动区之间的溶质交换:

$$\varGamma_s^* = \omega_{dp}(c_{mo,m} - c_{im,m}) \quad (4.111)$$

式中,下标 f 和 m 分别为裂隙区和孔隙区;下标 mo 和 im 分别为可动区和不可动区;θ_f 为裂隙区土壤含水量;$\theta_{mo,m}$ 和 $\theta_{im,m}$ 分别为孔隙区-可动区和孔隙区-不可动区土壤含水量;c 和 s 分别为溶解态和吸附态的溶质浓度;ρ_f 和 ρ_m 分别为裂隙区和孔隙区土壤容重;D 为水动力弥散系数;J 为水流通量;φ_f 为裂隙区的源/汇项;$\varphi_{mo,m}$ 和 $\varphi_{im,m}$ 分别为孔隙区内部可动区和不可动区的源/汇项;w 为裂隙区占土壤总体积的比例；f_{mo} 为孔隙区中可动区点位所占的比例；$\varGamma_s$ 为裂隙区与孔隙区之间的溶质交换速率；$\varGamma_s^*$ 为孔隙区内部，可动区与不可动区之间的溶质交换速率；ω_{dp} 为可动区与不可动区之间的传质速率系数；$\varGamma_w$ 为裂隙区和孔隙区之间的水分传质速率。

4.3.9 双渗透率-双点位吸附模型

双渗透率-双点位吸附模型首先将土壤分为孔隙区和裂隙区，然后分别将其吸附点位分为平衡吸附区和动力学吸附区。其溶质运移包括以下几方面。

（1）裂隙区-平衡吸附点位溶质运移：

$$\frac{\partial \theta_f c_f}{\partial t} + \rho_f \frac{\partial s_f^e}{\partial t} = \frac{\partial}{\partial z}\left(\theta_f D_f \frac{\partial c_f}{\partial z}\right) - \frac{\partial J_f c_f}{\partial z} - \varphi_f - \frac{\varGamma_s}{w} - \varGamma_f \quad (4.112)$$

（2）孔隙区-平衡吸附点位溶质运移：

$$\frac{\partial \theta_m c_m}{\partial t} + \rho_m \frac{\partial s_m^e}{\partial t} = \frac{\partial}{\partial z}\left(\theta_m D_m \frac{\partial c_m}{\partial z}\right) - \frac{\partial J_m c_m}{\partial z} - \varphi_m - \frac{\varGamma_s}{1-w} - \varGamma_m \quad (4.113)$$

（3）裂隙区-动力学吸附点位溶质运移：

$$\rho_f \frac{\partial s_f^k}{\partial t} = \varGamma_f - \varphi_{f,k} \quad (4.114)$$

（4）孔隙区-动力学吸附点位溶质运移：

$$\rho_m \frac{\partial s_m^k}{\partial t} = \varGamma_m - \varphi_{m,k} \quad (4.115)$$

（5）孔隙区和裂隙区之间的溶质交换：

$$\varGamma_s = \omega_{dp}(1-w)\theta_m(c_f - c_m) + \varGamma_w c^* \quad (4.116)$$

$$c^* = \begin{cases} c_f & \varGamma_w > 0 \\ c_m & \varGamma_w \leqslant 0 \end{cases} \quad (4.117)$$

（6）裂隙区内部-平衡吸附点位与动力学吸附点位之间的溶质运移：

$$\varGamma_f = \rho_f \alpha_{ch,f}[(1-f_f)K_{df}c_f - s_f^k] \quad (4.118)$$

（7）孔隙区内部-平衡吸附点位与动力学吸附点位之间的溶质运移：

$$\varGamma_m = \rho_m \alpha_{ch,m}[(1-f_m)K_{dm}c_m - s_m^k] \quad (4.119)$$

式中，下标 f 和 m 分别为裂隙区和孔隙区；上标 e 和 k 分别为平衡吸附点位和动力学吸附点位；θ_f 和 θ_m 分别为裂隙区和孔隙区土壤含水量；c 和 s 分别为溶解态和吸附态的溶质浓度；ρ_f 和 ρ_m 分别为裂隙区和孔隙区土壤容重；D 为水动力弥散系数（同 D_{sh}）；J 为水流通量；φ_f 和 φ_m 分别为裂隙区和孔隙区的平衡吸附点位的源/汇项；$\varphi_{f,k}$ 和 $\varphi_{m,k}$ 分别为裂隙区和孔隙区的动力学吸附点位的源/汇项；f_f 和 f_m 分别为裂隙区和孔隙区平衡吸附点位所占的比例；w 为裂隙区占土壤总体积的比例；$\varGamma_s$ 为裂隙区与孔隙区之间的溶质交换速率；$\varGamma_f$ 表示裂隙区内部，平衡吸附点位与动力学吸附点位之间的溶质交换速率；Γ_m 为孔隙区内部，平衡吸附点位与动力学吸附点位之间的溶质交换速率；ω_{dp} 为可动区与不可动区之间的传质速率系数；$\alpha_{ch,f}$ 和 $\alpha_{ch,m}$ 分别为裂隙区和孔隙区的一级吸附速率系数；Γ_w 为裂隙区和孔隙区之间的水分传质速率；K_{df} 和 K_{dm} 分别为裂隙区和孔隙区的吸附分配系数。

4.4 土壤溶质运移的初始条件

通常溶质迁移的初始条件定义为初始浓度分布，具体可根据实际情况表示为

$$c(z,0) = c_i(z) \tag{4.120}$$

$$s^k(z,0) = s_i^k(z) \tag{4.121}$$

$$c_{im}(z,0) = c_{im,m}(z) \tag{4.122}$$

式中，c 为土壤溶质浓度；s^k 为动力学吸附点位吸附态溶质浓度；c_{im} 为不可动区溶质浓度。如果土壤初始浓度是均匀分布，则浓度分布为常数；如果是非均匀分布，则浓度分布为坐标的函数。

此外，在溶质运移初始条件的设置中，溶质浓度可以是总浓度 C [ML^{-3}，溶质量/土壤体积]，也可以是溶解态浓度 c [ML^{-3}，溶质量/土壤水的体积]。

4.4.1 溶解态浓度

当已知总浓度（C）时，溶解态浓度可按如下公式计算。

对于线性吸附：

$$C = \theta c + \rho_b s + ag = \theta c + \rho_b K_d c + ak_g c = c(\theta + \rho_b K_d + ak_g) \tag{4.123}$$

$$c = \frac{C}{\theta + \rho_b K_d + ak_g} \tag{4.124}$$

对于非线性吸附：

$$C = \theta c + \rho_b s + ag = \theta c + \frac{\rho_b K_d c^\beta}{1 + \eta c^\beta} + ak_g c \tag{4.125}$$

对于双动力学点位吸附模型，假设不考虑阻塞效应，则 K_d 可表示为

$$K_d = \frac{\theta k_a}{\rho_b k_d} \tag{4.126}$$

式中，θ 为容积含水量；a 为充气孔隙度；ρ_b 为土壤容重；c、s 和 g 分别为溶解态、吸附态和挥发态溶质的浓度；K_d 为吸附分配系数；β 和 η 为吸附方程经验常数 [式（4.45）]；k_g 为经验常数 [式（4.5）]；k_a 和 k_d 分别为一级附着和分离系数[T^{-1}] [式（4.73）]。

4.4.2 吸附态浓度

对于双点位吸附模型，动力学点位的初始浓度可设为与平衡点位的初始浓度相平衡。

线性：
$$s = (1-f)K_d c \tag{4.127}$$

非线性：
$$s = (1-f)\frac{\rho_b K_d c^\beta}{1+\eta c^\beta} \tag{4.128}$$

式中，f 为液相中平衡吸附点位所占的比例。

对于双动力学点位吸附模型，吸附态浓度可表示为
$$s = \frac{\theta k_a}{\rho_b k_d} c \tag{4.129}$$

对于双孔隙度模型，不可动区的初始浓度也可以设为可动区的初始浓度。其吸附态的浓度可按照式（4.127）进行计算。

4.5 土壤溶质运移的边界条件

4.5.1 常规边界条件

溶质运移的边界条件分为两类：浓度型（又称狄利克雷型，Dirichlet type）和通量型（又称柯西型，Cauchy type）。

浓度型边界条件（第一类边界条件）计算公式如下。

对于 1D 问题：
$$c(z,t) = c_0(z,t) \quad z=0 \text{ 或 } z=L \tag{4.130}$$

对于 3D 问题：
$$c(x,y,z,t) = c_0(x,y,z,t) \quad (x,y,z) \in \Omega_D \tag{4.131}$$

通量型边界条件（第三类边界条件）计算公式如下。

对于 1D 问题：
$$-\theta D_{sh}\frac{\partial c}{\partial z} + J_w c = J_0 c_0 \quad z=0 \text{ 或 } z=L \tag{4.132}$$

对于 3D 问题：
$$-\theta D_{ij}\frac{\partial c}{\partial x_j}\boldsymbol{n}_i + J_i \boldsymbol{n}_i c = J_i \boldsymbol{n}_i c_0 \quad (x,y,z) \in \Omega_C \tag{4.133}$$

式中，J_0 为水流通量，可以是常数，也可表示为时间的函数，如脉冲输入；c_0 为水流中的溶质浓度。

当水流通量为零（如不透水面）时，第三类边界条件可变为第二类边界条件（即诺依曼型）。

对于 1D 问题：

$$\theta D_{sh}\frac{\partial c}{\partial z}=0 \quad z=0 \text{ 或 } z=L \tag{4.134}$$

对于 3D 问题：

$$\theta D_{ij}\frac{\partial c}{\partial x_j}n_i=0 \quad (x,y,z)\in\Omega_N \tag{4.135}$$

式中，Ω_D、Ω_C 和 Ω_N 分别为水头边界条件、通量边界条件和梯度边界条件所处的分区范围；n_i 为垂直于 Ω_C 和 Ω_N 的单位向量；t 表示时间[T]；$x_j(j=1,2,3)$ 为空间坐标[L]。

4.5.2 挥发性溶质边界条件

对于挥发性溶质也可以采用第三类边界条件，同时需要考虑气相溶质通过土壤表面厚度为 d 的滞留层的扩散，这部分通量与滞留层两侧的浓度差成正比。修正后的边界条件如下。

对于 1D 问题：

$$-\theta D_{sh}\frac{\partial c}{\partial z}+J_w c=J_0 c_0+\frac{D_g^s}{d}(k_g c-g_{atm}) \quad z=0 \tag{4.136}$$

对于 3D 问题：

$$-\theta D_{ij}\frac{\partial c}{\partial x_j}\boldsymbol{n}_i+J_i n_i c=J_i n_i c_0+\frac{D_g^s}{d}(k_g c-g_{atm}) \quad (x,y,z)\in\Omega_C \tag{4.137}$$

式中，D_g^s 为气相分子扩散系数；g_{atm} 为滞留层以上的气相溶质浓度（可设为零）；d 为滞留层厚度。

当水流通量为零时，挥发性溶质边界可变为第二类边界条件。

对于 1D 问题：

$$-\theta D_{sh}\frac{\partial c}{\partial z}=\frac{D_g^s}{d}(k_g c-g_{atm}) \quad z=0 \tag{4.138}$$

对于 3D 问题：

$$-\theta D_{ij}\frac{\partial c}{\partial x_j}n_i=\frac{D_g^s}{d}(k_g c-g_{atm}) \quad (x,y,z)\in\Omega_N \tag{4.139}$$

对于滞留层厚度 d 的估算可参阅文献（Jury et al., 1983），对于裸土通常设 $d=0.5\text{cm}$。

4.6 温度和土壤含水量对模型参数的影响

4.6.1 温度对模型参数的影响

溶质运移模型中所涉及的扩散和弥散系数（D_{sh}、D_g^s）、零级反应系数（γ_w、γ_g 和 γ_s）、一级反应系数（μ_w、μ_g、μ_s、μ_w'、μ_g' 和 μ_s'）、吸附和挥发系数（K_d、k_g、β、η、ω）等都与温度息息相关。HYDRUS 假设温度对模型参数的影响满足 Arrhenius 方程。稍作修正，其通用形式可表示为

$$a_T = a_r \exp\left[\frac{E_a(T^A - T_r^A)}{RT^A T_r^A}\right] \tag{4.140}$$

式中，a_T 和 a_r 分别为温度 T^A 和参考温度 T_r^A 下的模型参数值；R 为气体常数[8.314J/(mol·K)]；E_a 为活化能[L^2T^{-2}]。

4.6.2 土壤含水量对模型参数的影响

土壤含水量对一级反应系数的影响可以用 Walker 方程进行描述：

$$a(\theta) = a_r(\theta_{ref})\min\left[1,\left(\frac{\theta}{\theta_{ref}}\right)^B\right] \tag{4.141}$$

式中，a 和 a_r 分别为土壤含水量为 θ 和参考土壤含水量（θ_{ref}）下的模型参数值；B 为与溶质种类有关的参数（通常取 0.7）。对于不同质地的土层，θ_{ref} 的选择可能也不一样，可由参考水势值（h_{ref}）计算得出。

5 土壤热量传输

土壤中任何物理、化学和生物过程以及作物生长发育活动都是在一定温度范围内进行的。土壤温度不仅影响作物种子发芽、根系生长、生理过程及营养生长和生殖生长，而且影响土壤中的各种化学反应、土壤有机质和氮素的积累，以及水、气的运动。

5.1 土壤热性质

土壤热特性主要包括土壤热容量、土壤导热率等，它们是决定土壤热状况的内在原因。有时为了研究方便，假设土壤为均一导热介质，并将土壤热力学参数看作是常数。但是严格意义上，土壤由固、液、气三相物质组成，土壤热性质也随这三相物质的比例不同而变化。

5.1.1 土壤热容量

土壤热容量（heat capacity）分为质量热容量和体积热容量。质量热容量（C_M）是指单位质量土壤升温1℃所需的热量，体积热容量（C_P）是指单位体积土壤升温1℃所需的热量。质量热容量与体积热容量之间满足如下关系：

$$C_P(\theta) = \rho \cdot C_M \tag{5.1}$$

式中，ρ 为土壤容重。

土壤是由空气、水和固体颗粒组成的混合体，土壤热容量是其所有组分的热容量之和。

$$C_P(\theta) = C_m\theta_m + C_o\theta_o + C_w\theta_w + C_a a \approx (1.92\theta_m + 2.51\theta_o + 4.18\theta) \tag{5.2}$$

式中，θ_m 和 θ_o 分别为土壤矿物质和有机质的体积组分；θ 为土壤含水量；a 为充气孔隙度；C_m、C_o、C_w 和 C_a 分别为矿物质、有机质、水和空气的体积热容量[MJ/(m³·℃)]。空气的体积热容量比较小[0.0012MJ/(m³·℃)]，在计算土壤体积热容量时可以忽略。

5.1.2 土壤导热率

土壤导热率（thermal conductivity），或土壤热传导率，是指单位时间、单位温度梯度作用下，通过单位面积土壤的热量。土壤导热率取决于土壤固、液、气三相组成成分及其比例,以及孔隙度大小、固体颗粒的排列方式、固相和液相界面的接触程度。土壤容重越大,固体颗粒之间的接触越多,导热率越高。土壤含水量增加也会增大固体颗粒之间的热接触,同时水的导热率是空气的 23 倍,因而也会使得土壤表观导热率增加。

HYDRUS 中,土壤导热率与土壤含水量之间的关系可以用 Chung-Horton 模型和 Campbell 模型来描述。

(1) Chung-Horton 模型:

$$\lambda_0(\theta) = b_1 + b_2\theta + b_3\theta^{0.5} \tag{5.3}$$

式中,b_1、b_2、b_3 为模型经验参数。

(2) Campbell 模型:

$$\lambda_0(\theta) = A + B\theta - (A - D)\exp[-(C\theta)^4] \tag{5.4}$$

$$A = \frac{0.57 + 1.73\theta_q + 0.93\theta_m}{1 - 0.74\theta_q - 0.49\theta_m} - 2.8\theta_n(1 - \theta_n) \tag{5.5}$$

$$B = 2.8\theta_n \tag{5.6}$$

$$C = 1 + 2.6\theta_c^{-0.5} \tag{5.7}$$

$$D = 0.03 + 0.7\theta_n^2 \tag{5.8}$$

式中,下标 n、q、c 和 m 分别为土壤固相、石英、黏粒和其他矿物质。

将土壤在没有水流情况下的导热率 [$\lambda_0(\theta)$] 与宏观弥散度结合起来,可以得到土壤的表观导热率 [$\lambda(\theta)$]:

$$\lambda(\theta) = \lambda_0(\theta) + \beta_t C_w |J_w| \tag{5.9}$$

式中,β_t 为热弥散度[L];C_w 为土壤水的体积热容量[4.18MJ/(m³·℃)]。

热传导率除以体积热容量,所得的指标称为土壤热扩散率(thermal diffusivity,D_H):

$$D_H = \lambda / C_p \tag{5.10}$$

土壤热容量和导热率都是含水量的函数,且都随含水量的增加而增大。土壤热容量与含水量呈线性关系。导热率与含水量则呈幂函数关系,两者增幅不同步,导致热扩散率随含水量的增加呈抛物线变化趋势。

5.2 土壤热通量

土壤热量来源于太阳的辐射能、生物能及地球的内热,其中,太阳辐射能是土壤热量的主要来源。土壤吸收太阳辐射能量主要是通过大气与土壤界面的热量交换实现的。太阳辐射能源源不断地到达地表,除一部分加热近地面空气之外,大部分被土壤吸收。强烈的太阳辐射提高土壤表层温度,使土壤剖面形成温度梯度,导致表层热量逐步向土壤深层传递,使下层土壤温度也逐步提高。在冬季或夜间,辐射能很少,土壤温度相对地表或空气温度高,所形成的温度梯度使土壤向空气传递热量,导致土壤温度降低。土壤内部的热量传输以对流和传导为主,辐射所占的比例可以忽略不计。

热对流可以液态水作为载体,也可以水蒸气或空气作为载体,其通量可表示为

$$J_{hv} = H_w J_w = C_w J_w T \tag{5.11}$$

式中,J_{hv} 为对流热通量;H_w 为单位体积热量;C_w 为水的体积热容量;J_w 为水或水蒸气通量。

土壤热传导服从傅里叶定律——在均质物体中,热传导通量(J_{hc})与温度梯度成正比:

$$J_{hc} = -\lambda \frac{dT}{dz} \tag{5.12}$$

式中,T 为温度;λ 为导热率。

土壤总的热通量方程可表示为

$$J_h = J_{hc} + J_{hv} = -\lambda \frac{dT}{dz} + C_w J_w T \tag{5.13}$$

5.3 土壤热量传输基本方程

同水分和溶质运动的基本方程一样,热量传输基本方程也可由连续方程和通量方程获得

$$\frac{\partial H}{\partial t} = -\frac{\partial J_h}{\partial z} \tag{5.14}$$

式中,H 为单位体积土壤所含有的热量。

$$H = C_p T \tag{5.15}$$

式中,C_P 为体积热容量。

将式(5.13)和式(5.15)代入式(5.14)可得

$$C_P \frac{\partial T}{\partial t} = \frac{\partial}{\partial z}\left(\lambda \frac{\partial T}{\partial z}\right) - C_w J_w \frac{\partial T}{\partial z} \tag{5.16}$$

式中,λ 为土壤导热率;J_w 为水流通量;C_P 为土壤体积热容量;C_w 为水的体积热容量。

式（5.16）为土壤热量传输的基本方程，称为对流传导方程（convective-conductive equation，CCE）。其三维形式可以写作

$$C_P \frac{\partial T}{\partial t} = \frac{\partial}{\partial x_i}\left(\lambda_{ij}\frac{\partial T}{\partial x_j}\right) - C_w J_i \frac{\partial T}{\partial x_i} \tag{5.17}$$

如果不考虑水蒸气的扩散，但是考虑根系吸水过程，则一维土壤热量传输方程可表示为

$$\frac{\partial C_P(\theta)T}{\partial t} = \frac{\partial}{\partial z}\left(\lambda(\theta)\frac{\partial T}{\partial z}\right) - C_w \frac{\partial J_w T}{\partial z} - C_w ST \tag{5.18}$$

式中，C_P 为土壤体积热容量；λ 为土壤导热率；C_w 为水的体积热容量；S 为根系吸水速率；J_w 为水流通量。式（5.18）右侧第一项表示热传导，第二项表示热对流，第三项表示因根系吸水引起的土壤热量损失。

当水蒸气的扩散不能忽略时，土壤热量传输方程可表示为

$$\frac{\partial C_P(\theta)T}{\partial t} + L_0 \frac{\partial \theta_{vapor}}{\partial t} = \frac{\partial}{\partial z}\left(\lambda(\theta)\frac{\partial T}{\partial z}\right) - C_w \frac{\partial J_w T}{\partial z} - C_v \frac{\partial J_v T}{\partial z} - L_0 \frac{\partial J_v}{\partial z} \tag{5.19}$$

式中，C_P 为土壤体积热容量；L_0 为液态水的容积蒸发潜热（如 J/m³）；θ_{vapor} 为土壤孔隙中水蒸气的含量；λ 为土壤导热率；C_w 和 C_v 分别为液态水和水蒸气的体积热容量；J_w 为水流通量，J_v 为水蒸气通量。式（5.19）右侧第一项表示热传导，第二项表示液态水流引起的热对流，第三项表示气态水蒸气流引起的热对流，第四项表示水蒸气引起的潜热。

参考 3.13 节，水蒸气通量可表示为

$$J_v = -K_{vh}\cdot\left(\frac{\partial h}{\partial z} + \cos\alpha\right) - K_{vT}\frac{\partial T}{\partial z} \tag{5.20}$$

式中，T 为温度[K]；K_{vh} 为等温气相导水率[LT⁻¹]；K_{vT} 为热力气相导水率[L²K⁻¹T⁻¹]；h 为基质势[L]。

5.4 土壤热量传输的初始条件

土壤热量传输基本方程的初始条件通常设为各个区域的温度。

$$T(z,0) = T_i(z) \tag{5.21}$$

对于 3D 问题：

$$T(x,y,z,0) = T_i(x,y,z) \tag{5.22}$$

5.5 土壤热量传输的边界条件

土壤热量传输的边界条件包括两类：第一类边界条件和第三类边界条件。

第一类边界条件又称为温度边界条件。

对于 1D 问题：
$$T(z,t) = T_0(t) \quad z=0 \text{ 或 } z=L \tag{5.23}$$

对于 3D 问题：
$$T(x,y,z,t) = T_0(x,y,z,t) \quad (x,y,z) \in \Omega_\mathrm{D} \tag{5.24}$$

式中，T_0 为边界温度。

第三类边界条件又称为热通量边界条件。

对于 1D 问题：
$$-\lambda \frac{\partial T}{\partial z} + TC_\mathrm{w} J = T_\mathrm{w} C_\mathrm{w} J_0 \quad z=0 \text{ 或 } z=L \tag{5.25}$$

对于 3D 问题：
$$-\lambda_{ij}\frac{\partial T}{\partial x_j} n_i + TC_\mathrm{w} J_i n_i = T_\mathrm{w} C_\mathrm{w} J_i n_i \quad (x,y,z) \in \Omega_\mathrm{C} \tag{5.26}$$

式中，T_w 为水流温度。对于不透水层（$J=0$），第三类边界条件可转化为第二类边界条件。

对于 1D 问题：
$$\frac{\partial T}{\partial z} = 0 \quad z = L \tag{5.27}$$

对于 3D 问题：
$$\lambda_{ij}\frac{\partial T}{\partial x_j} \boldsymbol{n}_i = 0 \quad (x,y,z) \in \Omega_\mathrm{N} \tag{5.28}$$

式中，Ω_D、Ω_C 和 Ω_N 分别为水头边界、通量边界和梯度边界条件所处的分区范围；$\boldsymbol{n}_i$ 为垂直于 Ω_C 和 Ω_N 的单位向量；t 为时间[T]；$x_i(i=1,2,3)$ 为空间坐标[L]。

5.6 土壤温度的日变化

气温存在日变化和季节变化，因而土壤温度也存在日变化、季节变化甚至年变化。土壤温度虽然受多种因素的影响，但表现出有一定规律的波动。通常可利用正弦或余弦函数来描述土壤表面温度的日变化和年变化过程，具体公式为

$$T_0 = \bar{T} + A\sin\left(\frac{2\pi t}{\rho_\mathrm{t}} - \frac{7\pi}{12}\right) \tag{5.29}$$

式中，ρ_t 为温度变化周期，通常设为 1 天；$\bar{T}$ 为 ρ_t 时间内土壤表面的日平均温度；A 为日最高-最低变温幅度。式（5.29）假设每日最高气温出现在 13:00。

第二篇　HYDRUS-1D 模型

6 水流模型

6.1 单层土壤积水入渗

6.1.1 问题描述

本例针对一个 1m 深的土壤剖面，土壤质地为壤土，上表面有一个 1cm 的恒定水头，下表面为自由重力排水，分析水分在土壤中的入渗情况。

6.1.2 模型构建

6.1.2.1 设置默认路径

首先，打开 HUDRUS-1D 模型。单击工具栏"项目管理器（Project Manager）"图标 ，或菜单栏"文件（File）"—"项目管理器（Project Manager）"。单击"项目组（Project Group）"标签。单击左下角"新建（New）"图标，弹出新建项目组窗口（图 6.1）。设置项目组名称、描述和路径，单击"OK"返回。

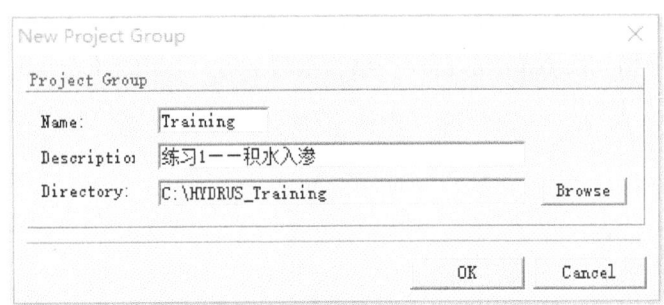

图 6.1 HYDRUS-1D 项目管理器——新建项目组窗口

如图 6.2 所示的项目管理器窗口中，选中新建的"Training"项目组，单击"设为当前（Set Current）"，将其设为当前默认存储路径。完成后，单击"关闭（Close）"。

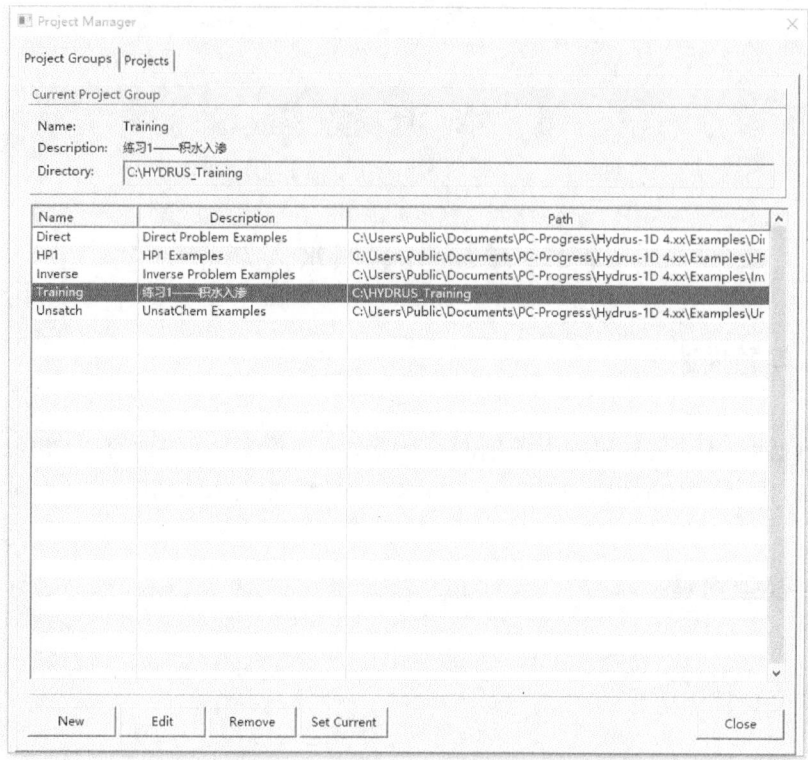

图 6.2　HYDRUS-1D 项目管理器窗口

6.1.2.2　新建模型

单击工具栏"新建（New）"图标，或菜单栏"文件（File）"—"新建（New）"，弹出如图 6.3 所示窗口。填写项目名称（如 Ponded_infiltr）和描述。完成后，单击"OK"。

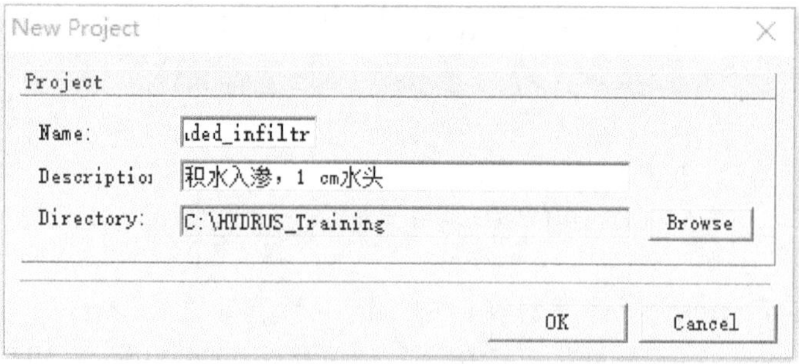

图 6.3　HYDRUS-1D 新建项目（模型）

注意：HYDRUS 模型中，项目组的名称或者是项目名称（Name）都只能是字母、数字和下划线的组合，但是描述（Description）可以用任意语言符号书写。

6.1.2.3 主过程

双击前处理窗口中的"主过程（Main Processes）"，弹出如图 6.4 所示窗口。"模型标题（Heading）"主要用于设置输出文件的表头，便于区分不同模型的运行结果。"仿真（Simulate）"面板内有"水流（Water Flow）""溶质运移（Solute Transport）""热量传输（Heat Transport）""根系吸水（Root Water Uptake）""根系生长（Root Growth）"和"CO_2 传输（CO_2 Transport）"六个复选框，分别对应不同的土壤物理模型模块。

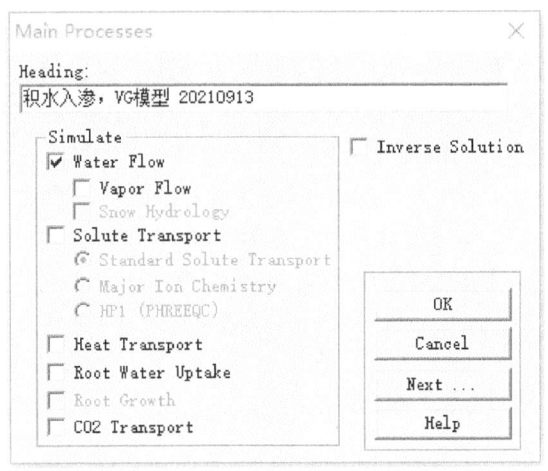

图 6.4　HYDRUS-1D 主过程设置

本例仅模拟水流问题，勾选"水流（Water Flow）"。"水蒸气流（Vapor Flow）"和"积雪水力学（Snow Hydrology）"这两个复选框都不用勾选。

6.1.2.4 几何信息

单击"下一步（Next）"按钮，弹出"几何信息（Geometry Information）"窗口（图 6.5）。左侧部分设置土柱长度单位——mm、cm 或 m，中间部分四个文本框分别设置"土壤质地的数目（Number of Soil Materials）""物质平衡分层数

(Number of Layers for Mass Balances)""土柱倾斜角度（Decline from Vertical Axes）"和"土柱深度（Depth of the Soil Profile）"。

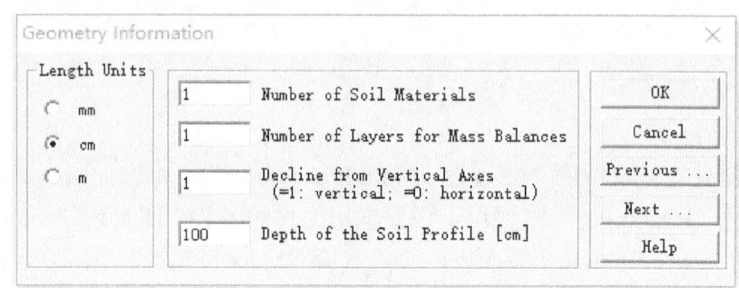

图 6.5　HYDRUS-1D 几何信息设置

"土壤质地的数目"就是所研究的土壤剖面内有几种不同质地的土壤。

"物质平衡分层数"与"土壤质地的数目"完全无关。例如，一个包含植物根系的土壤剖面，根区和非根区可能是两个比较感兴趣的分层（物质平衡分区），但是根区内可以有多种土壤质地，同一种土壤质地也可以跨越不同的物质平衡分区。物质平衡分区最好是根据传质速率快慢来设置，其结果对于验证有限元/有限差分的网格划分有一定的指导意义。

"土柱倾斜角度"是土柱与 z 轴之间夹角的余弦值，即式（3.38）中的 $cos\alpha$。取 1 时表示竖直土柱，取 0 时表示水平土柱，介于 0 和 1 之间时表示倾斜土柱。

"土柱深度"是土壤剖面的深度，本例为 100cm。注意此数值与单位的选择息息相关。

6.1.2.5　时间信息

下一步，弹出"时间信息（Time Information）"窗口（图6.6）。左上角为"时间单位（Time Units）"面板，设置模型运行的时间单位——秒（Seconds）、分钟（Minutes）、小时（Hours）、天（Days）和年（Years）。

"时间离散化（Time Discretization）"面板设置模型仿真的"初始时间（Initial Time）""终止时间（Final Time）""初始时间步长（Initial Time Step）""最小时间步长（Minimum Time Step）"和"最大时间步长（Maximum Time Step）"。初始时间通常设为零，终止时间根据问题而设，例如，本例拟计算 1 天之内的入渗率，当时间单位选为"天（Days）"时，这里就填 1；若时间单位选为"小时（Hours）"时，这里就填 24。"初始时间步长""最小时间步长"和"最大时间步长"都与时间单位和终止时间有关。本例仿真时间为 1 天，初始步长设为 0.001，最小时间步长设为 1e-005（表示 1×10^{-5}）。

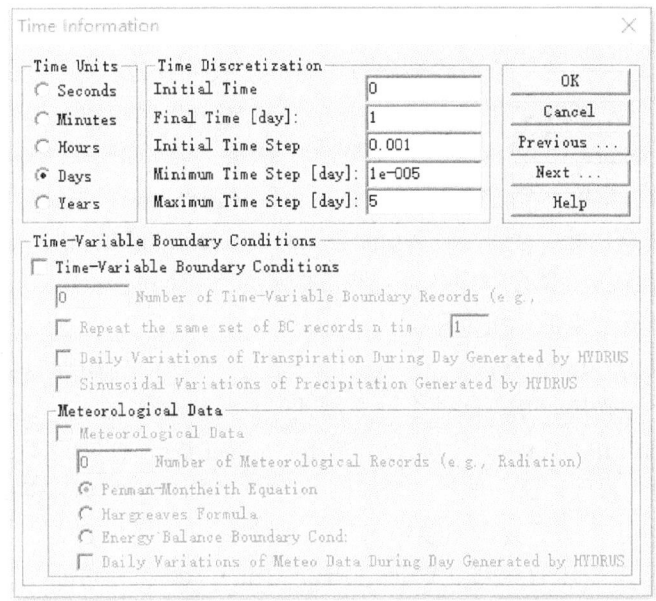

图 6.6 HYDRUS-1D 时间信息设置

图 6.6 窗口的下半部分为"随时间可变边界条件（Time-Variable Boundary Conditions）"设置面板。具体内容请查阅 6.3 节。

6.1.2.6 输出信息

下一步，弹出"输出信息（Print Information）"设置窗口（图 6.7）。

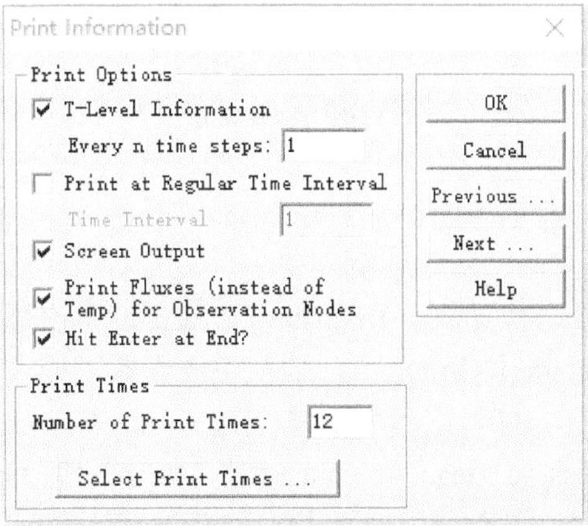

图 6.7 HYDRUS-1D 输出信息设置

"输出选项（Print Options）"面板通常保持默认设置即可。当勾选"T-Level Information"复选框时，模型将输出每个时间步长的计算结果。当然也可以设置每隔 n 个时间步长输出结果（在"Every n time steps"后填值）。当勾选"Print at Regular Time Interval"复选框时，模型设置每隔一段时间间隔（对于本例来说单位为 day）输出结果。当勾选"Screen Output"复选框时，模型计算过程会以滚动窗口的形式展现出来。当勾选"Print Fluxes（instead of Temp）for Observation Nodes"复选框时，模型会输出各个观测点的通量值。当勾选"Hit Enter at End？"复选框时，计算结束后，按回车键关闭运算窗口。

"输出时刻（Print-Times）"面板可设置每个具体的输出时刻。例如，本例希望每隔 2 小时输出一次，即整个计算周期（1 天）输出 12 次。这里"输出时刻数（Number of Print Times）"填 12。单击"Select Print Times…"（**注意：每一次修改模型时间参数，这一步都必须操作**），弹出具体输出时刻列表窗口（图 6.8）。每个输出时刻可手动更改，但要注意前后顺序必须是从小到大，且最后一个输出时刻必须是模型运算的终止时间（Final Time，本例为 1day）。单击"缺省（Default）"按钮可自动均匀设置输出时刻；单击"对数缺省[Default（log）]"可按对数形式自动设置输出时刻，但是这么做会导致起始的输出时刻特别小，甚至远远小于最小时间步长，导致模型计算时间大大增加，因此不建议使用。单击"确认（OK）"返回。

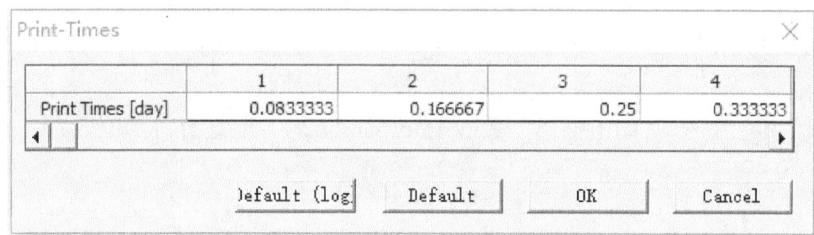

图 6.8　HYDRUS-1D 输出时刻列表

6.1.2.7　水流-迭代准则

下一步，弹出"迭代准则（Iteration Criteria）"设置窗口（图 6.9）。

"迭代准则（Iteration Criteria）"面板主要设置"最大迭代次数（Maximum Number of Iterations）"（100）"土壤含水量容差（Water Content Tolerance）"（0.001）"土壤水头容差（Pressure Head Tolerance）"（1）。"时间步长控制（Time Step Control）"面板中的四个参数是用来调节自适应步长算法的。以默认的 3、7、1.3 和 0.7 为例，其含义是当在某点的迭代次数小于 3 时，说明步长过小，乘以 1.3 进行放

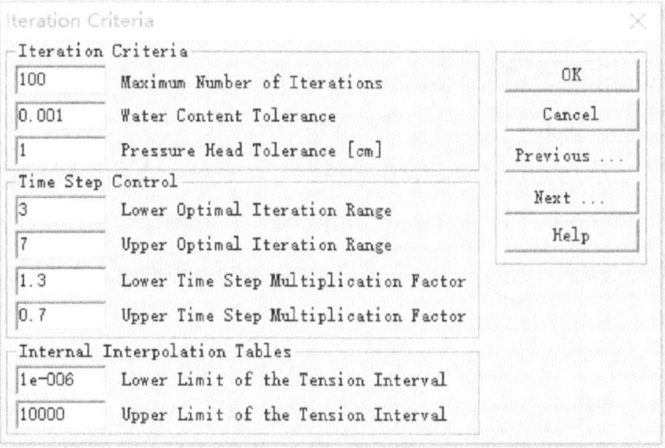

图6.9 HYDRUS-1D 水流模型迭代参数设置

大（即步长增大30%）。当在某点的迭代次数大于7时，说明步长过大，乘以0.7进行缩小（即步长缩小30%）。"内部插值表（Internal Interpolation Tables）"面板设置可允许插值操作的水头值的下边界（h_a，1×10^{-6}）和上边界（h_b，10000）。严格意义上，迭代算法需要消耗大量时间。HYDRUS允许对介于h_a和h_b之间的水头值在完成边界运算的情况下进行内部插值，小于h_a或大于h_b的水头值仍用常规迭代算法求解，以节省运算时间。

6.1.2.8 水流-土壤水力学模型

下一步，弹出"土壤水力学模型"设置窗口（图6.10）。

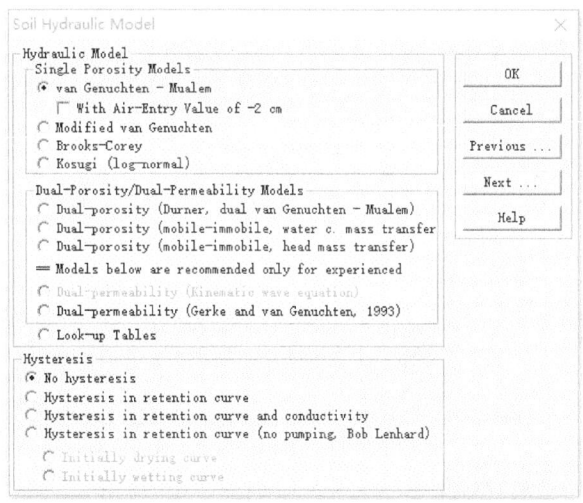

图6.10 HYDRUS-1D 水流-土壤水力学模型设置

"水力学模型（Hydraulic Model）"面板包括"单孔隙度模型（Single Porosity Models）"和"双孔隙度/双渗透率模型（Dual-Porosity/Dual-Permeability Models）"两类。"单孔隙度模型"包括"van Genuchten-Mualem"[对于质地较细的土壤（1.0<n<1.3，n 为 van Genuchten-Mualem 模型参数），进气值 $h_b = -2\text{cm}$］"Modified van Genuohten""Brooks-Corey""Kosugi（log-normal）"模型，参考 3.2.2 节和 3.4.3 节。"双孔隙度/双渗透率模型"包括"双孔隙度（双 van Genuchten-Mualem）[Dual-porosity（Durner，dual van Genuchten-Mualem）]""双孔隙度（可动区不可动区，以有效饱和度差作为传质驱动力）[Dual-porosity（mobile-immobile，water c. mass transfer）]"[式（3.108）]、"双孔隙度（可动区不可动区，以水势差作为传质驱动力）[Dual-porosity（mobile-immobile，head mass transfer）]"[式（3.111）]、"双渗透率（Dual-permeability）"模型和"查表算法（Look-up Tables）"。双孔隙度模型和双渗透率模型的介绍参考 3.11 节和 3.12 节。

"滞后现象（Hysteresis）"面板包括"无滞后现象""持水曲线的滞后现象""持水曲线和导水率的滞后现象""持水曲线的滞后现象（无泵效益，Bob Lenhard 模型）"，参考 3.7 节。当考虑滞后现象时，必须指明初始状态是排水曲线（"Initially drying curve"）还是吸水曲线（"Initially wetting curve"）。

本例选择单孔隙度 van Genuchten-Mualem 模型，无滞后现象。

6.1.2.9 水流-土壤水力学参数

下一步，弹出"水流参数（Water Flow Parameters）"设置窗口（图6.11）。这里需设置 van Genuchten-Mualem 模型的各个参数，包括式（3.4）中的 θ_r、θ_s、α 和 n，以及式（3.15）中的 K_s 和 l。

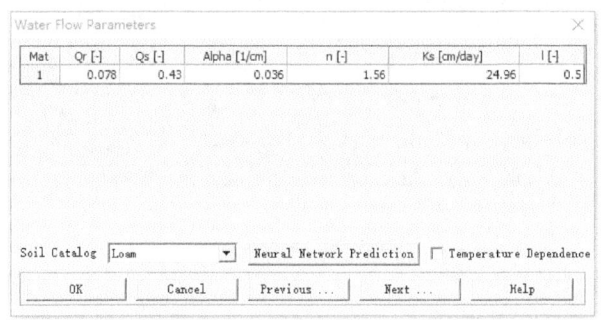

图 6.11 HYDRUS-1D 土壤水力学 van Genuchten-Mualem 模型参数设置

左下角"土壤目录（Soil Catalog）"中列出了 12 种常见的土壤类型（2.1 节），选择土壤类型，相应的参数会自动调整。本例从目录中直接选择"壤土（Loam）"。

图 6.11 右下角还提供了温度对模型参数影响的选项（Temperature Dependence）。勾选了此复选框，将采用 3.14 节的方法考虑温度对水头和导水率的影响。此外，图 6.11 中的"人工神经网络预测（Neural Network Prediction）"按钮链接至 Rosetta 模型（图 6.12）。该模型提供了 5 种不同的预测方法：①已知土壤质地分类；②已知砂粒、粉粒和黏粒的比例；③已知砂粉黏的比例和土壤容重；④已知砂粉黏的比例、容重和田间持水量（基质势为-33kPa 时的含水量，见 3.2.3 节）；⑤在第 4 种方法的基础上，已知凋萎点（基质势为-1500kPa 时的含水量，见 3.2.3 节）。输入相应的数据后，单击"预测（Predict）"即可获得 Rosetta 模型的预测结果，单击"接受（Accept）"保存并关闭 Rosetta 模型。

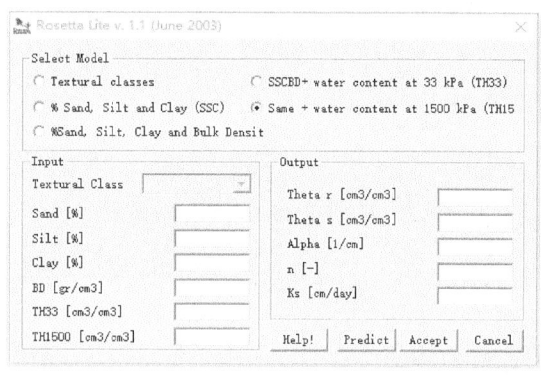

图 6.12　Rosetta 模型

6.1.2.10　水流边界条件

下一步，弹出"水流边界条件（Water Flow Boundary Conditions）"设置窗口（图 6.13）。

"上边界条件（Upper Boundary Condition）"（参考 3.10 节）包括"定水头（Constant Pressure Head）""定通量（Constant Flux）""大气边界条件有积水（Atmospheric BC with Surface Layer）""大气边界条件有径流（Atmospheric BC with Surface Run Off）""变水头（Variable Pressure Head）""变水头/通量（Variable Pressure Head/Flux）"。当选择大气边界条件时还可以复选"自动灌溉（Triggered Irrigation）"。"下边界条件（Lower Boundary Condition）"包括"定水头 Constant Pressure Head）""定通量（Constant Flux）""变水头（Variable Pressure Head）""变通量（Variable Flux）""自由排水（Free Drainage）""深层排水（Deep Drainage）""渗透面（Seepage Face）""水平排水沟（Horizontal Drains）"。

这里的"初始条件（Initial Condition）"事实上是设置初始条件的单位——"水头"或者"含水量"（3.9 节），二者选其一。"水头"比"含水量"适用范围要大得多,如果所研究的问题涉及饱和带,即所研究区域土壤水头涉及压力势($h>0$),则必须选择"水头"作为初始条件。

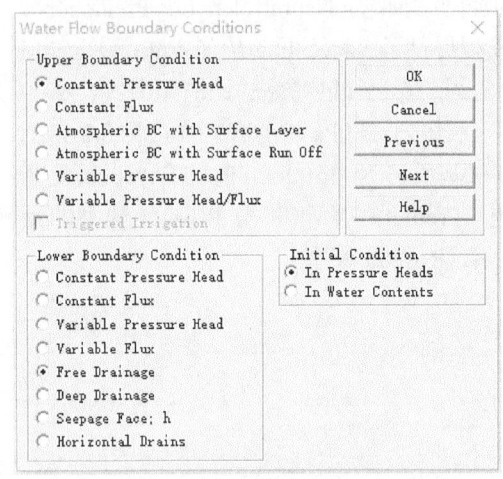

图 6.13　HYDRUS-1D 水流-边界条件

本例上边界条件为定水头,下边界条件为自由排水,选择水头初始条件。

6.1.3　土壤剖面图形编辑

下一步,弹出提示窗口,询问是否要进行土壤剖面图形编辑。单击"OK"继续。弹出窗口,询问是否要保存数据。单击"是(Y)"。

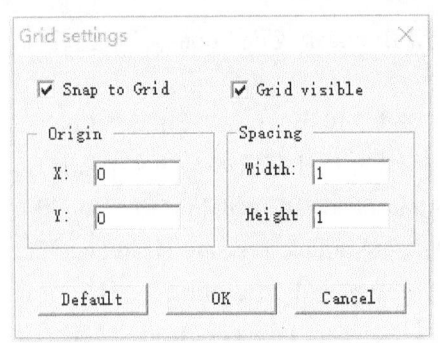

在剖面图形编辑窗口,单击菜单栏"选项(Options)"—"栅格(Grid)",弹出栅格设置(Grid settings)对话框(图6.14)。可选择是否要"捕捉到栅格(Snap to Grid)"和"栅格可见(Grid visible)"。此外,该对话框还可以设置栅格原点(Origin),通常默认为(0,0);还可以设置栅格的大小(Spacing),包括宽度(Width)和高度(Height)。本例将栅格宽度和高度均设为1。

图 6.14　HYDRUS-1D 图形编辑栅格设置

6.1.3.1　剖面离散化

单击菜单栏"条件(Conditions)"—"剖面离散化(Profile Discretization)",

或单击工具栏第 5 个图标 亘，如图 6.15 所示。单击左侧编辑栏内的"节点数（Number）"，在弹出的窗口中填入土壤剖面总节点数。本例为 101 个节点，即平分为 100 份。

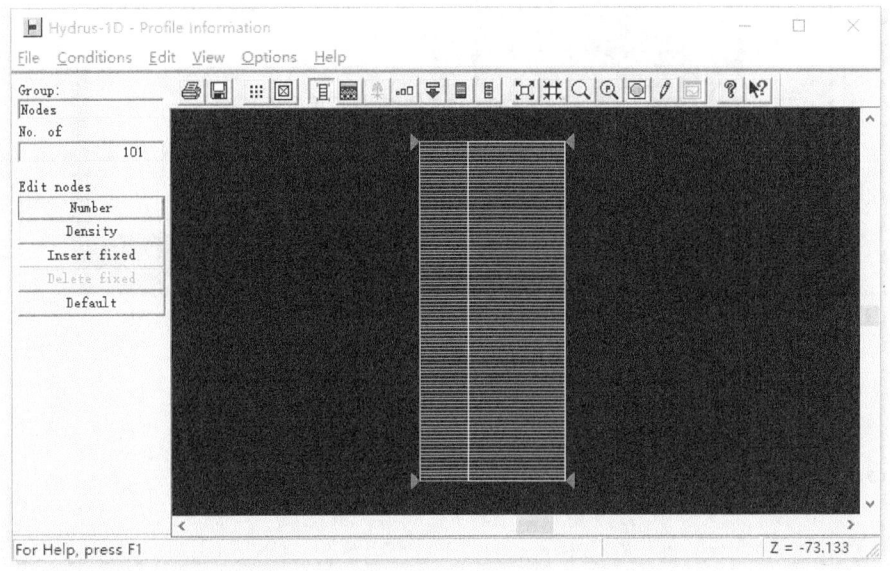

图 6.15 HYDRUS-1D 剖面离散化

6.1.3.2 初始条件

单击菜单栏"条件（Conditions）"—"初始条件（Initial Conditions）"—"水头/含水量（Pressure Head/Water Content）"，或单击工具栏第 9 个图标 ⬇，设置土壤初始水头或初始含水量。

单击编辑栏内的"编辑条件（Edit condition）"按钮，鼠标变为手指形状（✋），在图上选择需要设置初始条件的范围。本例将 0～-10cm 土壤剖面选中，所选栅格变为高亮（黄色），在弹出的窗口中，默认勾选"Use top value for both"复选框，将上边界值（0）同时赋给下边界。单击"OK"返回。

重复上述操作，选中-10～-100cm 土壤剖面，在弹出的窗口中将 Top Value 初始水头设为 0（即饱和），Bottom Value 设为-100cm。取消勾选"Use top value for both"复选框。单击"OK"返回。至此，完成土壤剖面初始条件的设置。

接下来设置上边界的定水头边界条件。单击编辑栏内的"编辑条件（Edit condition）"按钮，在绘图区两次单击上边界节点（注意不是双击），选中上边界节点，设置其水头值为 1（单位 cm），即设置上边界的定水头值，如图 6.16 所示。

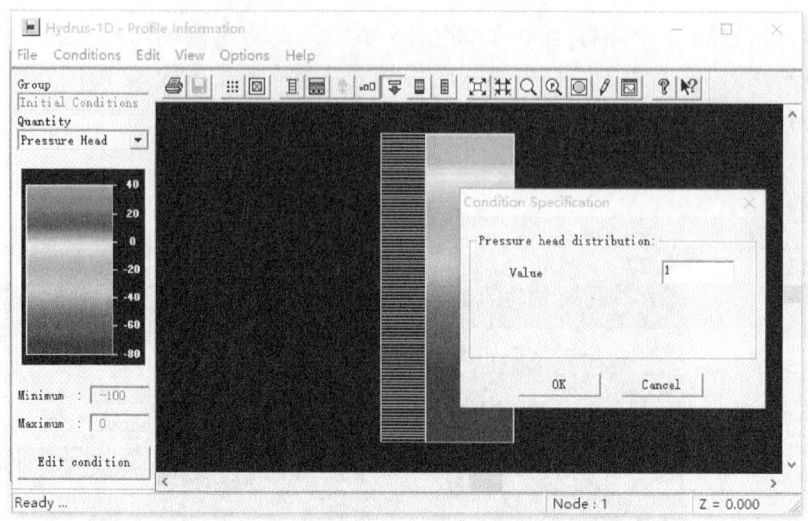

图 6.16　HYDRUS-1D 剖面定水头边界条件设置

6.1.3.3　观测点

单击菜单栏"条件（Conditions）"—"观测点（Observation points）"，或单击工具栏图标▯。单击左侧编辑栏内的"插入（Insert）"，移动鼠标至相应位置（观察状态栏右下角的 Z 值），如在–20cm、–40cm、–60cm、–80cm 和–100cm 处单击鼠标左键，添加观测点（图 6.17）。

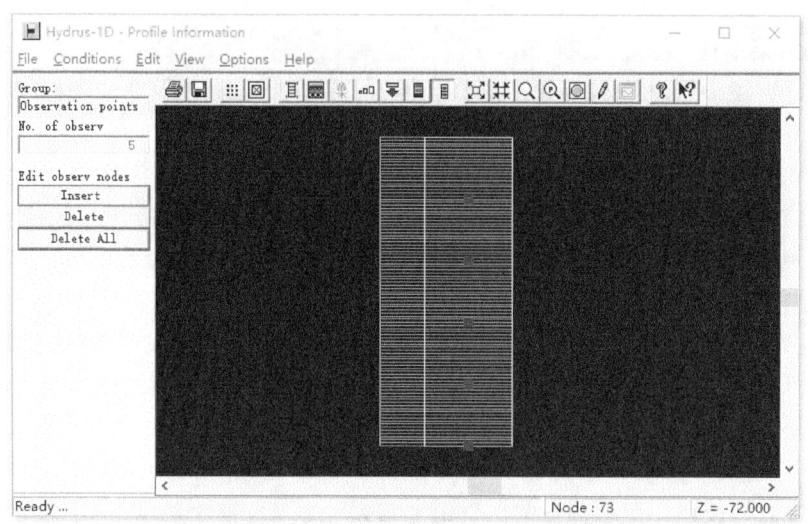

图 6.17　HYDRUS-1D 剖面插入观测点

单击工具栏中第 2 个图标，关闭绘图窗口，会自动弹出土壤剖面信息总结窗口（图 6.18）。该窗口从左到右依次为：土壤深度（z[cm]）、土壤水头（h[cm]）、根区分布密度函数（root[1/cm]）、土壤水头缩放因子（Axz）、土壤导水率缩放因子（Bxz）、土壤含水量缩放因子（Dxz）、土壤质地分布（Mat，以质地编号表示）、物质平衡分区（Lay，以分区编号表示）。

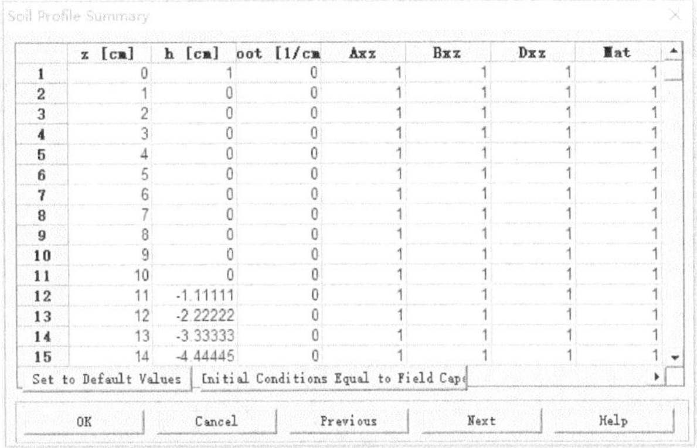

图 6.18 HYDRUS-1D 土壤剖面信息总结

6.1.4 模型运算

下一步，弹出窗口提示是否要进行运算。单击"OK"，可观察到模型运算过程，如图 6.19 所示。当看到"Calculations have finished successfully"和"Press Enter to continue"这两句话时，说明模型顺利完成计算。

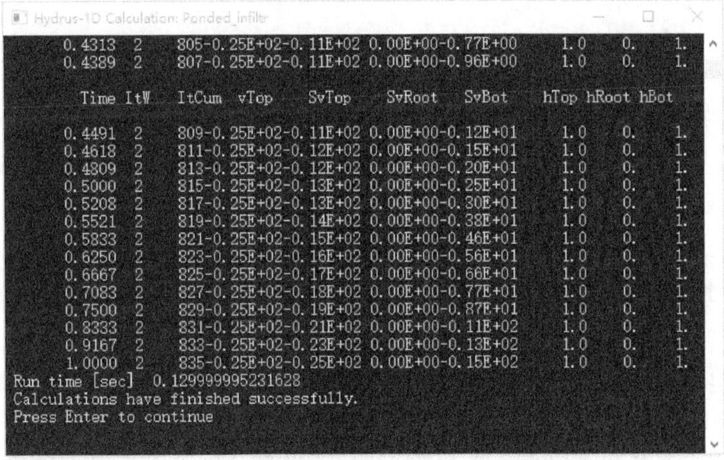

图 6.19 HYDRUS-1D 运算过程窗口

6.1.5 模型结果

运算后在"后处理（Post-processing）"窗口内给出运算结果（图 6.20）。从上到下依次为"观测点（Observation Points）""剖面信息（Profile Information）""水流-边界通量和水头（Water Flow-Boundary Fluxes and Heads）""土壤水力学特性（Soil Hydraulic Properties）""运行时间信息（Run Time Information）""物质平衡信息（Mass Balance Information）"。此外，在项目保存路径（6.1.2.1 节）下也会自动生成若干个以 out 为扩展名的数据文件。

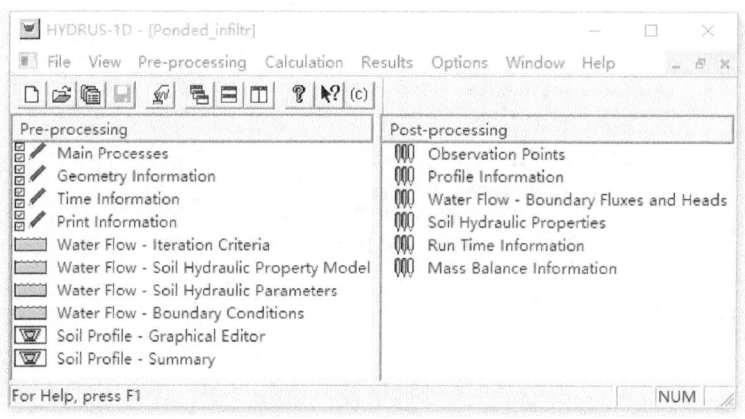

图 6.20　HYDRUS-1D 模型主窗口（运算后）

6.1.5.1 观测点结果

双击"观测点（Observation Points）"，弹出如图 6.21 所示窗口。该窗口横坐标（Horizontal）只有"时间（Time）"一个选项，而纵坐标在本例中包括"水头（Pressure Head）""含水量（Water Content）"和"水流通量（Water Flux）"三种形式，分别给出三个指标在各个观测点上随时间的动态变化，图中不同颜色的曲线表示不同观测点。HYDRUS-1D 定义地表处 $z=0$，且向上为正，向下为负。图 6.21 中水头值<0 代表非饱和，水头值≥0 代表饱和。水流通量为负代表水流方向朝下，是入渗问题。

图 6.21 对应 Obs_Node.out 文件中的数据。该表第一列是时间，且给出了每一个具体的时间步长节点，第 2~4 列分别给出第一个观测点（本例为 Node 21）的水头（h）、含水量（theta）和水流通量（Flux），多个观测点的结果在右侧依次给出。

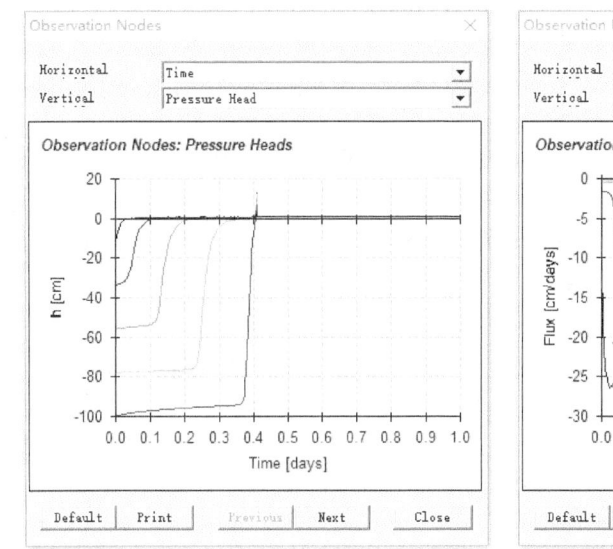 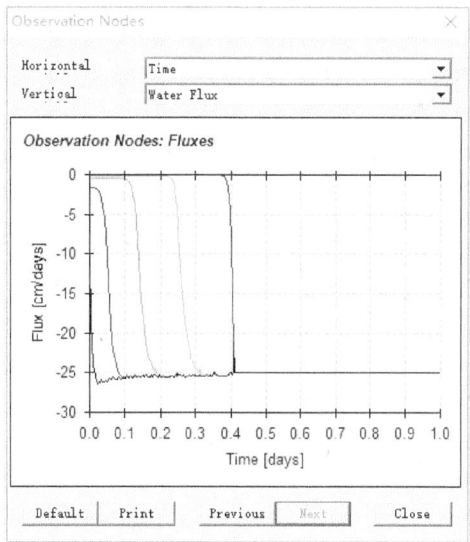

图 6.21　HYDRUS-1D 模型观测点结果

在图 6.21 窗口内单击右键,选择"Chart Designer",弹出如图 6.22 所示窗口,单击左侧"图例(Legend)",勾选右侧"可视(Visible)",单击"确定",可在图中显示图例。本例五种颜色的曲线分别代表 N1～N5 观测点。在 HYDRUS-1D 中,观测点的编号是按从上往下的顺序依次排列的,最上面那个是 N1,最下面那个是 N5。

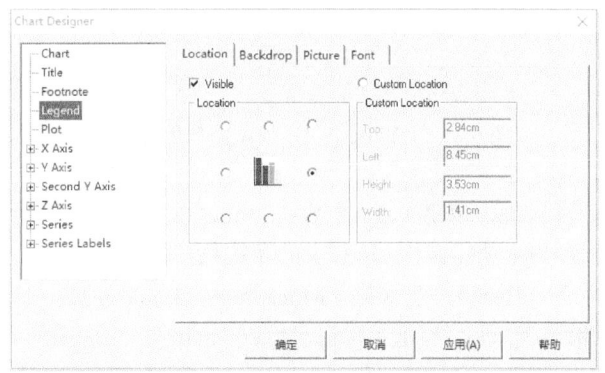

图 6.22　HYDRUS-1D 模型结果窗口图形设计

图 6.22 还涉及图形窗口的其他设计,包括图像类型(线图、散点图等)、填充颜色、边框线型和颜色、图题、脚注,以及坐标轴的标题和标签等。其功能同 Origin、SigmaPlot 等绘图软件的图形设计功能类似,读者可自行摸索。

6.1.5.2 剖面信息结果

双击"剖面信息（Profile Information）"，弹出如图 6.23 所示窗口。该窗口纵坐标（Vertical）只有"深度（Depth）"，而横坐标在本例中包括"水头（Pressure Head）""含水量（Water Content）""导水率（Hydraulic Conductivity）""比水容量（Hydraulic Capacity）""水流通量（Water Flux）""根系吸水量（Root Uptake）"六个选项，分别给出各指标在各个输出时刻（Print Times）的空间分布状态。本例共设置了 12 个输出时刻（6.1.2.6 节），这里每张图都会有 13 条曲线，多出来的那一条是 t_0 时刻（即初始时刻）各指标的剖面分布状态。读者可通过调用图例以分辨每条曲线所对应的具体时刻。

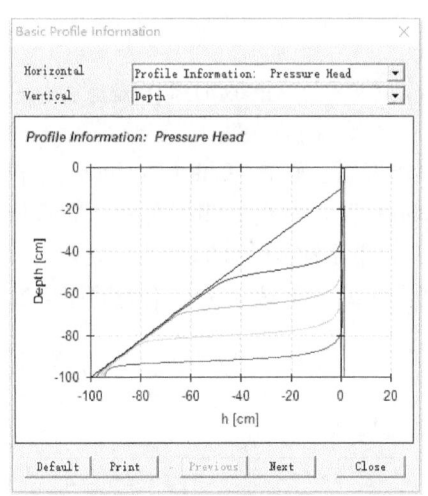

图 6.23　HYDRUS-1D 模型剖面信息结果

剖面信息结果图对应的数据可查阅 Nod_Inf.out 文件。对本例来说，该文件有 13 张表，对应 13 个输出时刻的结果。每张表的表头从左往右依次为节点编号（Node）、深度（Depth）、水头（Head）、含水量（Moisture）、导水率（K）、比水容量（C）、水流通量（Flux）、根系吸水量（Sink）、滞后效应初始状态（Kappa，–1 表示初始排水，1 表示初始吸水）、表面流速与饱和导水率的比值（v/KsTop）、温度（Temp）。

6.1.5.3 水流-边界通量和水头结果

双击"水流-边界通量和水头（Water Flow-Boundary Fluxes and Heads）"，弹出如图 6.24 所示窗口。

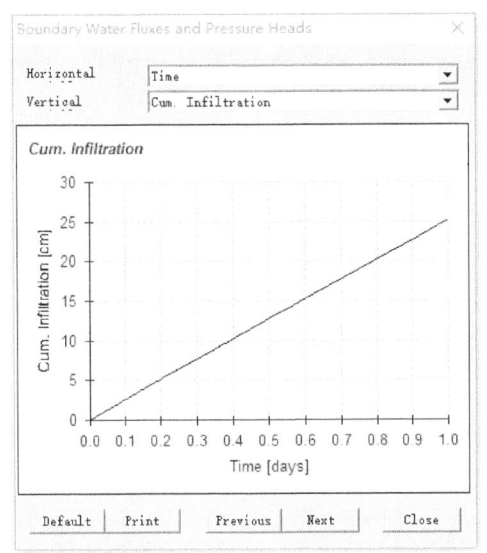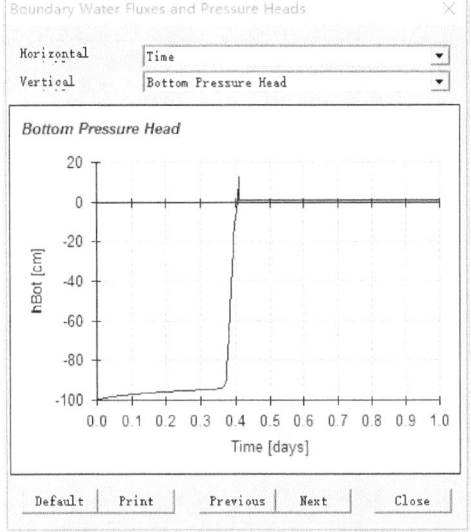

图 6.24 HYDRUS-1D 模型边界通量和水头结果（累积入渗量、底面水头）

该窗口横坐标为时间，纵坐标选项如表 6.1 所示，分别给出各边界指标随时间的动态变化。对应的数据可查阅 T_Level.out 文件。

表 6.1 边界通量和水头结果及其缩写

中文名称	图形窗口英文	T_Level.out 缩写	量纲，含义
时间	Time	Time	T
潜在表面通量	Potential Surface Flux	rTop	LT^{-1}，入渗/蒸发(-/+)
潜在根系吸水量	Potential Root Water Uptake	rRoot	LT^{-1}
实际表面通量	Actual Surface Flux	vTop	LT^{-1}，入渗/蒸发(-/+)
实际根系吸水量	Actual Root Water Uptake	vRoot	LT^{-1}
底面通量	Bottom Flux	vBot	LT^{-1}，流出/流入(-/+)
累积潜在表面通量	Cum. Potential Surface Flux	sum(rTop)	LT^{-1}，入渗/蒸发(-/+)
累积潜在根系吸水量	Cum. Potential Root Water Uptake	sum(rRoot)	LT^{-1}
累积实际表面通量	Cum. Actual Surface Flux	sum(vTop)	LT^{-1}，入渗/蒸发(-/+)
累积实际根系吸水量	Cum. Actual Root Water Uptake	sum(vRoot)	LT^{-1}
累积底面通量	Cum. Bottom Flux	sum(vBot)	LT^{-1}，流出/流入(-/+)
表面水头	Surface Pressure Head	hTop	L
根区水头	Root Zone Pressure Head	hRoot	L
底面水头	Bottom Pressure Head	hBot	L
所有通量	All Fluxes		LT^{-1}

续表

中文名称	图形窗口英文	T_Level.out 缩写	量纲，含义
所有累积通量	All Cumulative Fluxes		L
所有水头	All Pressure Heads		L
表面径流量	Surface Run-Off	RunOff	LT^{-1}
累积表面径流量	Cum. Surface Run-Off	sum(RunOff)	L
土壤存水量	Soil Water Storage	Volume	L
累积入渗量	Cum. Infiltration	sum(Infil)	L
累积蒸发量	Cum. Evaporation	sum(Evap)	L
时间步长编号		TLevel	
累积非平衡水分迁移量（MIM 模型）	Cum. Non-Equil. Water Transfer	Cum(WTrans)	L
积雪深度	Snow Layer	Snowlayer	L

6.1.5.4 土壤水力学特性结果

双击"土壤水力学特性（Soil Hydraulic Properties）"，弹出如图 6.25 所示窗口。该窗口横坐标（Horizontal）包括"水头（Pressure Head）""对数水头（log Pressure Head）""含水量（Water Content）"；纵坐标（Vertical）包括"含水量（Water Content）"

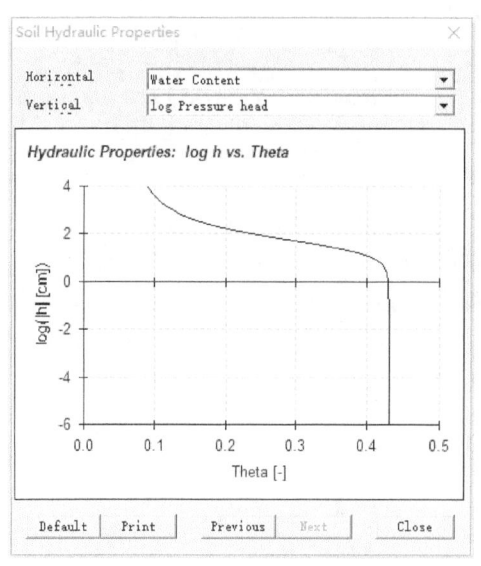 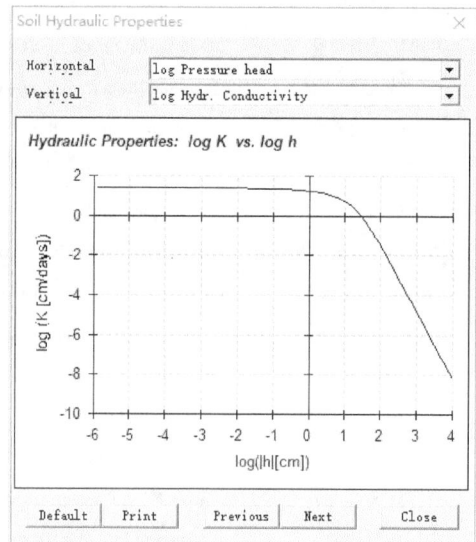

图 6.25　HYDRUS-1D 模型土壤水力学特性结果

"比水容量（Hydraulic Capacity）""导水率（Hydraulic Conductivity）""对数导水率（log Hydr. Conductivity）""有效含水量（Effective Water Content）""水头（Pressure Head）""对数水头（log Pressure head）"。通过横纵坐标的组合，可绘制如图 3.1 所示的土壤水分特征曲线、图 3.2 所示的非饱和导水率曲线等。

对 HYDRUS-1D 来说，土壤水力学特性的结果仅在图形窗口中展示，没有对应的数据文件。严格意义来说，其并不是结果，而只是土壤水力学参数的图形表达，一旦图 6.11 内的参数确定，图 6.25 的曲线便是唯一的。

6.1.5.5 运行时间信息结果

双击"运行时间信息（Run Time Information）"，弹出的窗口中横坐标包括"时间（Time）"和"运算时刻编号（Time Level）"，纵坐标包括"时间步长（Time Step）""迭代次数（Number of Iteration）""累积迭代次数（Cumulative Number of Iteration）"。通过横纵坐标的组合，可获取模型运算过程的一些信息。其原始数据可查阅 Run_Inf.out 文件。

6.1.5.6 物质平衡信息结果

双击"物质平衡信息（Mass Balance Information）"，弹出如图 6.26 所示窗口。该窗口是一个文本窗口，显示的是 Balance.out 文件里的原始内容。其信息包括模

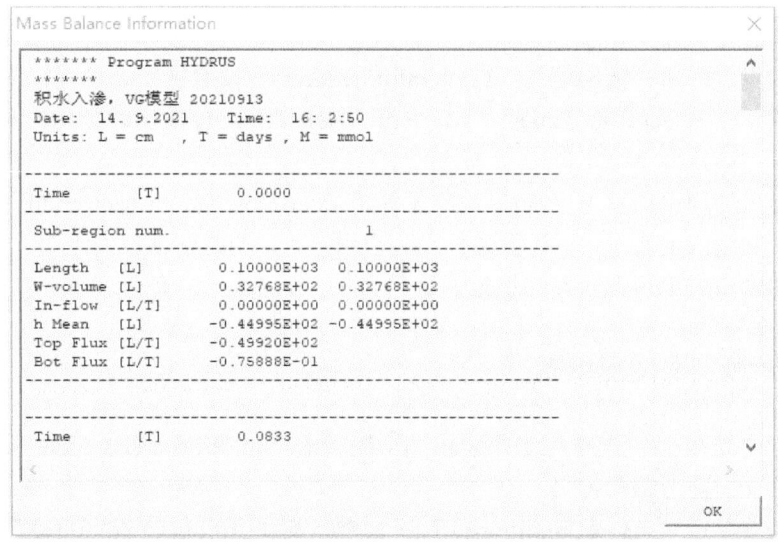

图 6.26 HYDRUS-1D 模型物质平衡信息结果

型标题（Heading，6.1.2.3 节）、模型运算的日期和时间、长度单位、时间单位和溶质单位。在其下方的表中还给出了各个输出时刻（包括初始 t_0 时刻）各个子区的物质平衡信息，如子区的长度（Length）、水层厚度（W-volume）、输入通量（In-flow）、平均水头（h Mean）、表面通量（Top Flux）、底面通量（Bot Flux）、整个区域水平衡的绝对误差（WatBalT）和相对误差（WatBalR）。

6.2 单层土壤稳态流

6.2.1 问题描述

本例在 6.1 节案例的基础上做如下修改：①仿真时间修改为 100 天，②土壤上边界条件修改为定通量–0.12cm/day。与 6.1 节重复的窗口截图不再给出。注意观察定通量边界条件与定水头边界条件的区别。

6.2.2 模型构建

单击工具栏"项目管理器（Project Manager）"图标，或菜单栏"文件（File）"—"项目管理器（Project Manager）"，打开项目管理器，选中 Ponded_infiltr 项目，单击下方"Copy"按钮，在弹出的窗口中设置新项目名称为 Flux_infiltr，修改描述为"通量入渗，–0.12cm/day，100 天"，单击"OK"关闭窗口，完成对原模型的复制。单击下方"Open"按钮打开新模型。

双击前处理窗口里的"时间信息（Time Information）"，修改终止时间为 100。

下一步，弹出"输出信息（Print Information）"设置窗口。设置输出时刻数为 10，单击"Select Print Times…"，单击"Default"，使输出时刻均匀分布。单击"OK"返回。

双击前处理窗口里的"水流-边界条件（Water Flow-Boundary Conditions）"，上边界条件设为定通量，下边界条件设为自由排水，初始条件设为水头。下一步，在弹出的窗口内填写上边界的恒定通量值（–0.12cm/day），负号表示入渗。

6.2.3 土壤剖面图形编辑

双击前处理窗口里的"土壤剖面-图形编辑器（Soil Profile-Graphical Editor）"打开土壤剖面图形编辑窗口。

单击菜单栏"条件（Conditions）"—"初始条件（Initial Conditions）"—"水头/含水量（Pressure Head/Water Content）"，或单击工具栏第 9 个图标 ，设置

土壤初始水头或含水量。单击编辑栏内的"编辑条件（Edit condition）"按钮，鼠标变为手指形状后，在绘图区单击上边界节点两次，设置其水头值为 0（即删去原例中的上边界定水头条件）。

保存数据，关闭窗口，执行运算。

6.2.4 模型结果

在定通量（–0.12cm/d）条件下，土壤剖面各点最终将会达到一个稳定的非饱和状态（图 6.27）。通过查阅 out 文件，稳定之后土壤各点的含水量为 0.277，水头值为–67cm，水流通量值为–0.12cm/d。

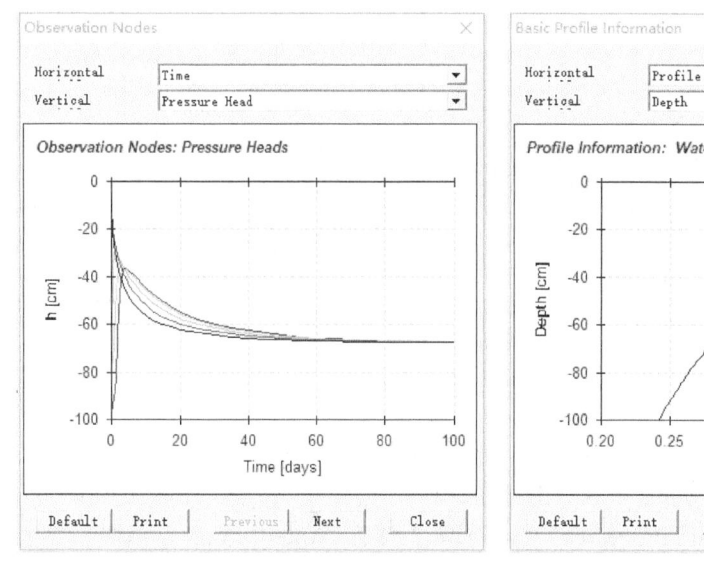
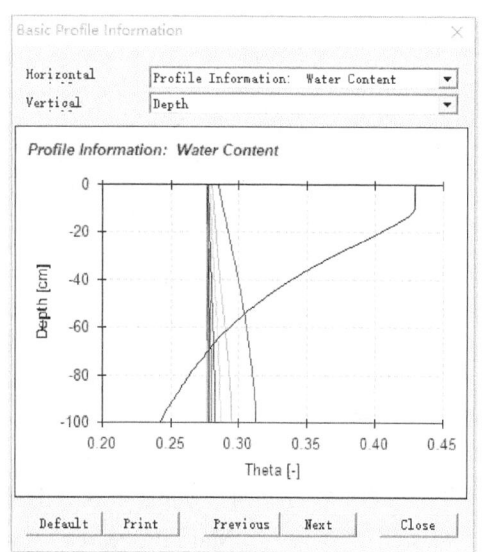

图 6.27　单层土壤稳态流模型观测点水头变化和剖面含水量分布

6.3　多层土壤瞬态流根系吸水问题

6.3.1　问题描述

本例针对一个 3m 深的土壤剖面，上层 1.5m 为砂壤土，下层 1.5m 为砂土。底边界为不透水面。初始地下水位处于地面以下 2m 处。作物类型为小麦，根区深度为 1m。30 天内的降水量、潜在蒸散量和叶面积指数变化如表 6.2 所示，模拟这期间土壤水分的变化情况。

表 6.2　多层土壤瞬态流根系吸水问题大气边界条件数据

时间/d	降水量/(cm/d)	潜在蒸散量/(cm/d)	叶面积指数	时间/d	降水量/(cm/d)	潜在蒸散量/(cm/d)	叶面积指数
1	3	0.1	2.1	16	0	0.4	2.1
2	0	0.6	2.1	17	0	0.6	0.3
3	0	0.4	2.2	18	0	0.7	0.3
4	0	0.5	2.2	19	0	0.7	0.3
5	0	0.5	2.2	20	0	0.7	0.3
6	0	0.5	2.2	21	0	0.7	0.3
7	0	0.3	2.3	22	0	0.6	0.3
8	0.7	0.1	2.3	23	0	0.5	0.3
9	0	0.4	2.3	24	0.3	0.2	0.3
10	0	0.5	2.3	25	2.3	0.1	0.3
11	0	0.6	2.2	26	1.1	0.1	0.3
12	0	0.4	2.2	27	0.5	0.1	0.3
13	3	0.1	2.2	28	0	0.4	0.3
14	7	0.1	2.1	29	0	0.7	0.3
15	5	0.2	2.1	30	0	0.7	0.3

6.3.2　模型构建

新建一个名称为"wheat_root"的项目。

双击"主过程（Main Processes）"，选取"水流（Water Flow）"模块和"根系吸水（Root water uptake）"模块。

在"几何信息（Geometry Information）"中，长度单位选择厘米（cm），土壤质地数目填 2，物质平衡修改为 2——本例将根区作为一个物质平衡分区进行观察，土柱为竖直土壤剖面，土壤深度为 300cm。

在"时间信息（Time Information）"窗口中，单位选择"天（Days）"，初始时间为"0"，终止时间为 30，初始步长、最小步长和最大步长取默认值。勾选"随时间可变边界条件（Time-Variable Boundary Conditions）"，在第一个文本框"Number of Time-Variable Boundary Records（所拥有的可变边界条件数）"中填入 30（图 6.28）。复选框"Repeat the same set of BC records n times"的意思是指可变边界条件周期性变化，重复 n 次。两个"...Generated by HYDRUS"复选框将在 6.3.4 节结果部分介绍。

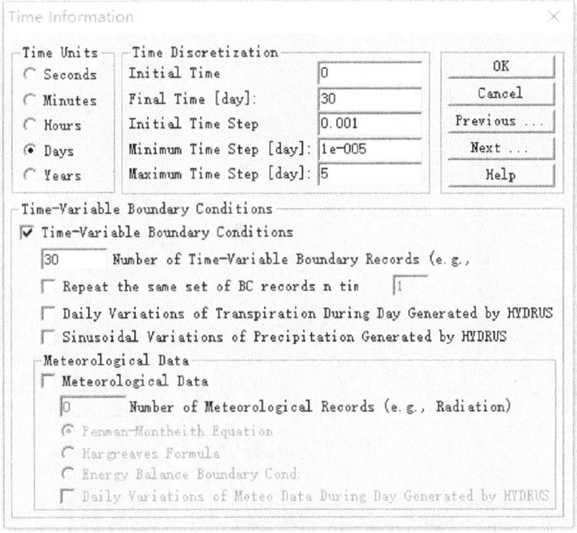

图 6.28　根系吸水模型时间信息设置

如果没有潜在蒸散量观测数据，可勾选"气象数据（Meteorological Data）"复选框，输入气象数据的条目数，可供选择的气象模型包括 Penman-Monteith 模型或 Hargreaves 模型（3.8.2 节）。一旦勾选了"Meteorological Data"复选框，后续便会出现两个新窗口：一个用于设定气象模型参数（图 6.29）；另一个用于输入气象数据（图 6.30）。

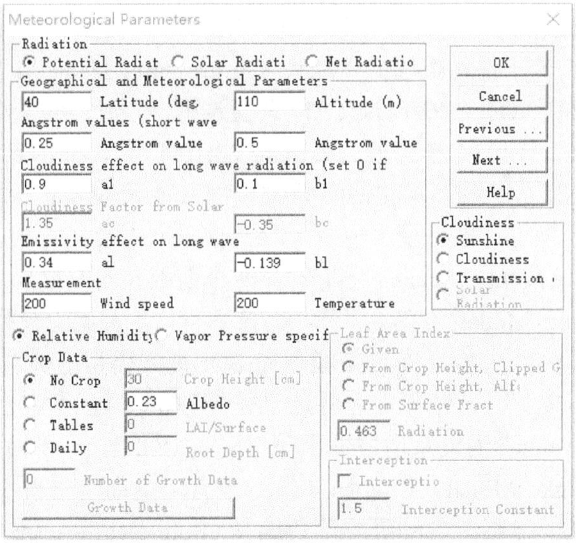

图 6.29　气象模型参数设置

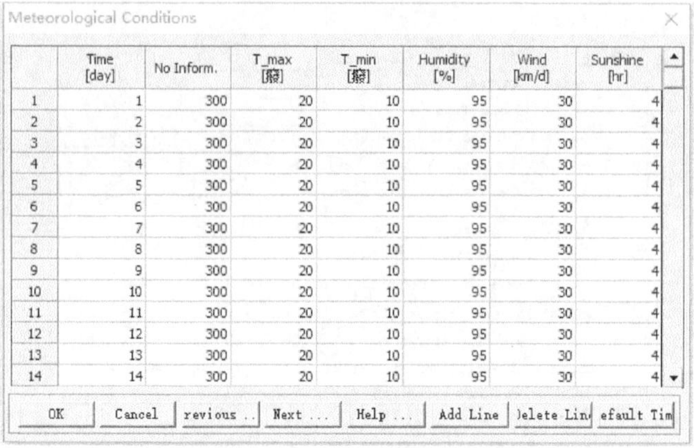

	Time [day]	No Inform.	T_max [癈]	T_min [癈]	Humidity [%]	Wind [km/d]	Sunshine [hr]
1	1	300	20	10	95	30	4
2	2	300	20	10	95	30	4
3	3	300	20	10	95	30	4
4	4	300	20	10	95	30	4
5	5	300	20	10	95	30	4
6	6	300	20	10	95	30	4
7	7	300	20	10	95	30	4
8	8	300	20	10	95	30	4
9	9	300	20	10	95	30	4
10	10	300	20	10	95	30	4
11	11	300	20	10	95	30	4
12	12	300	20	10	95	30	4
13	13	300	20	10	95	30	4
14	14	300	20	10	95	30	4

图 6.30　气象数据输入窗口

在“输出信息（Print Information）”窗口，“输出时间（Print Times）”设为 6 次，按照缺省方式平均分配各个时刻。

在水流模块设置方面，最大迭代次数设为 100（参考图 6.9）；选择“van Genuchten-Mualem”模型，不考虑滞后现象（参考图 6.10）。因为在“几何信息（Geometry Information）”内设置了两种质地，所以“水流-土壤水力学参数（Water Flow-Soil Hydraulic Parameters）”窗口会有两行。鼠标选中第一行中的任何一个位置，从“土壤目录（Soil Catalog）”中选择土壤类型为砂壤土（Sandy Loam），鼠标选中第二行中的任何一个位置，选择土壤类型为砂土（Sand）。

水流上边界条件设为“大气边界条件-表面径流（Atmospheric BC with Surface Run Off）”；下边界为“定通量（Constant Flux）”，并在下一步弹出的窗口内将通量值设为 0；初始条件种类选择“水头（In Pressure Heads）”。勾选“输入潜在蒸散量和叶面积指数（Input PET and LAI）”复选框，“消光系数（Extinction）”取默认值 0.39（3.8.2 节），不考虑冠层截留量（3.10.4 节），如图 6.31 所示。

下一步。弹出“根系吸水和溶质吸收模型（Root Water and Solute Uptake Model）”。该模型有“根系吸水模型（Root Water Uptake Model）”和“根系溶质吸收模型（Root Solute Uptake Model）”两个面板（图 6.32）。“根系吸水模型（Root Water Uptake Model）”（3.8.3 节）面板下有“水分胁迫模型（Water Uptake Reduction Model）”，包括 Feddes 模型和 S 形曲线模型两种；“盐分胁迫模型（Solute Stress Model）”，包括无盐分胁迫、加法模型和乘法模型三种形式。“Critical Stress Index for Water”为根系适应性因子（ω_c，3.8.4 节）。“根系溶质吸收模型（Root Solute Uptake Model）”（4.1.4 节）下有“主动溶质吸收（Active Solute Uptake）”复选框，包括“主动吸收溶质编号（Solute with Active Uptake）”“潜在溶质吸收（Potential Solute Uptake）”“Michaelis-Menten 常数（Michaelis-Menten

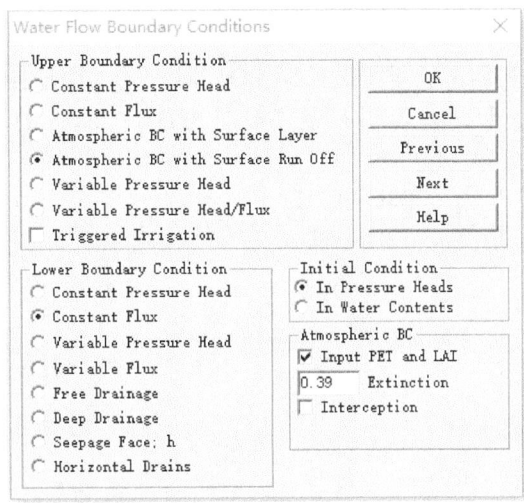

图6.31 根系吸水模型水流边界条件设置

Constant）""根系被动吸收的土壤溶质浓度阈值（Minimum Concentration for Uptake）""溶质吸收胁迫因子（Critical Stress Index for Active Solute Uptake）"，以及"由根系吸水衰减引起的潜在溶质吸收衰减（Reduced Potential Solute Uptake due to Reduced Water Uptake）"复选框。

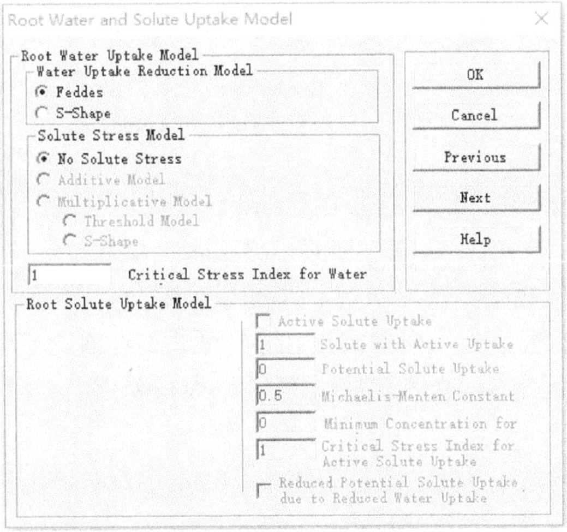

图6.32 根系吸水模型设置

本例根系吸水模型选择 Feddes 模型，不涉及根系对溶质的吸收，也不考虑根系吸水补偿机制，即 $\omega_c = 1$。

下一步。弹出根系吸水模型参数设置窗口，如图 6.33 所示。P0 表示 Feddes 模型（3.8.3.1 节）中的 h_1（即厌氧点），POpt 对应 h_2（即最佳吸水速率的最大水头点），P3 对应 h_4（即凋萎点）。h_3 需要根据 P2H、P2L、r2H 和 r2L 四个模型分段参数进行计算：

$$h_3 = \begin{cases} \text{P2H} + \dfrac{\text{P2L} - \text{P2H}}{\text{r2H} - \text{r2L}}(\text{r2H} - T_p) & \text{r2L} < T_p < \text{r2H} \\ \text{P2L} & T_p \leqslant \text{r2L} \\ \text{P2H} & T_p \geqslant \text{r2H} \end{cases} \quad (6.1)$$

式中，T_p 为潜在蒸腾速率。

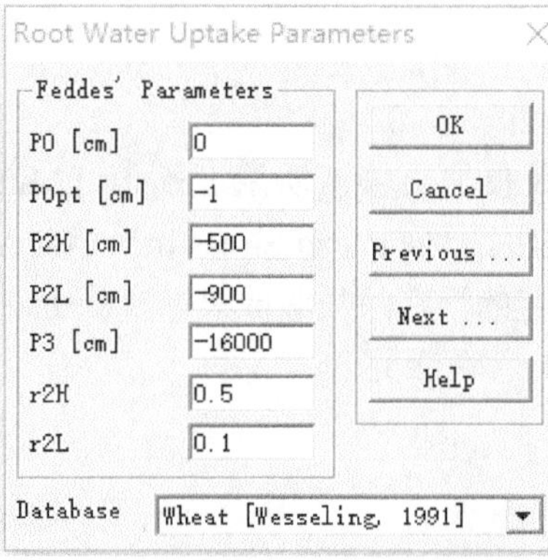

图 6.33　根系吸水模型参数设置

HYDRUS 模型提供了土豆、甜菜、小麦、牧草、玉米、苜蓿、豆类、甘蓝、豌豆、芹菜、草地、生菜、烟草、甘蔗、甜玉米、草坪草、洋葱、胡萝卜、西兰花、花椰菜、柠檬、柑橘、落叶果树、牛油果、葡萄、草莓、哈密瓜、番茄、香蕉，以及小型谷物的根系吸水模型数据。用户可通过选取相应物种获取模型参数。对于数据库中没有的作物，如棉花和水稻等，则需要读者自己查阅文献资料，或通过实验获取。

下一步。输入随时间可变的边界条件（图 6.34）。该对话框从左往右依次为"时间（Time[days]）""降水量（Precip.[cm/days]）""潜在蒸散量（potET[cm/days]）""临界水头值（hCritA[cm]）（|h_A|，3.10.4 节，缺省值为 100000cm）""叶面积指数（LAI）"。表格行数与图 6.28 的"Number of Time-Variable Boundary Records"相对应，此处也可根据实际需要增加行（Add Line）或者删除行（Delete Line）。对于非周期性变化的可变边界条件问题，最后一个时刻必须与模型终止时间相同。

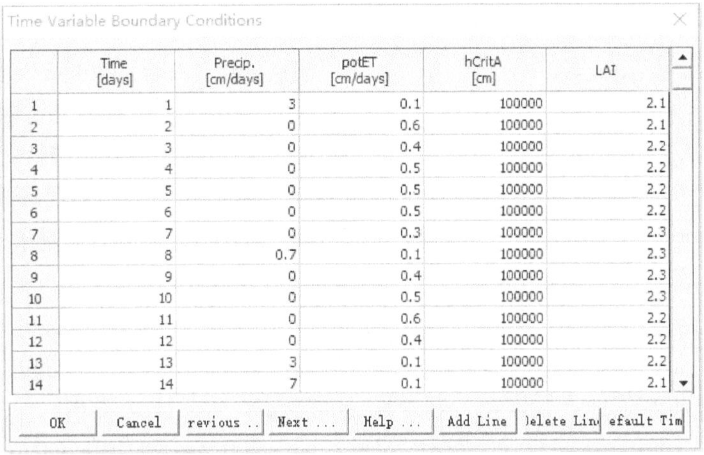

Time Variable Boundary Conditions

	Time [days]	Precip. [cm/days]	potET [cm/days]	hCritA [cm]	LAI
1	1	3	0.1	100000	2.1
2	2	0	0.6	100000	2.1
3	3	0	0.4	100000	2.2
4	4	0	0.5	100000	2.2
5	5	0	0.5	100000	2.2
6	6	0	0.5	100000	2.2
7	7	0	0.3	100000	2.3
8	8	0.7	0.1	100000	2.3
9	9	0	0.4	100000	2.3
10	10	0	0.5	100000	2.3
11	11	0	0.6	100000	2.2
12	12	0	0.4	100000	2.2
13	13	3	0.1	100000	2.2
14	14	7	0.1	100000	2.1

OK | Cancel | revious .. | Next ... | Help ... | Add Line |)elete Lin | efault Tim

图 6.34　根系吸水模型随时间可变边界条件

6.3.3　土壤剖面图形编辑

首先，将“栅格（Grid）”宽度和高度均设为 1。

在“剖面离散化（Profile Discretization）”窗口，设置整个土壤剖面的总节点数为 301。

单击菜单栏“条件（Conditions）”—“质地分布（Material Distribution）”。单击编辑栏内的“编辑条件（Edit condition）”。设置 0～−150cm 为第一种质地，−150～−300cm 为第二种质地，如图 6.35 所示。

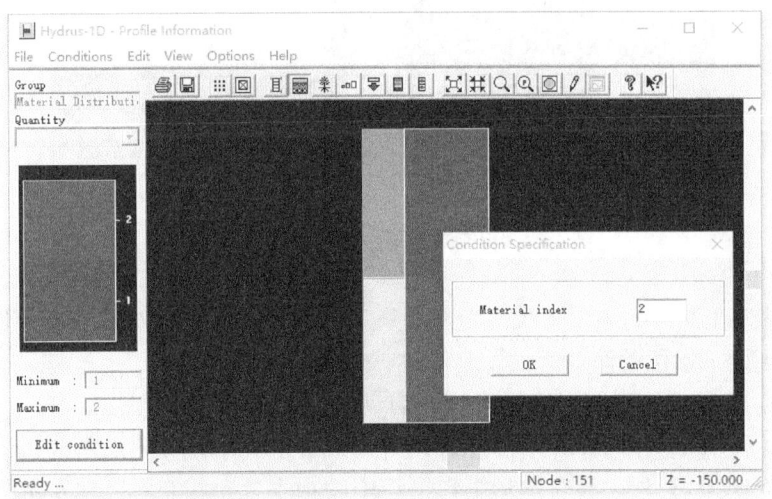

图 6.35　根系吸水模型土壤质地分布

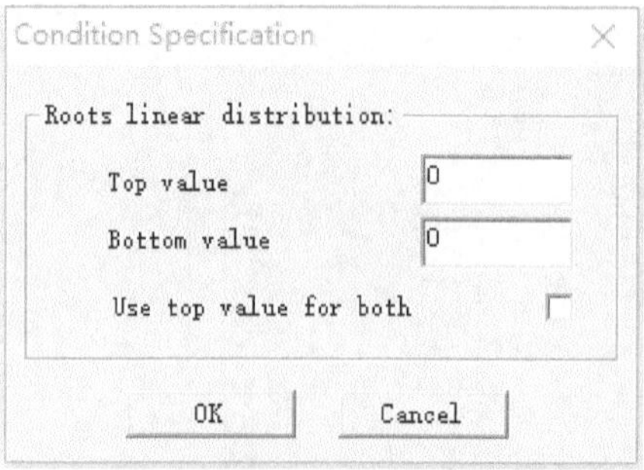

图 6.36 根系线性分布密度函数上下边界值

单击菜单栏"条件（Conditions）"—"根系分布（Root Distribution）"。单击编辑栏内的"编辑条件（Edit condition）"，选中 0～-100cm 的作物根系范围，弹出如图 6.36 所示对话框。此处仅能将根系分布密度函数设为线性形式。如要设置基于 Hoffman 和 van Genuchten 方程（3.8.1 节，式（3.47））的根系分布密度函数，需要在 Excel 中计算并填入后续的土壤剖面信息总结窗口。

在水头初始条件设置窗口，将整个剖面选中，设置上边界水头值为-200，底边界水头为 100，此时潜水面所在的位置（$z=-200$cm）水头值为 0，水面以上的区域是作者假设的随着高度增高水头值等值下降。

单击菜单栏"条件（Conditions）"—"子区（Subregions）"。单击编辑栏内的"编辑条件（Edit condition）"。设置 0～-100cm 作物根系所在的范围为编号 2 的物质平衡分区，如图 6.37 所示。

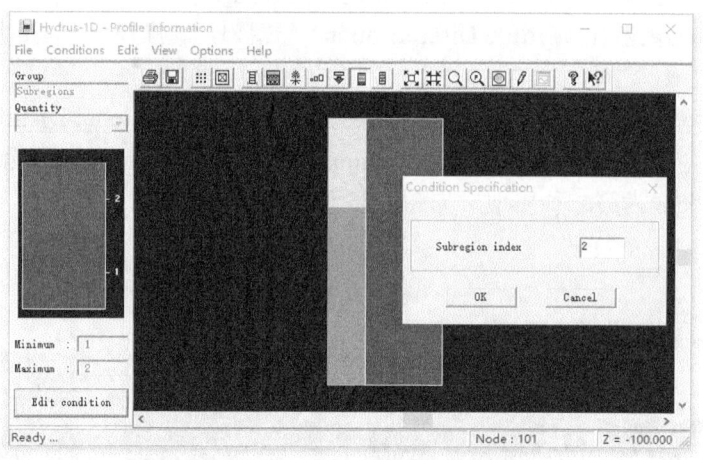

图 6.37 根系吸水模型物质平衡分区设置

参考 6.1.3.3 节，在-300cm 处设置一个观测点，该点水头值（压力势）的变化可体现地下水位的波动。

保存数据，关闭图形编辑窗口，自动弹出土壤剖面信息总结窗口。将基于 Hoffman 和 van Genuchten 方程 [3.8.1 节，式（3.47）] 计算的根系分布密度函数粘贴到表中第 3 列，其在图形编辑窗口中的根系分布状态对应地发生变化，如图 6.38 所示。

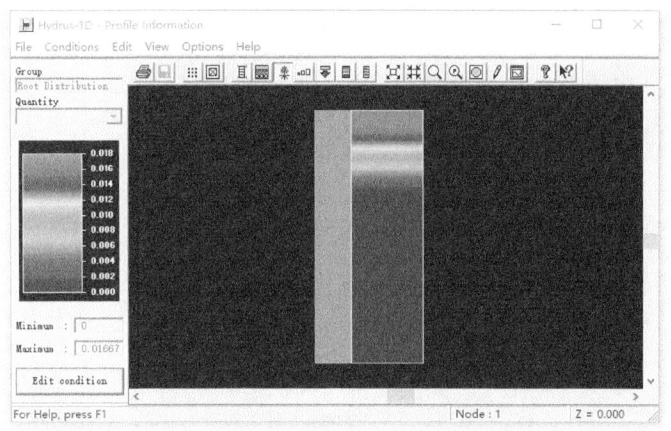

图 6.38 根系分布密度函数的剖面图像

单击菜单栏"计算(Calculation)"—"运行 HYDRUS(Execute HYDRUS)",或单击工具栏运算按钮图标 ![icon],执行运算。

6.3.4 模型结果

由观测点信息结果(图 6.39)可知,从第 21.16 天起,受连日降水影响,地下水位逐渐上升,但是上边界并未形成径流。受降水和蒸散双重因素的影响,根区水分含量变化颇为剧烈。受水分胁迫的影响,上边界潜在通量和实际通量之间存在一些差别,尤其是在蒸散方面(图 6.40)。同理,潜在根系吸水量与实际根系吸水量之间也存在一些差别。

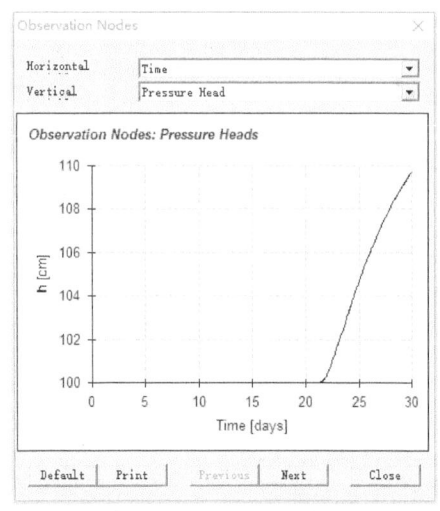

图 6.39 根系吸水模型观测点水头变化和剖面含水量分布

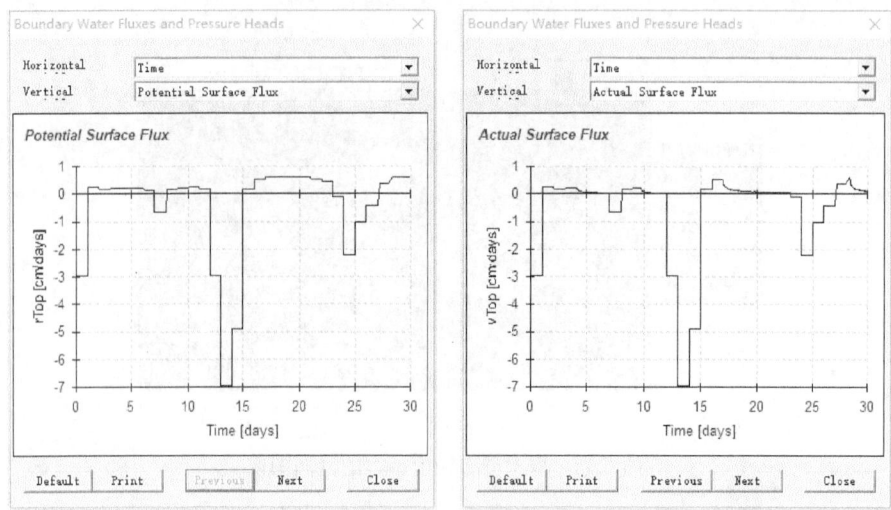

图 6.40　根系吸水模型上边界潜在通量与实际通量的比较

需要注意的是，图 6.40 中的曲线是阶梯状，这是由于 HYDRUS-1D 将每天的降水和蒸散数据直接平均到每个时刻，而实际降水和蒸散则近似遵循三角函数的规律——3.10.4 节式（3.100）和式（3.101）。要实现相关功能，仅需勾选图 6.28 中下列两个复选框：

□ Daily Variations of Transpiration During Day Generated by HYDRUS

□ Sinusoidal Variations of Precipitation Generated by HYDRUS

勾选之后重新运算，得到结果如图 6.41 所示。此外，最终的累积入渗量为 22.98cm，累积蒸发量为 3.88cm（图 6.42）。

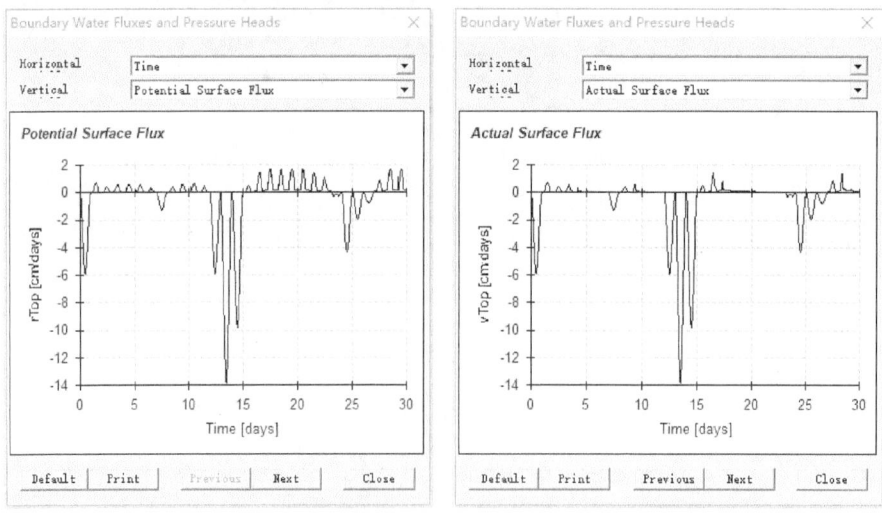

图 6.41　根系吸水模型上边界潜在通量与实际通量（平滑处理后）

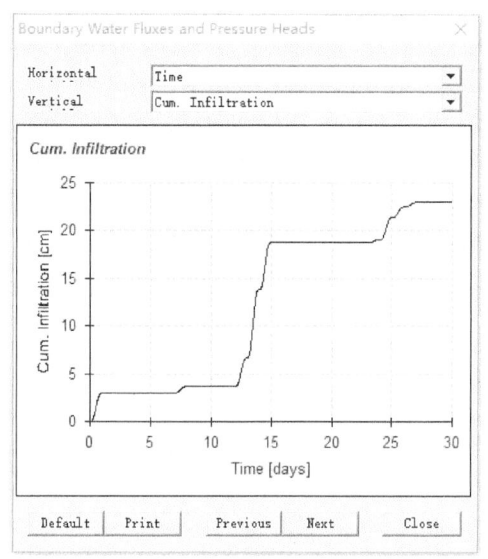 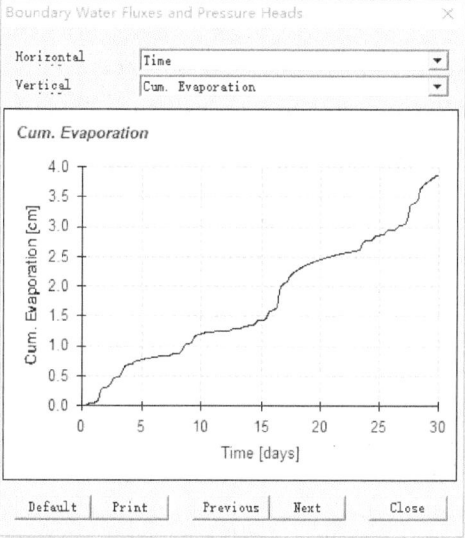

图 6.42　根系吸水模型上边界累积入渗量与累积蒸发量

物质平衡信息结果还给出了根区一些指标的动态变化，如表 6.3 所示。读者可自行尝试——如果考虑不同复杂程度的滞后现象（图 6.10），观察模型运算结果会发生哪些变化。

表 6.3　根系吸水模型根区物质平衡数据

时间/d	水层厚度/cm	入流通量/(cm/d)	平均水头/cm
0	10.64	0.00	−150.00
5	11.69	−0.12	−477.50
10	10.86	−0.12	−286.27
15	24.88	−0.05	−40.43
20	18.55	−0.60	−551.26
25	18.85	−0.23	−41.65
30	18.30	−0.33	−550.00

6.4　参数反演——单步出流实验

6.4.1　问题描述

本例数据源于 Kool 等（1985），案例来源于 HYDRUS-1D 自带的例子，读者可通过项目管理器,打开"Inverse"项目组,找到"ONESTEP"这个项目。实验装置为柱状结构,装置底部装有一个厚度为 0.57cm 的致密陶瓷片,其上承载了 3.95cm 厚的土壤,顶部密封,底部通过管道与一个 10m 扬程的泵相连。初始条件下土壤充满水,在重力作用下,上边界水头为–2cm,下边界水头为 2.52cm。已知陶瓷片的饱和导水率(0.003cm/h)、土壤的饱和含水量(0.388)和饱和导水率(5.4cm/h);并且采用压力膜仪测量了该土壤在–150m 水头下的含水量,为 0.157;通过测定底部出口的累积出液量动态变化(表 6.4),反演求解 van Genuchten-Mualem 模型 θ_r、α 和 n 三个参数。

表 6.4 单步出流实验累积出液量数据

时间/h	累积出液量/cm
0.017	−0.0786
0.033	−0.1616
0.05	−0.2097
0.167	−0.3408
0.5	−0.4456
1.033	−0.498
2.75	−0.5614
5.417	−0.5937
100	−0.6824

6.4.2 模型构建

在自建项目组下,新建一个名称为"Inverse_onestep"的项目。

双击"主过程(Main Processes)",勾选"水流(Water Flow)"模块和"反演求解(Inverse Solution)"复选框。下一步,弹出反演求解窗口,如图 6.43 所示。该窗口首先询问需要反演求解的参数是什么,是土壤水力学参数、溶质运移参数,还是热量传输参数?对本例来说,仅涉及水流问题,勾选"Soil Hydraulic Parameters"。

此外,HYDRUS-1D 允许读者自行选择反演数据的加权方式——"不加权(No Internal Weighting)""基于均值比加权(Weighting by Mean Ratio)""基于标准差加权(Weighting by Standard Deviation)"。本例不涉及重复观测或平行实验数据,因此可任选其一。

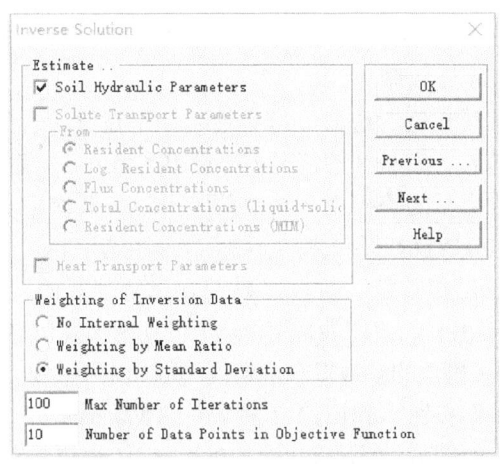

图 6.43 HYDRUS-1D 反演求解问题设置

最下面两个文本框，一个文本框输入的（反演求解的）是最大迭代次数，建议设为 100。该参数设为 0 则关闭了反演求解功能，相当于做了一次正向的仿真模拟，这一点在溶质运移反演求解调参的过程中特别实用。另一个文本框是用于参数反演的实验数据条目数，对本例来说共有 9 组累积出液量数据（表 6.4）和 1 组压力膜仪实验数据，共 10 组。

在"几何信息（Geometry Information）"中，长度单位仍选为厘米（cm）。土壤质地数目填 2 层（真实土壤和弱透水陶瓷各为一层）。土柱为竖直土壤剖面。土壤总深度为 3.95 + 0.57 = 4.52cm。"时间信息（Time Information）"中，单位选择小时（Hours），初始时间为 0，终止时间为 100，初始步长 0.001，最小步长为 1e-005。"输出信息（Print Information）"中，"输出时间（Print Times）"设为 9。单击"Select Print Times…"，将表 6.4 中的时间填入窗口。

水流模型的最大迭代次数设为 100；选择 van Genuchten-Mualem 模型，不考虑滞后现象。单击"下一步"按钮，首先弹出第 1 种质地（Material 1）的水力学参数设置窗口。如图 6.44 所示，输入参数 θ_s 和 K_s 的数值，以及参数 θ_r、α 和 n

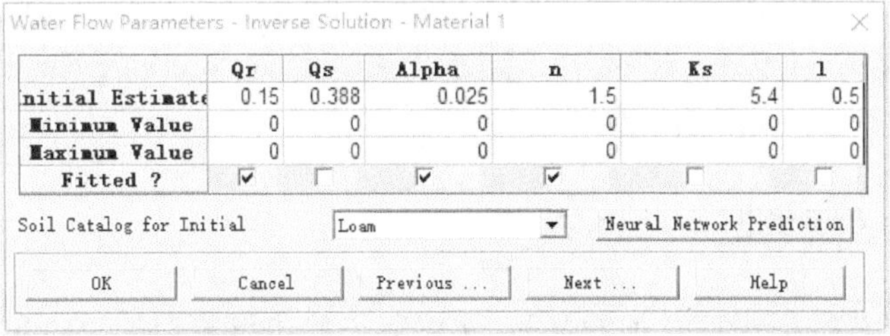

图 6.44 HYDRUS-1D 反演求解——质地 1（土壤）参数初值

的初值。在待拟合的参数下打钩。表中最小值和最大值代表的是待拟合参数的预估范围，都设为 0 表示不设限。

关于拟合参数及其初值的选取，作者给出如下建议。首先，对于能够用实验测定的指标，如 θ_s 和 K_s，有条件的情况下尽量用实测值，从而尽可能地减少未知参数的数量，提高参数优化的鲁棒性和结果的唯一性。其次，对于诸如 θ_r、α 和 n 等参数的初值，可从 HYDRUS 自带的土壤目录中选取相近的土壤质地，以其参数作为初值；或者在已知砂粒、粉粒、黏粒含量等信息的情况下，利用 Rosetta 模型（6.1.2.9 节）预测出一组值作为初值。选取的初值离真值越近，反演求解的运算过程就越快。对于复杂模型的参数拟合，初值选取如果不合适，可能无法得出结果。

再单击"下一步"按钮，弹出第 2 种质地（Material 2），即致密陶瓷片的水力学参数设置窗口。如图 6.45 所示，输入参数 K_s 的数值。对本例来说，100h 的实验过程累积出液量仅为 0.6824cm（表 6.4），而土柱中饱和层的厚度为 2.52cm，直至实验结束，致密陶瓷片一直处于饱和状态。对饱和流来说，其水流通量仅与饱和导水率有关，与其他参数无关。因此，这里其他四个参数在满足参数合理性的前提下可以随便设置，如将 θ_r 设为 0，θ_s 设为 1（HYDRUS 中，含水量的取值范围是 0~1，但实际上任何一种质地饱和含水量都不可能是 1，$\theta_s = 1$ 代表一杯没有任何固体介质的水），α 值取无穷小（1.00e-20），n 值取无限接近 1（1.001，n 值必须大于 1，越接近 1 表示质地越致密）。对致密陶瓷片来说，K_s 是实测值，其他参数又对水流过程计算没有任何影响，因此都不用勾选。

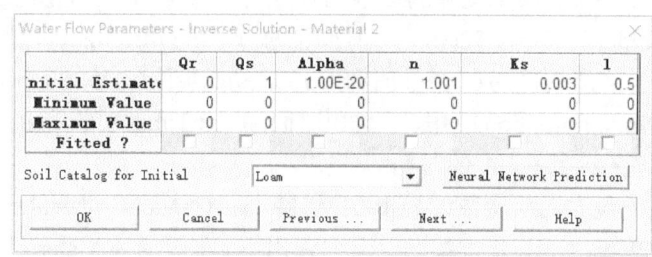

图 6.45　HYDRUS-1D 反演求解——质地 2（致密陶瓷片）参数初值

水流上边界条件选择"定通量（Constant Flux）"，并在下一步弹出的窗口中将通量值设为 0；下边界条件选择"定水头（Constant Pressure Head）"，初始条件选择"水头（In Pressure Heads）"。

6.4.3　反演数据类型

在反演求解数据窗口（图 6.46），建议首先单击该窗口的"Help…"按钮，弹出对应的帮助文件页面。

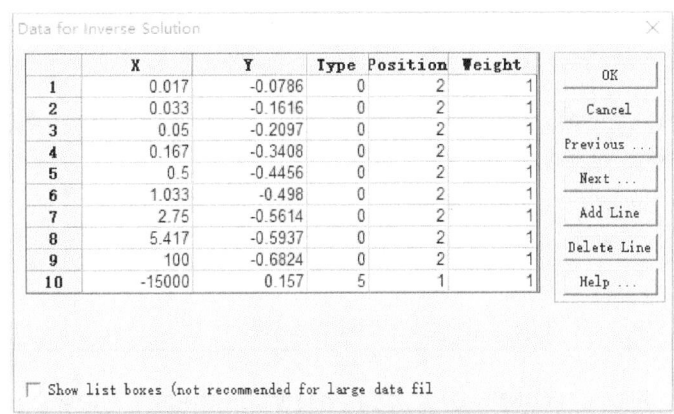

图 6.46　HYDRUS-1D 反演求解——数据窗口

我们可以把多种实验数据放在一起去拟合模型参数，让 HYDRUS 识别这些数据各自所代表的含义，这就需要与 HYDRUS 之间约定数据类型（Type）。HYDRUS-1D 共规定了 16 种数据类型（表 6.5）。然后根据数据类型确定 X 列的内容（表 6.6），Y 列填写的是与 X 列对应的观测值。表 6.5 中多次出现"特定边界""特定观测点"等。具体如何界定是上边界还是下边界，抑或是哪一个具体的观测点，需要借助"位置（Position）"来明确。表 6.7 是 HYDRUS-1D 反演求解各数据类型对应的位置含义，模型实际包含的功能远不止这些。完整的 Type 和 Position 组合信息请查阅附录。图 6.46 中 Weight 列是设置各条数据的权重因子，都设为 1 代表所有数据在参数拟合过程的重要性是一样的。

表 6.5　HYDRUS-1D 反演求解数据类型

数据类型	含义
0	通过特定边界的累积通量。对于水流问题就是边界累积水流通量；对于溶质运移问题，如果没有选择拟合水力学参数，这里就是边界累积溶质通量
1	特定观测点的水头值
2	特定观测点的含水量值
3	特定边界的瞬时通量。对于水流问题就是边界水流通量；对于溶质运移问题，如果没有选择拟合水力学参数，这里就是边界溶质通量
4	特定观测点的溶质浓度或温度
5	水头-含水量关系
6	水头-导水率关系
7	参数 α 的先验知识
8	参数 n 的先验知识
9	参数 θ_r 的先验知识

续表

数据类型		含义
10		参数 θ_s 的先验知识
11		参数 K_s 的先验知识
12		在 iPos(i)时刻，HO(i)位点的水头值
13		在 iPos(i)时刻，HO(i)位点的含水量值
14		在 iPos(i)时刻，HO(i)位点的溶质浓度值
15		在 iPos(i)时刻，HO(i)位点的动力学吸附态溶质浓度值

表 6.6 HYDRUS-1D 反演求解各类型数据对应的 X 列的含义

数据类型	X 列的含义
0、1、2、3、4	时间
5、6	水头值
7、8、9、10、11	虚拟参数，不参与运算，可不填
12、13、14、15	深度值（负值）

表 6.7 HYDRUS-1D 反演求解各数据类型对应的位置列的含义

数据类型	位置列的含义
1、2、4	特定观测点的编号（从上往下依次编号）
0、3	特定边界的编号（上边界为1，下边界为2）
5、6、7、8、9、10、11	土壤质地编号
12、13、14、15	输出时刻

HYDRUS-1D 在进行参数估计时，其目标函数定义如下：

$$\Phi(b,q,p) = \sum_{j=1}^{m_q} v_j \sum_{i=1}^{n_{q,j}} w_{i,j}[q_j^*(x,t_i) - q_j(x,t_i,\boldsymbol{b})]^2$$
$$+ \sum_{j=1}^{m_p} \overline{v}_j \sum_{i=1}^{n_{p,j}} \overline{w}_{i,j}[p_j^*(\theta_i) - p_j(\theta_i,\boldsymbol{b})]^2 \quad (6.2)$$
$$+ \sum_{i=1}^{n_b} \overline{\overline{v}}_j[b_j^* - b_j]^2$$

式（6.2）右侧第一项表示相关变量（如特定时间和特定位置的水头、含水量、浓度等，抑或是特定时刻在特定边界的瞬时通量或累积通量）在测量值与计算值之间的偏差。m_q 表示实验数据组数；$n_{q,j}$ 表示每一组内的实验数据条目数；$q_j^*(x,t_i)$表示在 t_i 时刻，$x(r,z)$ 位点的第 j 组观测值；$q_j(x,t_i,\boldsymbol{b})$ 表示待估参数向量 $\boldsymbol{b}$（如 θ_r、α、n、K_s、K_d、D_{sh} 等）的模型预测值；v_j 和 $w_{i,j}$ 表示对应实验组或数据点的权重。式（6.2）

右侧第二项表示各水力学参数[如 $\theta(h)$、$K(h)$ 或 $K(\theta)$]的实测值和模型预测值之间的差。m_p 表示与水力学参数有关的实验数据组数;$n_{p,j}$ 表示每一组内的未知水力学参数数量;$p_j^*(\theta_i)$ 表示含水量为 θ_i 时的第 j 组参数;$p_j(\theta_i, b)$ 表示待估参数向量 b[如 $\theta(h)$、$K(h)$ 或 $K(\theta)$]的模型预测值;$\bar{v}_j$ 和 $\bar{w}_{i,j}$ 表示对应实验组或数据点的权重。式(6.2)右侧第三项是一个补偿函数,针对的是土壤水力学参数的先验知识(b_j^*)与最终估计值(b_j)之间的偏差。n_b 表示已知先验知识的参数数量;$\bar{v}_j$ 表示权重;这种基于先验知识的参数估计又被称为贝叶斯估计(Bayesian estimates)。

回到本例,前 9 组数据为特定时刻观测到的下边界累积出液量,即下边界累积通量数据,Type = 0,Position = 2,X 为时间;第 10 组数据为 $\theta(h)$,Type = 5,Position = 1,X 为水头(注意单位换算)。

6.4.4 土壤剖面图形编辑

将"栅格(Grid)"宽度和高度均设为 0.05,从而可以利用"捕捉到栅格"功能准确设置土壤边界(−3.95cm)。

在"剖面离散化(Profile Discretization)"窗口,设置土壤剖面的总节点数为 50。单击左侧编辑栏内的"插入固定点(Insert fixed)",在 $z = -3.950$cm 处(土壤和陶瓷界面)插入一个固定点。单击左侧编辑栏内的"密度(Density)",选中最下方固定点,将"Upper Density"设为 4。重复此操作,将中间固定点的"Upper Density"设为 1,"Lower Density"设为 4,取消勾选"Use upper density for both"复选框。单击"OK"继续。其最终效果如图 6.47 所示。

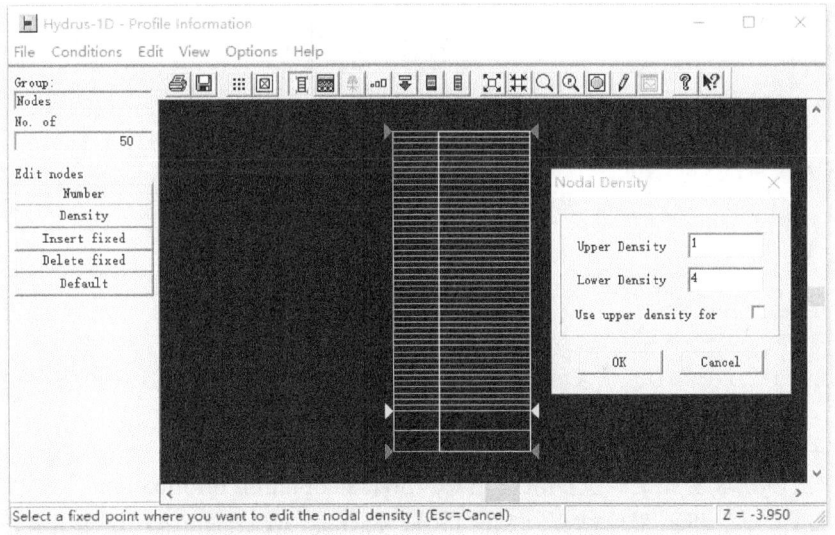

图 6.47 HYDRUS-1D 反演求解——剖面固定点

在"质地分布（Material Distribution）"窗口，将–3.95～–4.52cm 设为第 2 种质地（致密陶瓷片）。在水头初始条件设置窗口，将整个剖面全部选中，设置上边界水头值为–2，底边界水头值为 2.52。然后将下边界节点的水头值设为–1000（单位cm，代表着下边界–10m 扬程的泵）。保存数据，关闭图形编辑窗口，自动弹出土壤剖面信息总结窗口。执行运算。

6.4.5 模型结果

双击后处理窗口的"水流-边界通量和水头（Water Flow-Boundary Fluxes and Pressure Heads）"，在下拉菜单中选择"累积下边界通量（Cum. Bottom Flux）"，可以看到模型预测结果与实验观测数据高度拟合（图 6.48）。

双击"土壤水力学特性（Soil Hydraulic Properties）"，可以看到压力膜仪测定的那组数据点落在黑线所表示的第 1 种质地（土壤）的持水曲线延长线上，通过修改图 6.9 所示的"内部插值表"的上边界值使其≥15000，即可覆盖实验数据，如图 6.49 所示。

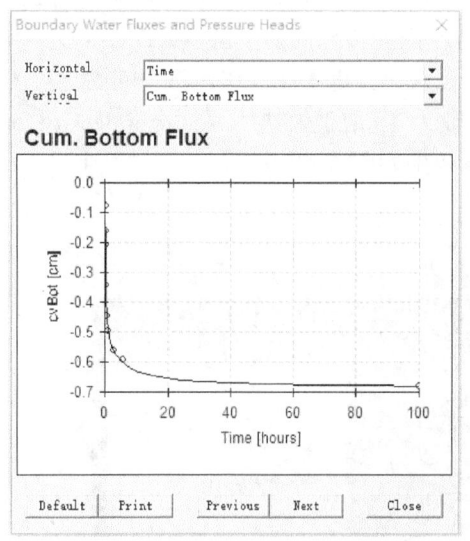

图 6.48 HYDRUS-1D 反演求解——累积出液量数据拟合

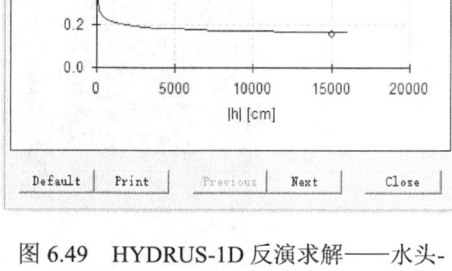

图 6.49 HYDRUS-1D 反演求解——水头-含水量数据拟合

双击后处理窗口的"反演求解信息（Inverse Solution Information）"，找到"非线性最小二乘分析：最终结果（Non-linear least-squares analysis：final results）"：对本例来说，参数反演结果如表 6.8 所示，决定系数（R^2）为 0.998。

表 6.8 HYDRUS-1D 单步出流实验反演结果

变量	拟合值	标准误差 SE	95%CI 下限	95%CI 上限
WCR(θ_r)	0.134	0.023	0.080	0.188
ALPHA(α)	0.033	0.003	0.025	0.041
N(n)	1.324	0.045	1.217	1.431

6.5 参数反演——番茄农田根系吸水实验

6.5.1 问题描述

本例针对一块番茄农田，根系最大深度为50cm，已知148天的降水量、潜在蒸散量和叶面积指数（LAI）（表6.9）；0～−20cm初始含水量为0.1641，−20～−40cm含水量为0.1633，−40～−60cm含水量为0.2187；在−20cm和−40cm两个深度埋设传感器，各记录了15组含水量数据（表6.10），据此反演求解全部5个水力学特征参数。

表 6.9 番茄农田大气边界条件

时间/d	降水量/cm	潜在蒸散量/cm	LAI	时间/d	降水量/cm	潜在蒸散量/cm	LAI	时间/d	降水量/cm	潜在蒸散量/cm	LAI
1	0	0.595	1.05	17	0	0.371	1.05	33	0	0.540	1.05
2	7.5	0.608	1.05	18	0	0.216	1.05	34	0	0.632	1.05
3	0	0.258	1.05	19	0	0.330	1.05	35	0	0.545	1.05
4	0	0.406	1.05	20	0	0.480	1.05	36	0	0.584	1.05
5	0	0.427	1.05	21	0	0.449	1.05	37	0	0.566	1.05
6	0	0.436	1.05	22	0	0.361	1.05	38	0	0.529	1.05
7	0	0.407	1.05	23	0	0.535	1.05	39	0	0.567	1.05
8	0	0.617	1.05	24	0	0.479	1.05	40	0	0.585	1.05
9	0	0.203	1.05	25	0	0.536	1.05	41	0	0.423	1.05
10	0	0.409	1.05	26	0	0.652	1.05	42	0	0.450	1.05
11	0	0.492	1.05	27	0	0.451	1.05	43	0	0.542	1.05
12	0	0.478	1.05	28	0	0.513	1.05	44	0	0.466	1.05
13	0	0.521	1.05	29	0	0.530	1.05	45	0	0.441	1.05
14	0	0.608	1.05	30	0	0.609	1.05	46	0	0.551	1.05
15	0	0.730	1.05	31	0	0.415	1.05	47	0	0.634	1.05
16	7.5	0.663	1.05	32	0	0.423	1.05	48	0	0.688	1.05

续表

时间/d	降水量/cm	潜在蒸散量/cm	LAI	时间/d	降水量/cm	潜在蒸散量/cm	LAI	时间/d	降水量/cm	潜在蒸散量/cm	LAI
49	0	0.585	1.05	83	0	0.558	1.05	117	0	0.649	3.2
50	0	0.621	1.05	84	0	0.536	1.05	118	0	0.661	3.2
51	0	0.271	1.05	85	0	0.582	1.05	119	0	0.522	3.2
52	0	0.405	1.05	86	0	0.613	1.05	120	0	0.158	3.2
53	9	0.434	1.05	87	0	0.542	1.05	121	0.79	0.403	3.2
54	0	0.547	1.05	88	0	0.231	1.05	122	0	0.460	3.2
55	0	0.433	1.05	89	9	0.308	3.2	123	0	0.387	3.2
56	0	0.617	1.05	90	0	0.301	3.2	124	0	0.407	3.2
57	0	0.359	1.05	91	0	0.290	3.2	125	9	0.405	2.85
58	0	0.257	1.05	92	0	0.293	3.2	126	0	0.418	2.85
59	0	0.525	1.05	93	0	0.507	3.2	127	0	0.458	2.85
60	0	0.629	1.05	94	0	0.555	3.2	128	0	0.499	2.85
61	0	0.567	1.05	95	0	0.544	3.2	129	0	0.427	2.85
62	0	0.415	1.05	96	0	0.566	3.2	130	0	0.356	2.85
63	0	0.515	1.05	97	0	0.566	3.2	131	0	0.428	2.85
64	0	0.514	1.05	98	0	0.500	3.2	132	0	0.426	2.85
65	0	0.407	1.05	99	0	0.551	3.2	133	0	0.486	2.85
66	0	0.178	1.05	100	0	0.537	3.2	134	0	0.410	2.85
67	0	0.297	1.05	101	0	0.556	3.2	135	0	0.424	2.85
68	0	0.478	1.05	102	0	0.519	3.2	136	0	0.354	2.85
69	0	0.416	1.05	103	0	0.423	3.2	137	0	0.257	2.85
70	0	0.474	1.05	104	9	0.546	3.2	138	0	0.319	2.85
71	9	0.617	1.05	105	0	0.562	3.2	139	0	0.400	2.85
72	0	0.537	1.05	106	0	0.486	3.2	140	0	0.395	2.85
73	0	0.610	1.05	107	0	0.494	3.2	141	0	0.387	2.85
74	0	0.564	1.05	108	0	0.449	3.2	142	0	0.179	2.85
75	0	0.601	1.05	109	0	0.518	3.2	143	0	0.379	2.85
76	0	0.359	1.05	110	0	0.528	3.2	144	0	0.375	2.85
77	0	0.250	1.05	111	0	0.385	3.2	145	0	0.282	2.85
78	0	0.500	1.05	112	0	0.458	3.2	146	0	0.336	2.85
79	0	0.489	1.05	113	0	0.483	3.2	147	0	0.251	2.85
80	0	0.471	1.05	114	0	0.488	3.2	148	0	0.355	2.85
81	0	0.534	1.05	115	0	0.486	3.2				
82	0	0.542	1.05	116	0	0.541	3.2				

表 6.10　番茄农田土壤含水量变化实验数据

时间/d	θ（-20cm）	θ（-40cm）
1	0.159	0.161
3	0.231	0.250
15	0.119	0.151
17	0.225	0.243
52	0.065	0.105
54	0.223	0.242
70	0.109	0.139
72	0.227	0.249
88	0.103	0.133
90	0.228	0.251
103	0.078	0.134
105	0.227	0.246
124	0.067	0.113
126	0.225	0.246
148	0.068	0.120

6.5.2　模型构建

在自建项目组下，新建一个名称为"Inverse_tomato"的项目。

双击"主过程"，选取"水流""根系吸水""反演求解"复选框（参考图6.4）。在反演求解窗口，勾选"Soil Hydraulic Parameters"，最大迭代次数设为100，实验数据条目数填30（参考图6.43）。几何信息的长度单位选厘米（cm），土壤质地数目为1，土柱为竖直土壤剖面，土壤总深度为60cm（参考图6.5）。时间信息的单位选择天（Days），初始时间为0，终止时间为148，初始步长0.001，最小步长为1e-005，勾选"随时间可变边界条件"，条件数为148，勾选两个"…Generated by HYDRUS"的复选框（参考图6.6）。"输出时间"设为15，单击"Select Print Times…"（参考图6.7），将表6.10中的时间填入窗口。

水流模型的最大迭代次数设为100。选择van Genuchten-Mualem模型，不考虑滞后现象。选择砂壤土参数作为初值，并将五个参数全部勾选待估。水流上边界条件设为"大气边界条件-表面径流"，下边界为"自由排水"，初始条件种类选择含水量（In Water Contents）。勾选"输入潜在蒸散量和叶面积指数"复选框，消光系数取默认值0.39（3.8.2节）（参考图6.31），不考虑冠层截留量（3.10.4节）。水分胁迫选择Feddes模型，ω_c设为1，作物种类选择番茄。将表6.9的数据贴入随时间可变边界条件窗口。将表 6.10 的数据贴入反演求解数据窗口。对照表 6.5，Type = 2。首先将所有 30 组数据的 Position 设为 1，绘制观测点以后再返回修改。

在图形编辑窗口中，首先将"栅格（Grid）"宽度和高度均设为 1。在"剖面离散化"窗口，设置整个剖面的总节点数为 61。设置土壤初始含水量：0.1641（0～−20cm），0.1633（−20～−40cm），0.2187（−40～−60cm）。在−20cm 和−40cm 处添加观测点。保存数据，关闭窗口，自动弹出土壤剖面信息总结窗口。将基于 Hoffman 和 van Genuchten 方程 [3.8.1 节，式（3.47）] 计算的根系分布密度函数贴入表中。双击前处理窗口中的"反演求解数据"，将后面 15 行数据的 Position 修改为 2，单击"OK"关闭。执行运算。

6.5.3　无滞后现象和根系生长的模型结果

在"观测点信息"中选择"含水量"，可以看到模型预测结果与实测数据高度拟合（$R^2 = 0.99409$，图 6.50）。本例参数反演结果如表 6.11 所示。

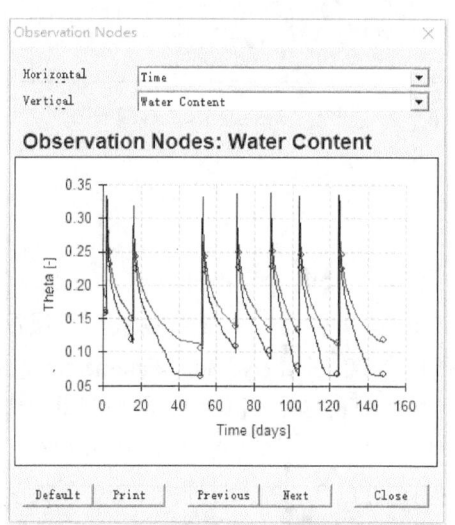

图 6.50　HYDRUS-1D 反演——番茄农田土壤含水量拟合

表 6.11　HYDRUS-1D 番茄农田土壤水力学参数反演结果

变量	拟合值	标准误差 SE	95%CI 下限	95%CI 上限
WCR(θ_r)	0.065	0.003	0.059	0.071
WCS(θ_s)	0.416	0.003	0.410	0.423
ALPHA(α)	0.075	0.001	0.073	0.076
N(n)	1.859	0.009	1.841	1.876
CONDS(K_s)	105.39	1.23	102.85	107.93

6.5.4 考虑持水曲线滞后现象的模型结果

参考 6.2.2 节,打开项目管理器,选中"Inverse_tomato"项目,单击下方"Copy"按钮,复制模型文件为"Inverse_tomato_RCH"项目,单击"Open"打开它。

双击前处理窗口中的"水流-土壤水力特性模型(Water Flow-Soil Hydraulic Property Model)",选择"持水曲线的滞后现象(Hysteresis in retention curve)"。根据表 6.9,初始为排水曲线(Initially drying curve),单击"OK"关闭。重新运算,曲线拟合结果仍然非常好(R^2 = 0.99363,图 6.51),参数反演结果如表 6.12 所示。

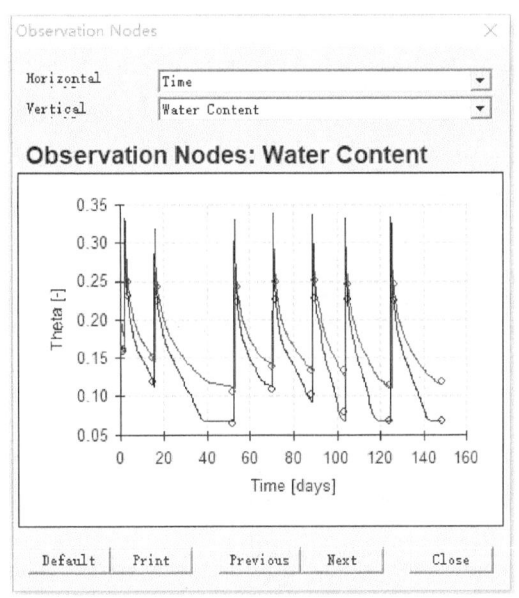

图 6.51 HYDRUS-1D 反演——番茄农田土壤含水量拟合(考虑持水曲线滞后)

表 6.12 HYDRUS-1D 番茄农田土壤水力学参数反演结果(考虑持水曲线滞后)

变量	拟合值	标准误差 SE	95%CI 下限	95%CI 上限
WCR(θ_r)	0.065	0.001	0.063	0.068
WCS(θ_s)	0.416	0.004	0.408	0.424
ALPHA(α)	0.075	0.001	0.073	0.077
N(n)	1.865	0.020	1.825	1.906
CONDS(K_s)	109.19	1.88	105.31	113.06

6.5.5 考虑根系生长的模型结果

将"Inverse_tomato"项目复制为"Inverse_tomato_growth"项目并打开。

双击"主过程（Main Processes）"，勾选"根系生长（Root Growth）"，单击"OK"关闭。

双击前处理窗口中的"根系生长参数（Root Growth Parameters）"，设置根系生长参数（图 6.52）。这里提供了三种方式来模拟根系生长：第一种方式是在随时间可变边界条件表中输入根长数据（With Time-Variable Boundary Condition）；第二种方式是用一个单独的表格输入（Using a Table）；第三种方式是基于生长方程（Using a Growth Function，3.8.5 节）。注意：如果在时间信息窗口里勾选了基于气象数据计算潜在蒸散量，则第一种和第二种方式是不适用的，并且无论采用上述哪种方式，HYDRUS-1D 都会基于 Hoffman 和 van Genuchten 方程 [3.8.1 节，式（3.47）] 计算根系分布密度函数。

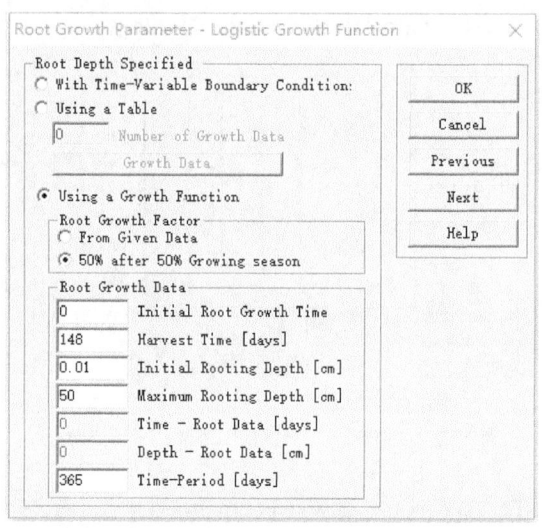

图 6.52　HYDRUS-1D 根系生长参数设置

Logistic 方程 [3.8.5 节，式（3.82）] 生长速率参数（r）的确定需要基于一个数据点来拟合，读者可以选择输入这样一个具体的数据点，在 Root Growth Factor 中选择"From Given Data"，然后输入某个已知时刻的根长数据，即 Time-Root Data[days] 和 Depth-Root Data[cm]；也可以假设在生长季一半的时候根长也长到最大根长的一半（50% after 50% Growing season）。无论选择哪种方式，下列参数都是必不可少的：初始根系生长时刻（Initial Root Growth Time）、收获时刻（Harvest

Time[days])、初始根长（Initial Rooting Depth[cm]）、最大根长（Maximum Rooting Depth[cm]）和根系生长周期（Time-Period[days]，默认为365days，用于年际运算）。

参考图 6.52 设置完成之后，单击"OK"关闭窗口。重新运算，曲线拟合结果较前两组模型存在一定的偏差（R^2 = 0.98473，图 6.53），参数反演结果如表 6.13 所示。

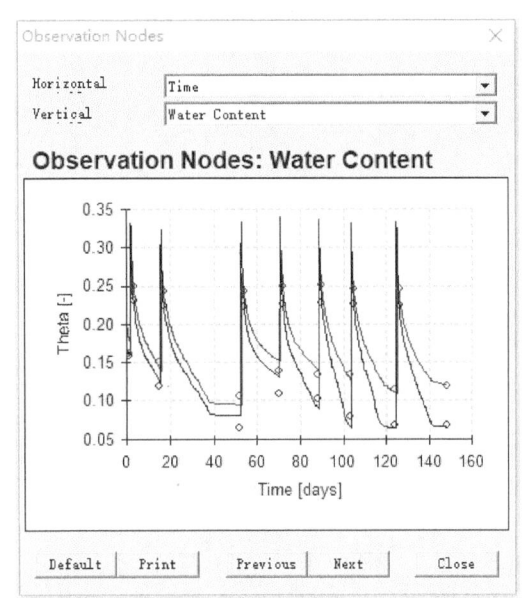

图 6.53　HYDRUS-1D 反演——番茄农田土壤含水量拟合（考虑根系生长）

表 6.13　HYDRUS-1D 番茄农田土壤水力学参数反演结果（考虑根系生长）

变量	拟合值	标准误差 SE	95%CI 下限	95%CI 上限
WCR(θ_r)	0.064	0.004	0.057	0.072
WCS(θ_s)	0.421	0.006	0.409	0.434
ALPHA(α)	0.071	0.003	0.064	0.078
N(n)	1.907	0.058	1.787	2.027
CONDS(K_s)	105.58	9.02	87.01	124.15

比较这三种模型的赤池信息准则（Akechi information criterion，AIC）和贝叶斯信息准则（Bayesian information criterion，BIC）值可以发现，考虑持水曲线滞后现象的模型 AIC 和 BIC 值最小，因此其拟合效果最好（表 6.14）。读者也可自行尝试同时考虑持水曲线和非饱和导水率曲线的滞后现象，以及同时考虑滞后现象和根系生长，观察模型的拟合优度。

表 6.14　HYDRUS-1D 番茄农田土壤水力学参数反演不同模型比较

模型	R^2	AIC	BIC
VG 模型	0.99409	−241.7	−234.7
VG 模型 + 持水曲线滞后	0.99363	−243.0	−236.0
VG 模型 + 根系生长	0.98473	−217.1	−210.1

注：VG 模型指 van Genuchten-Mualem 模型。

7 溶质运移模型

7.1 单层土壤定水头-溶质运移

7.1.1 问题描述

针对 6.1 节所述 1m 深的土壤剖面,假设在上边界 1cm 的悬挂水中存在浓度为 1mmol/mL 的溶质,分析溶质在土壤中的运移情况。

7.1.2 模型构建

打开项目管理器。选中"Ponded_infiltr"项目,复制其为新项目"Ponded_solute"并打开。

双击"主过程(Main Processes)",勾选"溶质运移(Solute Transport)"。该复选框下设有三个单选按钮:"标准溶质运移(Standard Solute Transport)""主离子化学(Major Ion Chemistry)""HP1 模型"。"主离子化学(Major Ion Chemistry)"主要针对 Ca^{2+}、Mg^{2+}、Na^+、K^+、碱度(Alk)、SO_4^{2-}、Cl^- 等主要化学离子的运移过程模拟。"HP1 模型"是土壤物理模型 HYDRUS-1D 与地球化学模型 PHREEQC 的结合。本例选择"标准溶质运移(Standard Solute Transport)",单击"OK"关闭。

双击前处理窗口中的"溶质运移-基本信息(Solute Transport-General Information)",弹出如图 7.1 所示对话框。最上面的"时间加权方案(Time Weighting Scheme)"和"空间加权方案(Space Weighting Scheme)"用来设置有限差分算法。时间加权方案包括"显式差分(Explicit Scheme)""Crank-Nicholson 差分(Crank-Nicholson Scheme)""隐式差分(Implicit Scheme)"。空间加权方案包括"伽辽金有限元(Galerkin Finite Elements)""上游加权有限元(Upstream Weighting FE)""伽辽金有限元人工离散(GFE with Artificial Dispersion)"。

溶质量的单位(Mass Units)默认为 mmol,用户可根据实际情况修改。注意:预设的浓度单位,其对应的体积分母已经确定——在几何信息窗口,长度单位如果选择了 cm,溶质浓度的体积分母就是 cm^3(即 mL);如果选择了 m,体积分母就是 m^3。例如,如果读者想设置液相溶质浓度单位为 mg/L,长度单位选择了 cm,这里溶质单位就应该是 μg——μg/mL 等同于 mg/L。

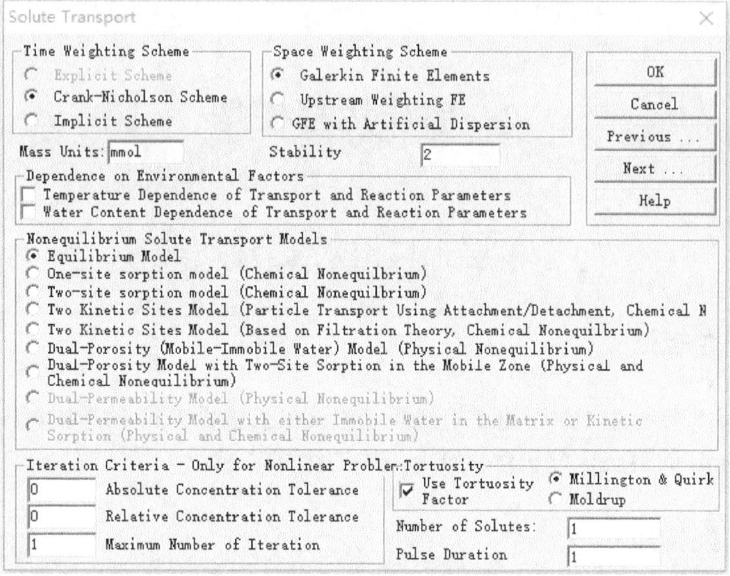

图 7.1 溶质运移模型基本信息设置

Stability 参数是佩克莱数 [Peclet number，4.3.2 节，式 (4.54)] 和库朗数 (Currant number，描述时间步长和空间步长的相对关系) 的乘积。这个参数用来控制伽辽金有限元的人工离散或时间步长，通常默认取 2。

"环境因子影响 (Dependence on Environmental Factors)" 面板下的两个复选框分别控制 "温度对溶质运移和反应参数的影响 (Temperature Dependence of Transport and Reaction Parameters)" 和 "土壤含水量对溶质运移和反应参数的影响 (Water Content Dependence of Transport and Reaction Parameters)"，见 4.6 节。

"非平衡溶质运移模型 (Nonequilibrium Solute Transport Models)" 下设有 9 个选项：①平衡模型 (Equilibrium Model，4.3.1 节)；②单点位吸附模型 [One-site sorption model (Chemical Nonequilibrium)，4.3.3 节]；③双点位吸附模型 [Two-site sorption model (Chemical Nonequilibrium)，4.3.3 节]；④双动力学点位模型-附着/分离 [Two Kinetic Sites Model (Particle Transport Using Attachment/Detachment, Chemical Nonequilibrium)，4.3.4 节]；⑤双动力学点位模型-过滤理论 [Two Kinetic Sites Model (Based on Filtration Theory, Chemical Nonequilibrium)，4.3.4 节]；⑥双孔隙度模型 [Dual-Porosity (Mobile-Immobile Water) Model (Physical Nonequilibrium)，4.3.5 节]；⑦双孔隙度-可动区双点位模型 [Dual-Porosity Model with Two-Site Sorption in the Mobile Zone (Physical and Chemical Nonequilibrium)，4.3.6 节]；⑧双渗透率模型 [Dual-Permeability Model (Physical Nonequilibrium)，4.3.7 节]；⑨双渗透率-可动区/不可动区模型或双点位吸附模型 [Dual-Permeability Model with either Immobile

Water in the Matrix or Kinetic Sorption（Physical and Chemical Nonequilibrium），4.3.8 节和 4.3.9 节]。

如图 7.1 所示，窗口左下角的"非线性问题迭代准则（Iteration Criteria-Only for Nonlinear Problems）"是专门针对非线性吸附问题的迭代参数设置，即式（4.45）中 $\eta \neq 0$ 或 $\beta \neq 1$（4.3.1 节）。这里包括"绝对浓度容差（Absolute Concentration Tolerance）""相对浓度容差（Relative Concentration Tolerance）""最大迭代次数（Maximum Number of Iteration）"。

此外，在窗口中还可以选择是否考虑"弯曲度因子（Use Tortuosity Factor，4.1.2.5 节）"，如果考虑的话，需要选择采用 Millington-Quirk 模型［式（4.15）和式（4.16）]或者 Moldrup 模型［式（4.17）和式（4.18）]。

窗口右下角是最重要的两个参数："溶质种类数（Number of Solutes）"和"脉冲周期（Pulse Duration）"。"脉冲周期"指的是向土壤内供应溶质的时间。如果这个周期大于整个土柱的穿透时间，所获得的穿透曲线是一条 S 形曲线，反之则得到一条单峰曲线。

本例中，溶质量的单位设为 mmol，种类数为 1，脉冲周期设为 1 天，默认选择平衡模型。

下一步，设置溶质运移模型参数（图 7.2）。窗口左侧是与土壤特性有关的参数，包括"容重（Bulk. D.，2.2 节）""纵向弥散度（Disp.，4.1.2.3 节）""点位或分区比例（Frac，当考虑化学非平衡吸附时，该参数表示平衡吸附点位所占的比例；当考虑 MIM 模型时，该参数表示可动区所占的比例，见 4.3.3 节和 4.3.5 节）""不可动区的含水量（ThIm，4.3.5 节，当不考虑 MIM 模型时设为零）"。窗口右侧是与溶质有关的模型参数，包括"液相扩散系数（Diffus. W.）"和"气相扩散系数（Diffus. G.）"，见 4.1.2.2 节。本例假设容重为 1.5，弥散度设为 1，Frac = 1 表示仅有平衡吸附点位，液相和气相扩散系数都设为 0。

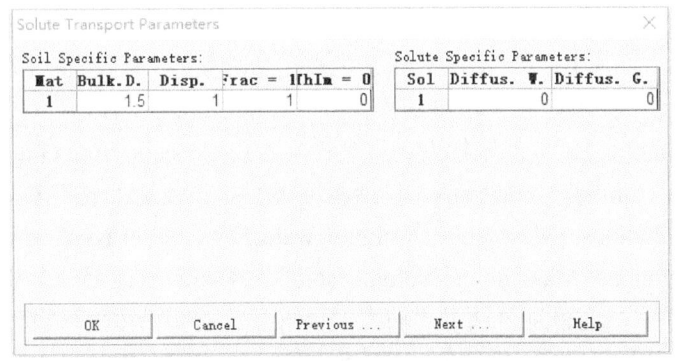

图 7.2　溶质运移模型参数设置

注意：容重为 1.5 这个量级说明土壤质量量纲 M_{soil} 对应的单位一定是 g，后续的吸附分配系数 K_d 的单位要与之对应。

下一步设置溶质运移和反应参数（图 7.3）。注意该窗口参数栏下有一个横向的滚动条，向右拖拽可以查看全部 14 个参数。前 3 个参数 Kd、Nu 和 Beta 分别对应式（4.45）中的 K_d、η 和 β（4.3.1 节）。第 4 个参数 Henry 表示式（4.5）中的经验常数 k_g（4.1.2.2 节）。第 5~13 个参数，SinkWater1、SinkSolid1、SinkGas1、SinkWater1'、SinkSolid1'、SinkGas1'、SinkWater0、SinkSolid0 和 SinkGas0 分别对应式（4.44）中的 μ_w、μ_s、μ_g、μ'_w、μ'_s、μ'_g、γ_w、γ_s 和 γ_g（4.2 节）。最后一个参数 Alpha，如果是化学非平衡吸附模型，此参数对应式（4.60）中的一级动力学吸附速率系数 ω（4.3.3 节）；如果是双孔隙度模型此参数对应式（4.92）中的可动区与不可动区之间的传质系数 ω（4.3.5 节）。本例上述参数全部取缺省值，即假设溶质不吸附、不挥发、不反应。

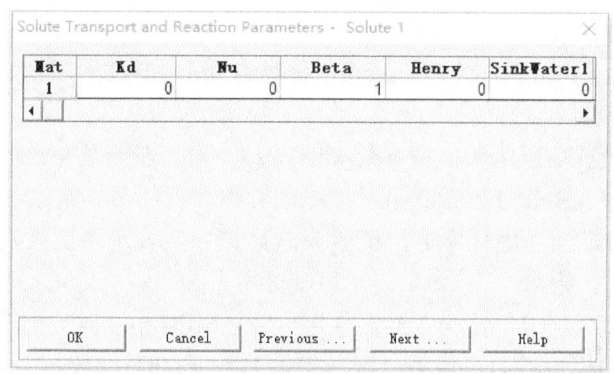

图 7.3　溶质运移和反应参数设置

下一步设置溶质运移边界条件（图 7.4）。上边界条件（Upper Bouncl Condition）包括三种类型（4.5 节）："浓度边界条件（Concentration BC）""通量边界条件（Concentration Flux BC）""挥发性溶质的滞留边界条件（Stagnant BC for Volatile Solute）"。下边界条件包括"浓度边界条件（Concentration BC）""通量边界条件（Concentration Flux BC）""零梯度边界条件（Zero Concentration Gradient）"。

初始条件（Initial Conditions）包括两种类型：一种是"液相浓度（In Liquid Phase Concentrations [Mass_solute/Volume_water]）"，另一种是"土壤总浓度（In Total Concentrations [Mass_solute/Volume_soil]）"（4.4 节）。最后一个复选框是针对非平衡吸附模型，选择是否认可"动力学吸附点位的初始浓度可设为与平衡吸附点位的初始浓度相平衡（Nonequilibrium phase is initially at equilibrium with equilibrium phase）"，见 4.4.2 节。

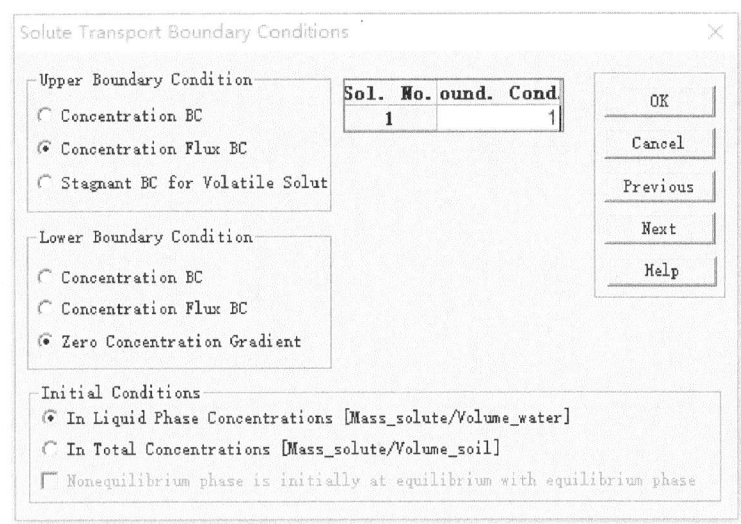

图 7.4 溶质运移边界条件设置

本例上边界为通量边界条件，浓度为 1mmol/mL；下边界为零梯度边界条件；初始条件为液相浓度。

在图形编辑窗口，由于是在原有"Ponded_infiltr"模型上进行修改，初始水头和观测点都无须再重设。单击菜单栏"条件（Conditions）"—"初始条件（Initial Conditions）"—"浓度（Concentration）"，弹出"浓度选择（Concentration Selection）"窗口，填入溶质种类编号。由于只有一种溶质，这里填入 1，单击"OK"。假设土壤中原本不存在这种溶质，即初始浓度为 0，此处保持缺省设置。保存数据，关闭窗口，运算模型。

7.1.3 模型结果

双击后处理窗口的"观测点（Observation Nodes）"，从下拉菜单中选择"浓度（Concentration）"，可以看到各个观测点上液相浓度随时间的变化（图 7.5）。同理，在"剖面信息（Basic Profile Information）"中也可以看到液相浓度在各个输出时刻的空间分布（图 7.5）。

双击"溶质运移-实际和累积边界通量（Solute Transport-Actual and Cumulative Boundary Fluxes）"，弹出如图 7.6 所示窗口。该窗口横坐标（Horizontal）固定为"时间（Time）"，纵坐标选项如表 7.1 所示，分别给出边界上溶质运移通量各个指标随时间的动态变化。其结果原始数据可查阅 Solute 系列输出文件，如 Solute1.out、Solute2.out、…、SoluteM.out（孔隙区）、SoluteF.out（裂隙区）。

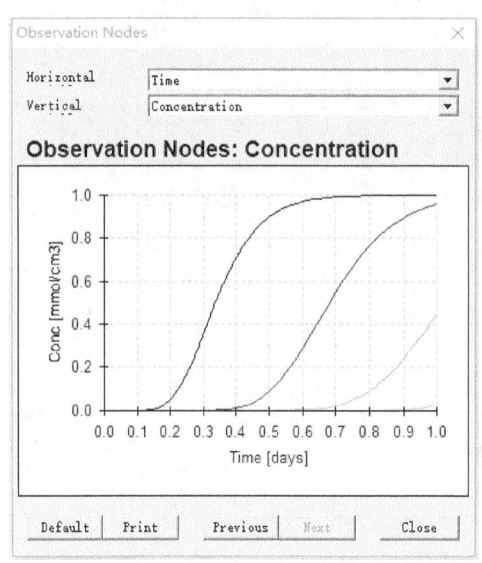
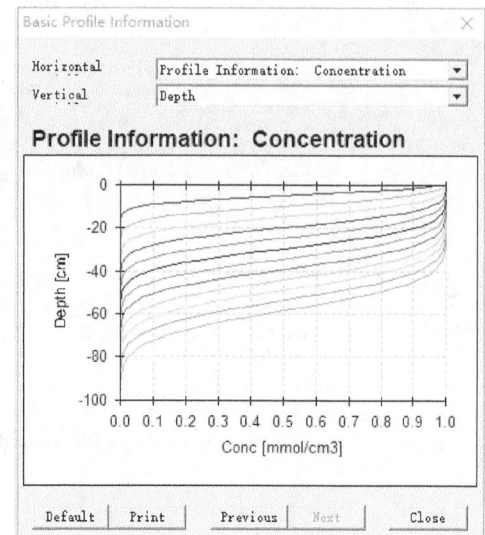

图 7.5　HYDRUS-1D 模型溶质浓度的观测点结果和剖面信息结果

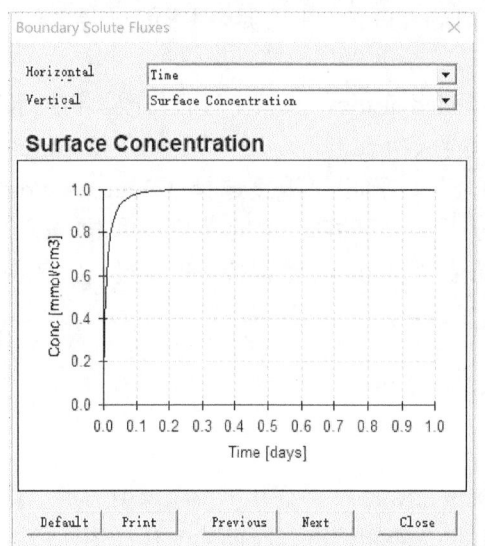
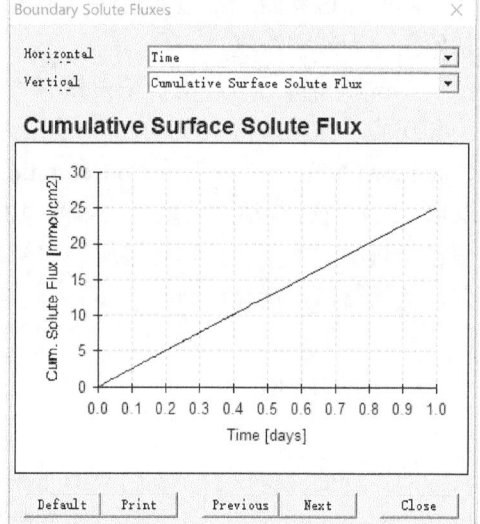

图 7.6　HYDRUS-1D 模型边界溶质通量（上边界浓度、累积上边界通量）

表 7.1　边界通量和水头结果及其缩写

中文名称	图形窗口英文	Solute.out 缩写	量纲，含义
时间	Time	Time	T
表面实际溶质通量	Surface Solute Flux	cvTop	$ML^{-2}T^{-1}$，流入/流出（+/−）
底面实际溶质通量	Bottom Solute Flux	cvBot	$ML^{-2}T^{-1}$，流入/流出（+/−）

续表

中文名称	图形窗口英文	Solute.out 缩写	量纲，含义
累积表面溶质通量	Cumulative Surface Solute Flux	sum(cvTop)	ML^{-2}，流入/流出（+/−）
累积底面溶质通量	Cumulative Bottom Solute Flux	sum(cvBot)	ML^{-2}，流入/流出（+/−）
累积零级反应量	Cumulative zero-order reaction	sum(cvCh0)	ML^{-2}，产生/消耗（+/−）
累积一级反应量	Cumulative first-order reaction	sum(cvCh1)	ML^{-2}，产生/消耗（+/−）
表面溶质浓度	Surface Concentration	cTop	ML^{-3}
根区溶质平均浓度	Root Zone Concentration	cRoot	ML^{-3}
底面溶质浓度	Bottom Concentration	cBot	ML^{-3}
根区实际溶质吸收通量	Root Solute Uptake	cvRoot	$ML^{-2}T^{-1}$
根系累积被动吸收溶质量	Cumulative Root Solute Uptake	sum(cvRoot)	ML^{-2}
向动力学点位或不可动区迁移的累积溶质量	Cumul. Non-Equil. Mass Transfer	sum(cvNEql)	ML^{-2}，流入/流出（+/−）
所有溶质通量	All Solute Fluxes		$ML^{-2}T^{-1}$
所有累积溶质通量	All Cumulative Solute Fluxes		ML^{-2}
所有浓度	All Concentrations		ML^{-3}
时间步长编号		TLevel	
孔隙区和裂隙区之间的溶质迁移通量		vFracS	$ML^{-2}T^{-1}$
孔隙区和裂隙区之间的累积溶质迁移量		sum(vFracS)	ML^{-2}
饱和带（地下水）溶质平均浓度		cGWL	ML^{-3}
溶质径流通量		cRunOff	$ML^{-2}T^{-1}$
溶质累积径流量		sum(cRunOff)	ML^{-2}
第1~3观测点的溶质通量		cv(i)，i = 1~3	$ML^{-2}T^{-1}$
第1~3观测点的累积溶质通量（一种溶质时给出总通量，多种溶质则只给出第一种溶质的对流通量）		Sum(cv(i))，i = 1~3	ML^{-2}

7.1.4 弥散度减小后的模型结果

打开项目管理器，将"Ponded_solute"复制为新项目"Ponded_solute_Lambda"并打开。

双击前处理窗口中的"溶质运移-迁移参数（Solute Transport-Transport Parameters）"，将纵向弥散度（Disp.）设为0.1，单击"OK"关闭。重新运算，结果如图 7.7 所示。与图 7.5 相比，纵向弥散度缩小为原来的 1/10 之后，穿透曲线变得更加陡峭，起始上升点延后，但是上升速率更快，其结果使得溶质在土壤剖面中的迁移速率变缓。

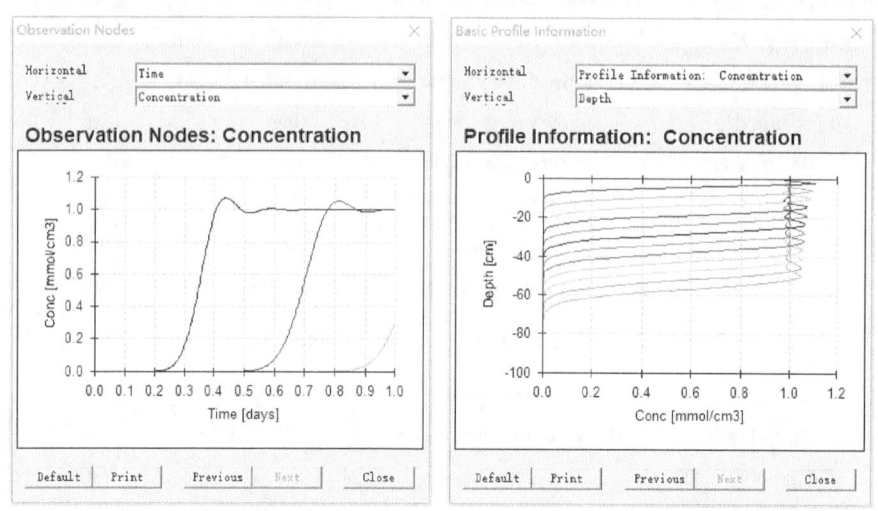

图 7.7　HYDRUS-1D 模型溶质浓度的观测点结果和剖面信息结果（减小弥散度）

7.1.5　吸附增大后的模型结果

打开项目管理器，将"Ponded_solute"复制为新项目"Ponded_solute_Kd"并打开。

双击前处理窗口中的"溶质运移-反应参数（Solute Transport-Reaction Parameters）"，将吸附分配系数（Kd）设为 0.1，单击"OK"关闭。重新运算，结果如图 7.8 所示。与图 7.5 相比，吸附分配系数增大以后，穿透曲线起始上升点右移，且曲线变得更加平缓，达到稳态的时间延长。

7.1.6　考虑溶质反应的模型结果

打开项目管理器，将"Ponded_solute"复制为新项目"Ponded_solute_reaction"并打开。

双击前处理窗口中的"溶质运移-反应参数（Solute Transport-Reaction Parameters）"，将一级液相反应速率系数（SinkWater1 或 SinkWater1'）设为 0.5，单击"OK"关闭。重新运算，结果如图 7.9 所示。与图 7.5 相比，当其他参数不变时，仅仅是引入了一级反应，穿透曲线起始上升和达到稳态的时间点均不发生变化，但是稳态浓度值下降。

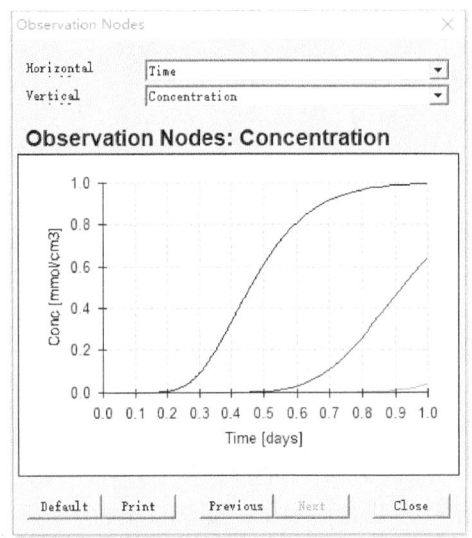 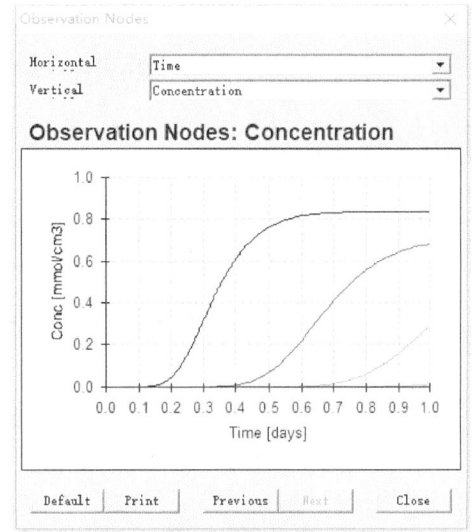

图 7.8　HYDRUS-1D 模型溶质浓度的观测点结果（吸附增大）　　图 7.9　HYDRUS-1D 模型溶质浓度的观测点结果（存在一级反应）

倘若不是存在一级反应，而是存在零级反应，即将零阶液相反应速率系数（SinkWater0）设为 −0.5，如图 7.5 所示的穿透曲线会整体下移，其结果是穿透曲线起始上升点向右延伸，稳态浓度下降，但是达到稳态的时间点不变（图 7.10）。

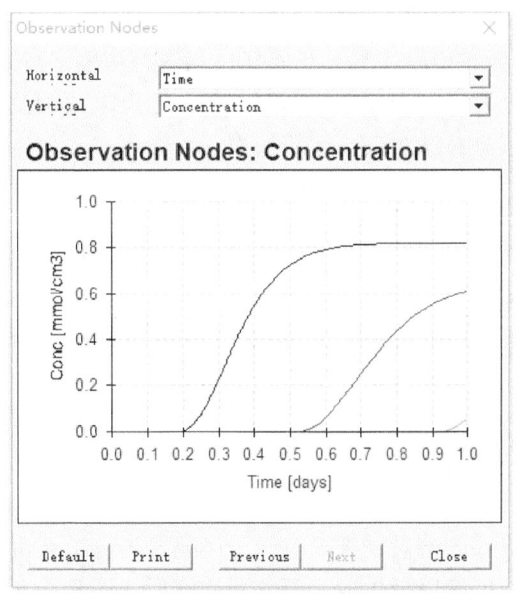

图 7.10　HYDRUS-1D 模型溶质浓度的观测点结果（存在零级反应）

7.2 单层土壤定通量-溶质运移

7.2.1 问题描述

针对 6.2 节所述 1m 深的土壤剖面，土壤上边界为定通量–0.12cm/d，仿真时间为 500 天，假设前 50 天通入的是浓度为 1μg/mL 的某种溶质，后 450 天通入的是背景溶液，分析溶质在土壤中的运移情况。

7.2.2 模型构建

打开项目管理器，将"flux_infiltr"复制为新项目"flux_solute"并打开。

在"主过程（Main Processes）"窗口中勾选"溶质运移（Solute Transport）"模块。修改"时间信息（Time Information）"内的终止时间（Final Time）为 500。下一步弹出"输出信息（Print Information）"设置窗口，单击"Select Print Times..."，在弹出窗口中单击"Default"，使输出时刻重新均匀分布。（**注意：每一次修改与时间有关的模型参数，这一步都必须操作！**）

双击前处理窗口中的"溶质运移-基本信息（Solute Transport-General Information）"。溶质单位（Mass Units）设为"microg"（代表μg），脉冲周期（Pulse Duration）设为 50，其余参数不变。在溶质运移模型参数窗口，设置弥散度为 0.3，其余参数不变。溶质运移和反应参数取默认值。上边界设为通量边界条件，浓度为 1μg/mL；下边界为零梯度边界；初始条件为液相浓度。

下一步提示是否要进行土壤剖面图形编辑，如果无须修改，直接单击"Next"即可转到土壤剖面信息总结窗口。运算模型。

7.2.3 模型结果

随着水流和溶质运移，在土壤内部各点可观察到相应的脉冲峰，并且其峰值浓度逐渐降低（图 7.11），但是各点的累积通量值相同（6μg/cm^2，图 7.12，上边界为正表示流入土壤，下边界为负表示流出土壤）。

7.2.4 模型结果（链反应）

假设随着水流输入的溶质种类只有一种（编号为 1），但是其在土壤内部的迁移过程中会发生化学反应逐渐生成一部分新的溶质（编号为 2），而溶质 2 又会反应生成溶质 3，模拟这三种溶质在土柱内部的迁移规律。

7 溶质运移模型

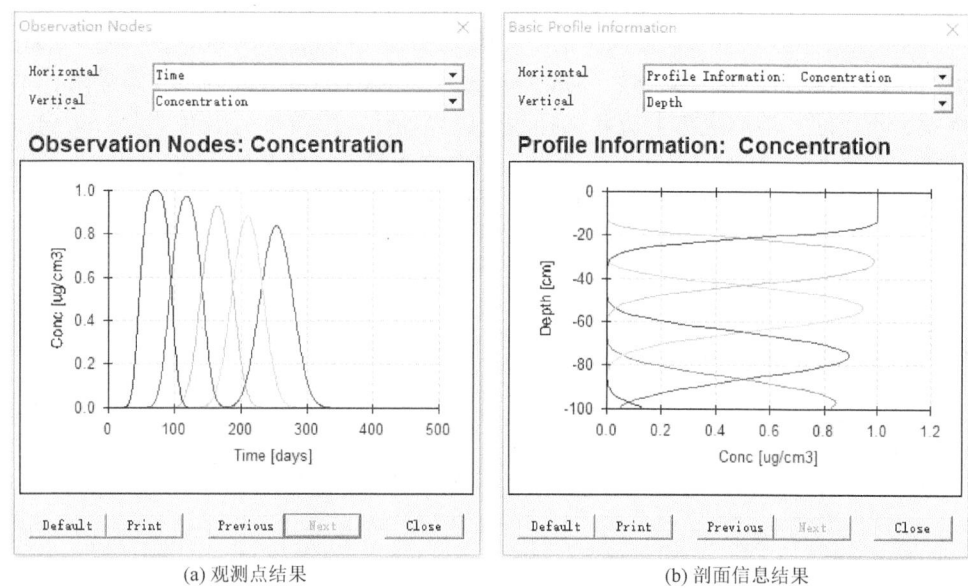

(a) 观测点结果 (b) 剖面信息结果

图 7.11 HYDRUS-1D 模型溶质浓度的观测点结果和剖面信息结果（脉冲）

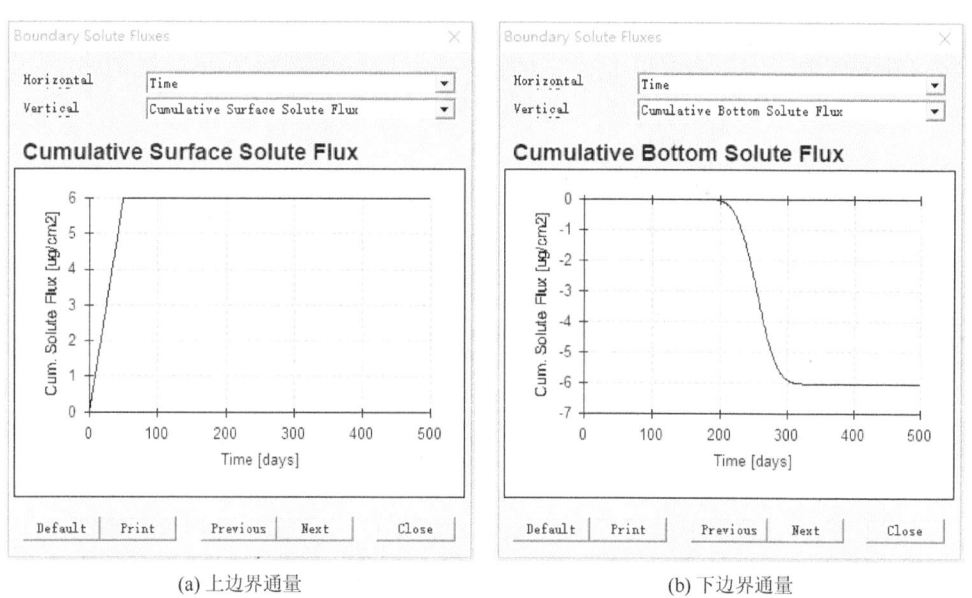

(a) 上边界通量 (b) 下边界通量

图 7.12 HYDRUS-1D 模型边界溶质通量

打开项目管理器，将"flux_solute"复制为新项目"flux_3solutes"并打开。

双击前处理窗口中的"溶质运移-基本信息"，溶质种类数设为 3。下一步设置溶质运移模型参数，弥散度仍为 0.3，但是此时右侧与溶质有关的参数变为了 3 行，分别对应溶质 1~3 的液相和气相扩散系数，此处均默认为 0。接下来依次设置三种溶质的运移和反应参数。溶质 1 的一级链反应速率系数（SinkWater1’）设为 0.05；溶质 2 的一级链反应速率系数（SinkWater1’）设为 0.03；假设溶质 3 不吸附、不挥发、不反应。溶质运移上边界选择通量边界条件，溶质 1 的浓度设为 1μg/mL，溶质 2～3 的浓度仍默认为 0；下边界为零梯度边界；初始条件为液相浓度。单击“OK”返回，运算模型，结果如图 7.13 和图 7.14 所示。

(a) 溶质1　(b) 溶质2　(c) 溶质3

图 7.13　HYDRUS-1D 模型链反应三种溶质浓度变化

(a) 溶质1　(b) 溶质2

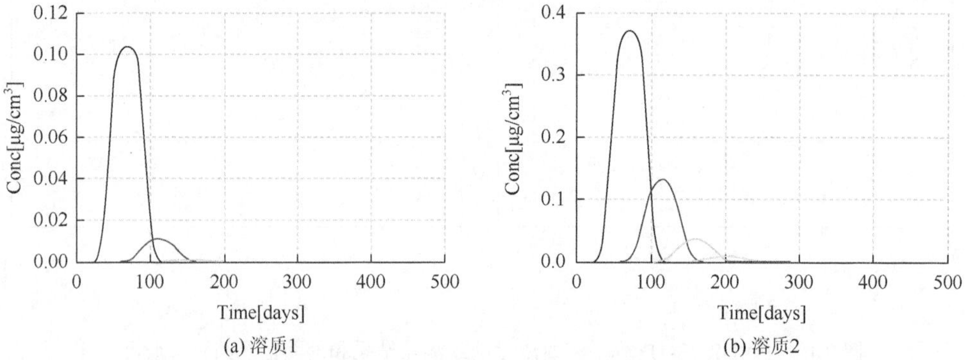

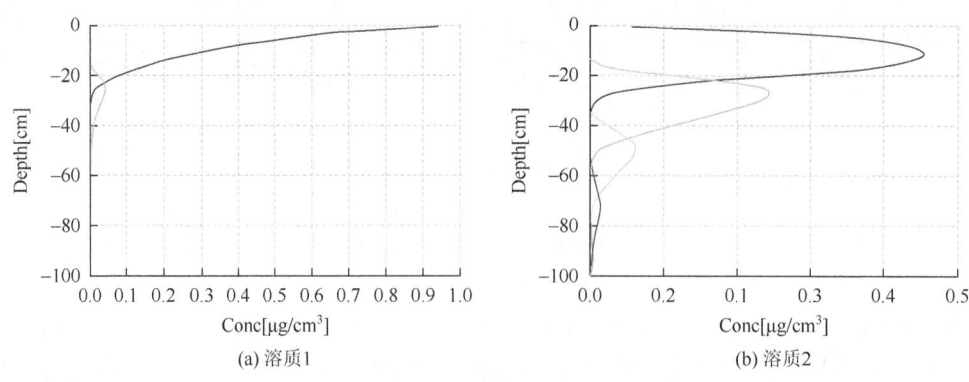

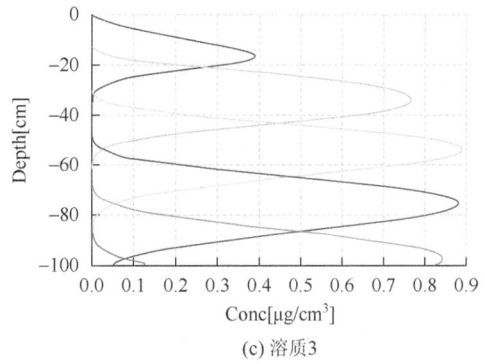

(c) 溶质3

图 7.14　HYDRUS-1D 模型链反应三种溶质剖面信息结果

7.3　多层土壤瞬态流-溶质运移和根系吸收

7.3.1　问题描述

针对 6.3 节所述 3m 深、两层质地的土壤剖面,假设每次降水实为灌溉,通入的是浓度为 1μg/mL 的溶质,分析其在土壤中的运移情况。

7.3.2　模型构建

打开项目管理器,将"wheat_root"复制为新项目"wheat_root_solute"并打开。
在"主过程(Main Processes)"窗口中勾选"溶质运移(Solute Transport)"模块。

双击前处理窗口中的"溶质运移-基本信息"。溶质单位(Mass Units)设为"microg"(代表μg),脉冲周期(Pulse Duration)默认为 30(只要大于 1 即可不影响后续的可变边界条件中的浓度输入),其余参数不变。

下一步设置溶质运移模型参数。因为有两种质地,所以左侧与土壤有关的模型参数有两行,将其弥散度均设为 0.3,其余参数不变。两层土壤的溶质运移和反应参数均取默认值。上边界设为通量边界条件(浓度值在可变边界条件中输入);下边界设为零梯度边界;初始条件为液相浓度。

在根系吸水和溶质吸收模型窗口,将根系吸收的最大浓度值[cRoot,即 4.1.4.1 节式(4.26)中的 c_{max}]设为 0,即暂不考虑根系对溶质的吸收。

在随时间可变边界条件表中,新增的 cTop、cBot 分别对应上边界、下边界的浓度值或通量浓度值。在 cTop 列中与降水数值对应的行输入浓度值 1。单击"OK"返回,运算模型。

7.3.3 模型结果

图 7.15 显示的是上边界溶质通量和根区平均浓度的动态变化。

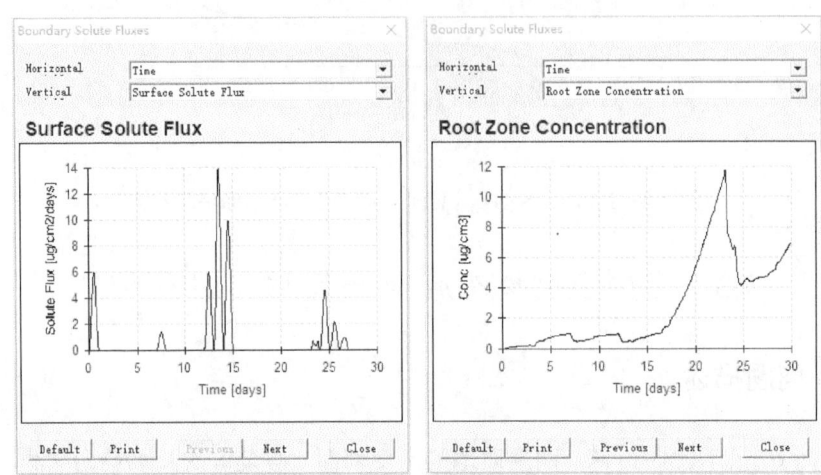

图 7.15　HYDRUS-1D 模型上边界溶质通量和根区平均浓度

双击前处理窗口中的"根系吸水和溶质吸收模型（Root Water and Solute Uptake Model）"。修改根系吸收的最大浓度值（cRoot）为 100，考虑根系对溶质的吸收。重新计算后，可在结果窗口中观察到根系对于溶质的吸收通量和累积吸收量（图 7.16）。

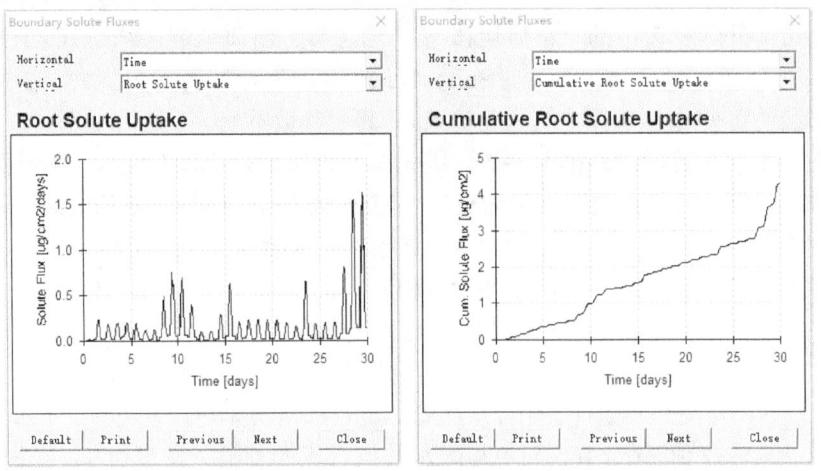

图 7.16　HYDRUS-1D 模型根系溶质吸收通量和累积吸收量

7.4 参数反演——示踪剂穿透曲线

7.4.1 问题描述

本例对饱和土柱迁移实验——示踪剂穿透曲线进行反演。实验所采用的是内径 2.74cm 的玻璃柱，柱长 10cm，内部填充平均粒径为 0.06cm 的石英砂，两端以不锈钢筛网固定。石英砂孔隙度为 0.442，饱和导水率 K_s = 1.442cm/min，采用蠕动泵以 0.3mL/min 的流速从土柱底部泵入背景溶液，待体系平衡后，通入 300min 的示踪剂，然后转换成背景溶液反冲，测得出流液相对浓度数据，如表 7.2 所示，据此反演纵向弥散度。

表 7.2 示踪剂穿透曲线数据

t/min	C/C_0	t/min	C/C_0	t/min	C/C_0	t/min	C/C_0
10	0.01	160	0.98	310	0.98	460	0.02
20	0.01	170	0.98	320	0.98	470	0.03
30	0.03	180	0.95	330	0.96	480	0.02
40	0.03	190	1.00	340	0.97	490	0.02
50	0.02	200	1.00	350	0.97	500	0.01
60	0.02	210	0.99	360	1.00	510	0.01
70	0.12	220	1.00	370	0.94	520	0.01
80	0.25	230	0.99	380	0.75	530	0.00
90	0.65	240	0.99	390	0.46	540	0.06
100	0.82	250	0.98	400	0.25	550	0.00
110	0.90	260	0.99	410	0.12	560	0.00
120	0.99	270	0.98	420	0.06		
130	0.98	280	0.98	430	0.04		
140	0.99	290	0.98	440	0.03		
150	0.98	300	0.99	450	0.04		

7.4.2 模型构建

在自建项目组下，新建一个名称为"Inverse_Tracer"的项目。

在"主过程（Main Processes）"窗口内勾选"水流（Water Flow）""溶质运移（Solute Transport）""反演求解（Inverse Solution）"复选框。

在反演求解窗口勾选"溶质运移参数（Solute Transport Parameters）"，其下方提供了 5 个选项，询问读者是基于哪类数据进行参数反演，以便于 HYDRUS-1D 选择适宜的目标函数：①滞留浓度；②滞留浓度的对数；③通量浓度；④总浓度——液相 + 固相；⑤MIM 模型滞留浓度。本例是在出液口观测的液相浓度，因此选择"通量浓度"选项。反演数据的加权方式选择默认的"基于标准偏差的加权（Weighting by Standard Deviation）"。最大迭代次数（Max Number of Iterations）暂时设为 0，关闭反演功能，先进行正向仿真调参。实验数据条目数（Number of Data Points in Objective Function）设为 56，对应表 7.2 中的 56 组数据。

"几何信息（Geometry Information）"的长度单位选择厘米（cm）；土壤质地数目填 1 层；土壤总深度为 10cm；将土柱设为水平剖面（Decline from Vertical Axes 设为 0）。"时间信息（Time Information）"单位选择分钟（Minutes），初始时间为 0，终止时间为 600min，初始步长 0.001，最小步长为 1e-005。"输出信息（Print Information）"内的"输出时间（Print Times）"设为 60 次；单击"Select Print Times…"，单击"Default"，或将表 7.2 中的时间填入窗口。

水流模型最大迭代次数设为 100；选择 van Genuchten-Mualem 模型，不考虑滞后现象。在"水流-土壤水力学参数（Water Flow-Soil Hydraulic Parameters）"窗口，将 θ_s 和 K_s 分别设为 0.442 和 1.442。对于饱和流来说，参数 θ_r、α 和 n 不起作用，可参考选取砂土数值填入。水流上、下边界条件均选择"定水头（Constant Pressure Head）"，初始条件种类选择"水头（In Pressure Heads）"。

在"溶质运移-基本信息（Solute Transport-General Information）"窗口，溶质种类数为 1，脉冲周期（Pulse Duration）设为 300，其余参数不变。在溶质运移和反应参数窗口填入容重实测值（ro = 1.555），待估参数弥散度初值设为 1 并勾选其下方的"Fitted？"（图 7.17）。溶质运移上边界设为通量边界条件，浓度为 1（代表 C/C_0 最大值为 1）；下边界为零梯度边界；初始条件为液相浓度。

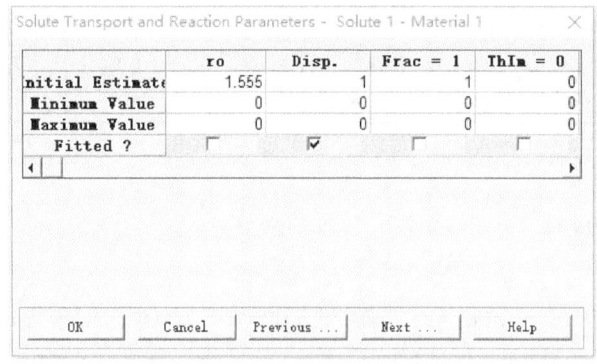

图 7.17　HYDRUS-1D 模型溶质运移和反应参数反演

在反演求解数据窗口，对照表 6.5～表 6.7。本例 Type = 4，X 为时间，Position 为观测点的编号，将表 7.2 中的数据填入窗口。

水头差计算过程：已知土柱内径为 2.74cm，则横截面积为 5.896cm²；已知流速为 0.3mL/min，除以横截面积得水流通量 J_w = 0.3/5.896 = 0.051cm/min；已知石英砂 K_s = 1.442cm/min，根据达西定律 [式（3.8），3.3.2 节]，$dH/dz = J_w/K_s$ = 0.035；dz 即为土柱长度 10cm，则两端水头差为 0.353cm，由于 HYDRUS-1D 模型已将土柱设为水平放置，因此水头差即为两端的压力势差。

在图形编辑窗口，首先设置栅格宽度和高度为 1。节点数和土壤质地分布均采用默认设置即可。将整个剖面的上边界（进水口）水头值设为 0.353，下边界（出水口）水头设为 0。在最下面节点处（即出水口）添加一个观测点。保存数据，关闭窗口，执行运算。

7.4.3 模型结果

由于反演求解窗口的最大迭代次数（Max Number of Iterations）已设为 0，此时并不进行真正意义上的参数反演，而只是进行了一次正向仿真（图 7.18）。对比观测点模拟数据和实测数据可以发现，预设弥散度数值偏大，导致曲线偏于平缓，可适当缩小。

修改弥散度初值为 0.1，重新计算，发现调参后模型预测值与实测值能够较好地拟合。因此，以 0.1 作为待估参数纵向弥散度的初值，修改反演求解窗口的最大迭代次数为 100，运行参数反演，其结果如图 7.19 所示。

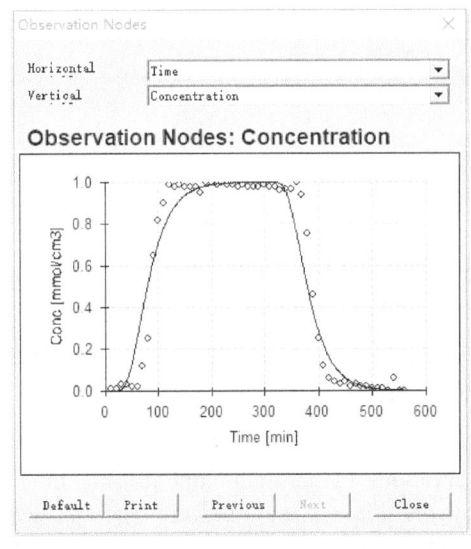
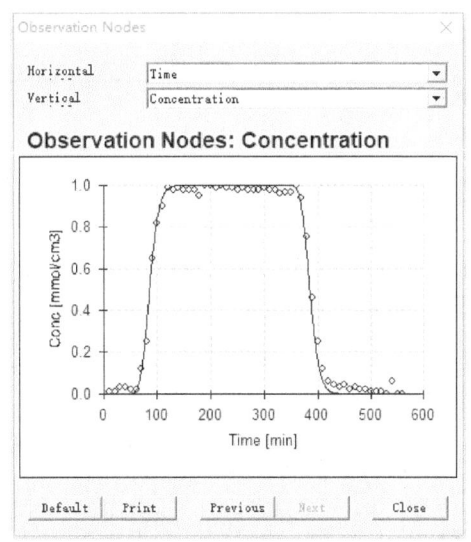

图 7.18　HYDRUS-1D 模型示踪剂反演调参　　图 7.19　HYDRUS-1D 模型示踪剂拟合结果

最终拟合出的纵向弥散度为 (0.13062 ± 0.01496) cm（$R^2=0.99582$）。由式（4.13）计算弥散系数。在饱和情况下，土壤水分扩散系数（D_0）接近零，因此，

$$D = \lambda v = \lambda J_w/\theta_s = 0.13062\times 0.051/0.442 = 0.015 \text{cm}^2/\text{min}$$

7.5 参数反演——有机污染物穿透曲线

7.5.1 问题描述

针对 7.4 节所述系统，用背景溶液平衡后，零时刻以 0.3mL/min 流速通入某种有机污染物 300min，然后用背景溶液反冲，所得实验数据如表 7.3 所示。根据 7.4 节算得的纵向弥散度，基于双点位化学非平衡模型（4.3.3 节），求解有机污染物迁移过程的模型参数。

表 7.3 有机污染物穿透曲线数据

t/min	C/C_0	t/min	C/C_0	t/min	C/C_0	t/min	C/C_0
10	0.009	170	0.241	330	0.337	490	0.065
30	0.016	190	0.234	350	0.321	510	0.047
50	0.000	210	0.256	370	0.329	530	0.049
70	0.020	230	0.289	390	0.299	550	0.039
90	0.051	250	0.276	410	0.241	570	0.029
110	0.100	270	0.279	430	0.166	590	0.031
130	0.181	290	0.274	450	0.098		
150	0.216	310	0.308	470	0.096		

7.5.2 模型构建

打开项目管理器，将"Inverse_Tracer"复制为新项目"Inverse_TCS"并打开。

双击前处理窗口中的"反演求解（Inverse Solution）"，修改最大迭代次数（Max Number of Iterations）为 0，关闭反演功能，先进行正向仿真调参；修改实验数据条目数（Number of Data Points in Objective Function）为 30，单击"OK"关闭。

双击前处理窗口中的"溶质运移-基本信息（Solute Transport-General Information）"，选择"双点位吸附模型［Two-site sorption model（Chemical Nonequilibrium）］"（图 7.1）。考虑可能存在的非线性吸附问题，设置左下角"非线性问题迭代准则（Iteration Criteria-Only for Nonlinear Problems）"，"绝对浓度容差（Absolute Concentration

Tolerance)""相对浓度容差(Relative Concentration Tolerance)""最大迭代次数(Maximum Number of Iterations)"分别为 0.1、0.1、100。溶质运移和反应参数,填入 7.4 节计算出的弥散度(0.13062),并取消勾选其下方的复选框。此处选取待估参数 Frac.、Kd、Alpha 分别对应 4.3.3 节式(4.60)中的 f、K_d 和 ω,设置它们的初值分别为 0.1、5 和 0.001,勾选这三个参数下方的复选框。

将表 7.3 中的数据填入反演求解数据窗口。单击"OK"返回,运算模型。

7.5.3 模型结果(双点位化学非平衡)

初值计算所得仿真曲线在趋势上与实测值非常相似,且位置相近。修改反演求解窗口的最大迭代次数为 100,运行参数反演,拟合结果如图 7.20 所示,拟合出的各个参数如表 7.4 所示。

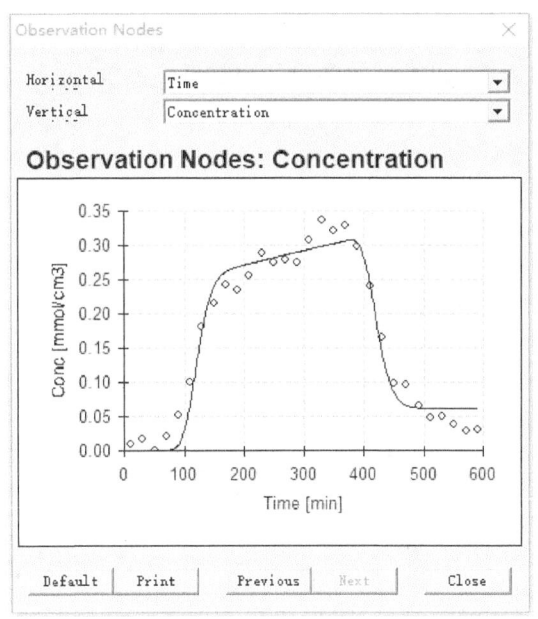

图 7.20　HYDRUS-1D 模型有机污染物拟合结果(双点位-线性)

表 7.4　有机污染物迁移实验参数反演结果(双点位-线性)

变量	拟合值	标准误差 SE	95%CI 下限	95%CI 上限
FRAC(f)	0.018	0.002	0.014	0.022
KD(K_d)	7.444	0.916	5.565	9.322
ALPHA(ω)	6.25×10^{-4}	8.67×10^{-5}	4.47×10^{-4}	8.03×10^{-4}

在溶质运移和反应参数窗口，以表 7.4 的结果作为初值，同时勾选 Nu(η)和 Beta(β)，注意 Nu 的初值不能为零，可设为 0.01，重新计算，结果如表 7.5 所示。

表 7.5 有机污染物迁移实验参数反演结果（双点位-非线性）

变量	拟合值	标准误差 SE	95%CI 下限	95%CI 上限
FRAC(f)	0.018	0.003	0.011	0.024
KD(K_d)	7.472	2.124	3.096	11.847
Nu(η)	0.000	0.099	−0.204	0.205
Beta(β)	1.012	0.114	0.777	1.247
ALPHA(ω)	6.27×10^{-4}	1.37×10^{-4}	3.45×10^{-4}	9.09×10^{-4}

7.5.4 模型结果（单点位化学非平衡）

在溶质运移和反应参数窗口，以表 7.4 中 K_d 和 ω 的结果作为初值；同时将 Frac.设为 0 并取消勾选，将模型设为单动力学点位模型。重新计算，结果如图 7.21 和表 7.6 所示。

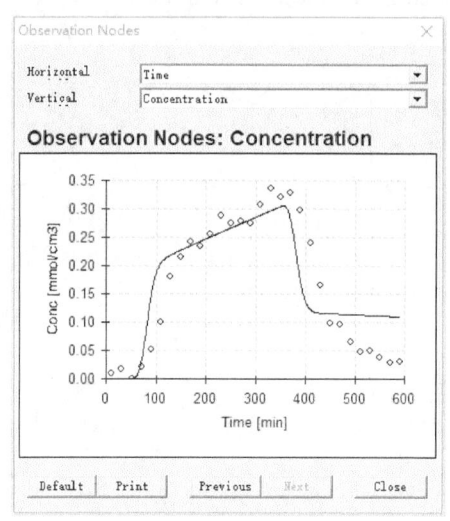

图 7.21 HYDRUS-1D 模型有机污染物拟合结果（单点位化学非平衡）

表 7.6 有机污染物迁移实验参数反演结果（单点位化学非平衡）

变量	拟合值	标准误差 SE	95%CI 下限	95%CI 上限
KD(K_d)	4.181	0.608	2.936	5.427
ALPHA(ω)	1.29×10^{-3}	2.24×10^{-4}	8.30×10^{-4}	1.75×10^{-3}

比较上述三种模型的 AIC 和 BIC 值可以发现，考虑非线性吸附拟合出的 η 和 β 仍然接近 0 和 1，模型拟合优度并没有提高；并且单点位化学非平衡吸附模型的拟合效果比双点位化学非平衡模型（线性吸附）的拟合效果更差（表 7.7）。说明这种有机污染物在石英砂表面的吸附符合线性等温吸附形式，且以动力学吸附过程为主。综上所述，本例所述有机污染物在饱和石英砂孔隙中的迁移过程满足双点位化学非平衡-线性吸附模型。

表 7.7　HYDRUS-1D 有机污染物迁移参数反演不同模型比较

模型	R^2	AIC	BIC
双点位-线性吸附	0.96857	−199.0	−194.8
双点位-非线性吸附	0.96858	−195.3	−188.3
单点位-线性吸附	0.79078	−143.3	−140.5

7.6　参数反演——胶体迁移穿透曲线

7.6.1　问题描述

针对 7.4 节所述系统，用背景溶液平衡后，零时刻从底部以 0.3mL/min 流速通入某种胶体分散液 300min，然后用背景溶液反冲，所得实验数据如表 7.8 所示。根据 7.4 节算得的纵向弥散度，基于双动力学点位模型（4.3.4 节），求解胶体迁移过程的模型参数。

表 7.8　胶体穿透曲线数据

t/min	C/C_0	t/min	C/C_0	t/min	C/C_0	t/min	C/C_0
20	0.000	180	0.585	340	0.605	500	0.004
40	0.022	200	0.553	360	0.615	520	0.001
60	0.084	220	0.617	380	0.599	540	0.004
80	0.145	240	0.624	400	0.416	560	0.003
100	0.225	260	0.599	420	0.223	580	0.003
120	0.295	280	0.628	440	0.064	600	0.000
140	0.415	300	0.589	460	0.029		
160	0.550	320	0.638	480	0.013		

7.6.2　模型构建

打开项目管理器，将"Inverse_Tracer"复制为新项目"Inverse_PS"并打开。

双击前处理窗口中的"反演求解（Inverse Solution）"，修改最大迭代次数（Max Number of Iterations）为 0，关闭反演功能，先进行正向仿真调参；修改实验数据条目数（Number of Data Points in Objective Function）为 30，单击"OK"关闭。

双击前处理窗口中的"溶质运移-基本信息（Solute Transport-General Information）"，选择"双动力学点位模型-附着/分离（Two Kinetic Sites Model，Particle Transport Using Attachment/Detachment，Chemical Nonequilibrium）"。对于此类模型来说一定是属于非线性问题，需设置"非线性问题迭代准则（Iteration Criteria-Only for Nonlinear Problems）"。在溶质运移和反应参数窗口，填入 7.4 节计算出的弥散度（0.13062），并取消勾选其下方的复选框。本例不考虑平衡吸附点位，参数 Frac. 设为 0。参数 D-soil 为介质颗粒的平均粒径（本例所用石英砂为 0.06cm）。参数 ThImob、Dif.W.、Kd、Nu、Beta、Henry、SinkWater1 和 SinkSolid1 均设为默认值。参数 iPsi2 和 iPsi1 分别设置第 2 和第 1 动力学点位的胶体截留函数类别（ψ，表 7.9）；后续 Smax2、AttachSolid2 和 DetachSolid2 为第 2 动力学点位的模型参数；Smax1、AttachSolid1 和 DetachSolid1 为第 1 动力学点位的模型参数。两个 ψ 函数的组合可以有 20 多种形式，表 7.10 列出了实际应用中常见的几种 ψ 函数组合形式及其对应的参数。

表 7.9　胶体截留函数类别

iPsi	含义	公式
0	No blocking	$\psi = 1$
1	Langmuirian dynamics	式（4.75）
2	Ripening	式（4.76）
3	Random sequential adsorption model	式（4.77）～式（4.79）
4	Depth-dependent straining	式（4.80）
5	Combined depth-dependent straining and Langmuirian blocking	式（4.81）

表 7.10　胶体截留函数组合形式

编号	iPsi2	iPsi1	已知参数	未知参数
OKSM1	0	0	$s_{max}^2 = 0$，$k_a^2 = 0$，$k_d^2 = 0$，$s_{max}^1 = 0$	k_a^1，k_d^1
OKSM2	0	1	$s_{max}^2 = 0$，$k_a^2 = 0$，$k_d^2 = 0$	s_{max}^1，k_a^1，k_d^1
OKSM3	0	4	$s_{max}^2 = 0$，$k_a^2 = 0$，$k_d^2 = 0$，$s_{max}^1 = 0.432$	k_a^1，k_d^1
OKSM4	0	5	$k_a^2 = 0$，$k_d^2 = 0$，$s_{max}^1 = 0.432$	s_{max}^1，k_a^1，k_d^1
OKSM5	0	2	$s_{max}^2 = 0$，$k_a^2 = 0$，$k_d^2 = 0$	s_{max}^1，k_a^1，k_d^1
TKSM1	1	0	$k_d^2 = 0$，$s_{max}^1 = 0$	s_{max}^2，k_a^2，k_a^1，k_d^1

续表

编号	iPsi2	iPsi1	已知参数	未知参数
TKSM2	4	0	$s_{max}^2 = 0.432$, $k_d^2 = 0$, $s_{max}^1 = 0$	k_a^2, k_a^1, k_d^1
TKSM3	4	1	$s_{max}^2 = 0.432$, $k_d^2 = 0$	k_a^2, s_{max}^1, k_a^1, k_d^1
TKSM4	2	0	$k_d^2 = 0$, $s_{max}^1 = 0$	s_{max}^2, k_a^2, k_a^1, k_d^1
TKSM5	2	1	$k_d^2 = 0$	s_{max}^2, k_a^2, s_{max}^1, k_a^1, k_d^1

注：OKSM 表示 One Kinetic Site Model，即单动力学点位模型；TKSM 表示 Two Kinetic Sites Model，即双动力学点位模型。对于 OKSM4 来说，iPsi1 = 5，此时式（4.81）中的 s_{max} 对应 HYDRUS-1D 模型中的 SMax2，式（4.81）中的 $β$ 对应 SMax1（0.432）。

本例首先选择 TKSM3，即 iPsi2 = 4，iPsi1 = 1，第 1 动力学点位为 Langmuirian blocking，第 2 动力学点位为 Depth-dependent straining。参考表 7.10 填写 SMax2 的值为 0.432，DetachSolid2 的值为 0，设置 AttachSolid2、SMax1、AttachSolid1、DetachSolid1 的初值分别为 0.02、2000、0.02、0.05，勾选这四个参数下方的"Fitted？"复选框。

将表 7.3 中的数据填入反演求解数据窗口。单击"OK"返回，运算模型。

7.6.3 模型结果（TKSM3）

确认初值选取合理后，修改反演求解窗口的最大迭代次数为 100，运行参数反演，其结果如图 7.22 所示。各参数反演结果如表 7.11 所示。

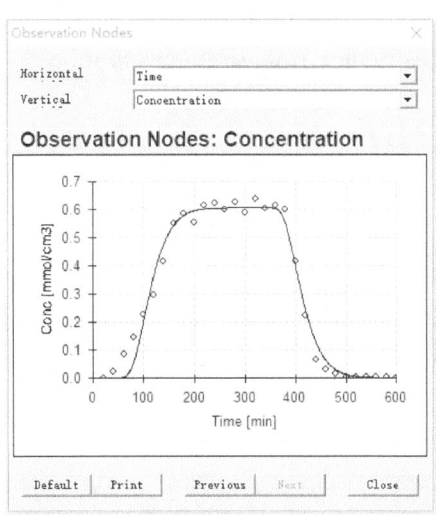

图 7.22 HYDRUS-1D 模型胶体运移拟合结果（TKSM3）

表 7.11 胶体迁移实验参数反演结果（TKSM3）

变量	拟合值	标准误差 SE	95%CI 下限	95%CI 上限
AttS2 (k_a^2)	0.032	0.001	0.029	0.034
SMax1 (s_{max}^1)	2.13×10^7	2.59×10^{-17}	2.13×10^7	2.13×10^7
AttS1 (k_a^1)	0.034	0.010	0.013	0.054
DetS1 (k_d^1)	0.090	0.027	0.033	0.146

7.6.4 模型结果（OKSM3）

参考表 7.10 设置 OKSM3 模型的已知参数，未知参数 AttachSolid1、DetachSolid1 的初值分别设为 0.03 和 1e-5，运算模型，结果如表 7.12 和图 7.23 所示。

表 7.12 胶体迁移实验参数反演结果（OKSM3）

变量	拟合值	标准误差 SE	95%CI 下限	95%CI 上限
AttS1 (k_a^1)	0.044	0.004	0.035	0.053
DetS1 (k_d^1)	1.28×10^{-3}	4.12×10^{-4}	4.32×10^{-4}	2.12×10^{-3}

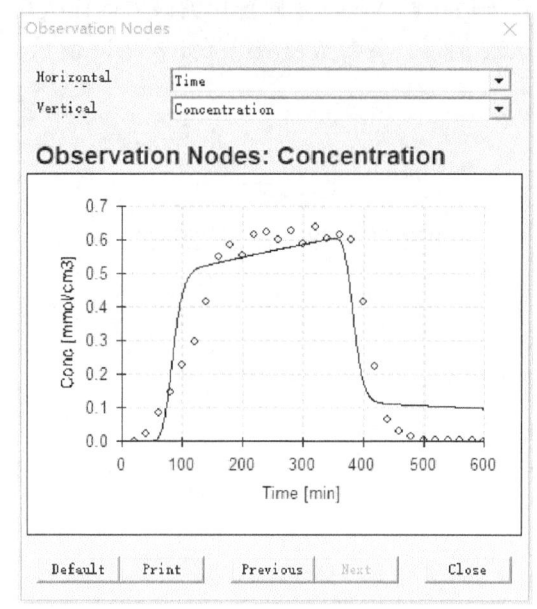

图 7.23　HYDRUS-1D 模型胶体运移拟合结果（OKSM3）

7.6.5 模型结果（OKSM2）

参考表 7.10 设置 OKSM2 模型的已知参数，未知参数 SMax1、AttachSolid1、DetachSolid1 的初值分别设为 1、0.005 和 1e-5，运算模型，结果如图 7.24 和表 7.13 所示。

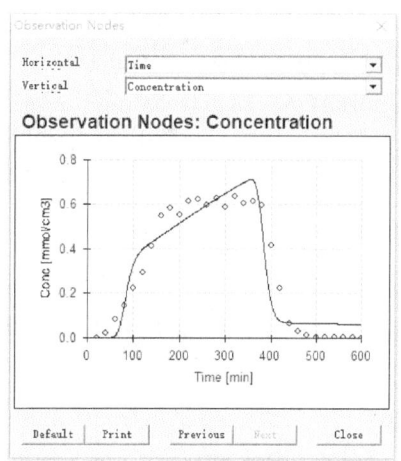

图 7.24　HYDRUS-1D 模型胶体运移拟合结果（OKSM2）

表 7.13　胶体迁移实验参数反演结果（OKSM2）

变量	拟合值	标准误差 SE	95%CI 下限	95%CI 上限
SMax1 (s_{max}^1)	0.681	0.123	0.429	0.933
AttS1 (k_a^1)	0.012	0.002	0.009	0.015
DetS1 (k_d^1)	6.60×10^{-4}	3.07×10^{-4}	3.09×10^{-5}	1.29×10^{-3}

比较上述三种模型可以发现，双动力学点位模型（TKSM3，即第 1 动力学点位为 Langmuir blocking，第 2 动力学点位为 Depth-dependent straining）拟合结果较好（表 7.14）。

表 7.14　HYDRUS-1D 胶体迁移参数拟合不同模型比较

模型	R^2	AIC	BIC
TKSM3	0.98266	−215.5	−209.9
OKSM3	0.86393	−156.4	−153.6
OKSM2	0.90518	−166.7	−162.5

8 水汽热盐耦合模型

8.1 问题描述

本例数据源于 Nassar 和 Horton（1992），描述的是一个水平放置的 10cm 长土柱，两端封闭，内部装有壤土，初始含水量为 0.2，初始溶质浓度设为 1，初始温度为 20℃，现一端增温至 30℃、另一端降温至 10℃，观察土壤剖面含水量和溶质浓度的变化。

8.2 模型构建

在自建项目组下，新建一个名称为"Vapor_Heat"的项目。

在"主过程（Main Processes）"窗口内勾选"水流（Water Flow）"及其下方的"水蒸气流（Vapor Flow）"，勾选"溶质运移（Solute Transport）"及其下方的"标准溶质运移（Standard Solute Transport）"，勾选"热量传输（Heat Transport）"。

"几何信息（Geometry Information）"长度单位选择厘米（cm），1 种质地，1 个子区，水平放置（Decline from Vertical Axes 设为 0），长度为 10cm。"时间信息（Time Information）"单位选择天（Days），初始时间为 0，终止时间为 25，初始步长 0.001，最小步长为 1e-5。"输出信息（Print Information）"里的"输出时间（Print Times）"设为 10 次，单击"Select Print Times…"，输入下列时刻：0.1、0.2、0.5、1、2、5、10、15、20、25；单击"OK"返回。

水流模型最大迭代次数设为 100；选择 van Genuchten-Mualem 模型，不考虑滞后现象；土壤质地选择"壤土（Loam）"；水流上、下边界条件均选择"定通量（Constant Flux）"并都设为 0，初始条件种类选择"含水量（In Water Contents）"。

"溶质运移-基本信息（Solute Transport-General Information）"所有参数、选项保持默认。溶质运移参数里的弥散度设为 0.1cm；溶质运移和反应参数取默认值；上、下边界均设为通量边界条件，浓度均设为 0，初始条件为液相浓度。

下一步，弹出"热量传输参数（Heat Transport Parameters）"窗口（图 8.1）。左上角两个参数分别为温度日变化的振幅（Temperature Amplitude [C]，5.6 节）和变化周期（Interval for one temp. wave，5.6 节）。中上部分是两种导热率模型的选择——Chung & Horton 模型、Campbell 模型（5.1.2 节）。下方表中需要填入以下参数：土壤固相体积分数（Solid），土壤有机质体积分数（Org. M.），纵向热弥散度［Disp.，式（5.9）］、土壤固相（Cn）、有机质（Co）和液相（Cw）的体积比热容[J/(L³·K)]。当选择 Chung & Horton 模型时，还需要输入模型参数 b1、b2、b3［式（5.3）］。当选择 Campbell 模型时，则需要输入石英（quartz）、其他矿物质（other minerals）和黏粒（clay）的体积分数［式（5.4）～式（5.8）］。

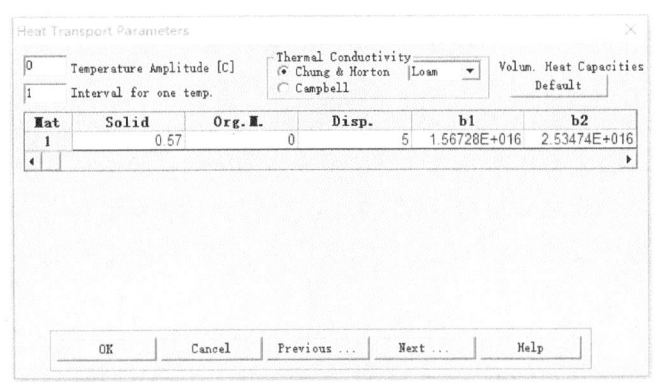

图 8.1　HYDRUS-1D 模型热量传输参数

本例暂时不考虑温度日变化，振幅为零；选择 Chung & Horton 模型，从下拉菜单中选择壤土。下一步，弹出"热量传输边界条件（Heat Transport Boundary Conditions）"窗口（图 8.2）。温度上边界条件包括温度边界（Temperature BC）和热通量边界（Heat Flux BC）；下边界除了这两种以外，还包括一个零梯度边界（Zero Gradient）。本例上、下边界均设为温度边界，上边界温度值为 30°，下边界温度值为 10°。如图 8.2 所示，窗口的下方是积雪参数，包括融雪常数（Snow Melting Constant[L]，3.10.8 节）、升华常数（Snow Sublimation Constant，3.10.8 节）和初始雪层厚度（Initial Snow Layer[L]）。

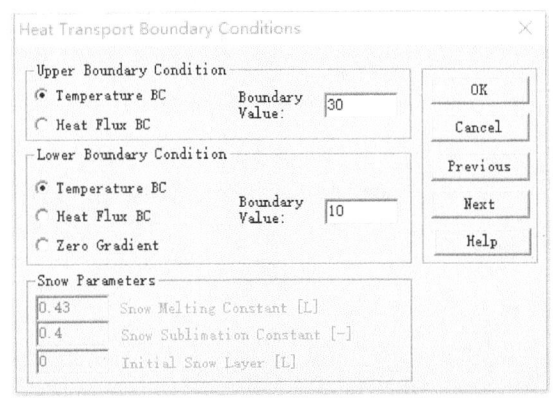

图 8.2　HYDRUS-1D 模型热量传输边界条件

在图形编辑窗口，首先将栅格宽度和高度设置为 1；节点数和土壤质地分布均采用默认设置；整个剖面的初始含水量设为 0.2；土柱初始温度设为 20℃；溶质初始浓度设为 1；在–1cm、–5cm 和–9cm 处各添加一个观测点。保存数据，关闭窗口，执行运算。

8.3 模型结果

模拟结果发现，随着土壤两端温度的差异，靠近热端的土壤含水量逐渐降低，靠近冷端的土壤含水量逐渐升高，土壤含水量不变的点并不是土柱中点，而是稍微偏向热端，本例为–3.8cm 处 [图 8.3（a）]。受土壤含水量变化等的影响，土壤溶质含量也在发生变化——热端溶质浓度升高，冷端降低 [图 8.3（b）]。

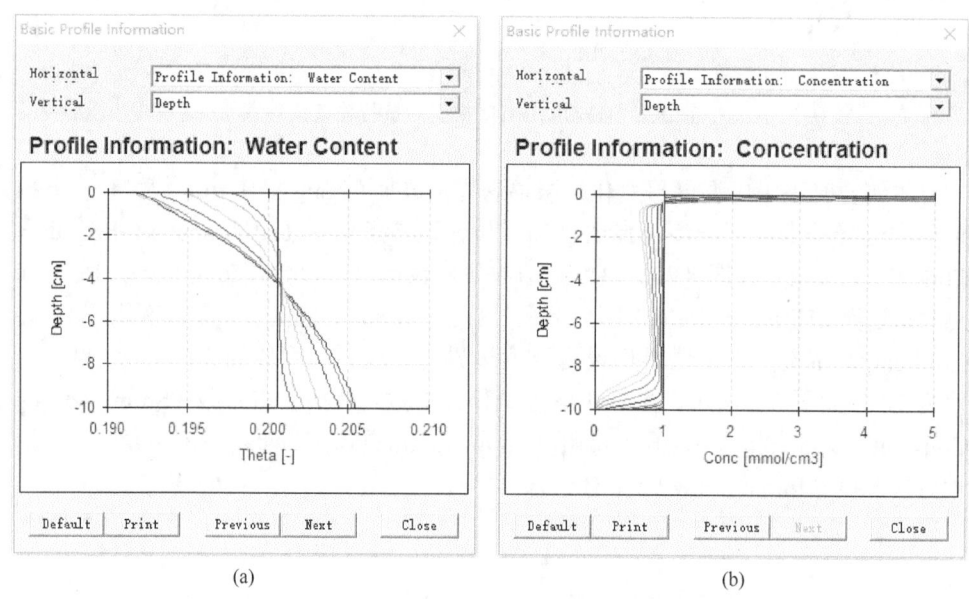

图 8.3　HYDRUS-1D 水汽热共迁移模型剖面含水量（a）和溶质浓度（b）分布

第三篇　HYDRUS-(2D/3D)模型

9 基于 C-Ride 模块的胶体携带污染物迁移

9.1 问题描述

本例采用 HYDRUS-(2D/3D)模型中的 C-Ride 模块，构建 7.4～7.6 节的饱和土柱迁移实验模型，模拟胶体携带污染物在饱和多孔介质中的迁移动态。

9.2 理论基础

对于吸附性较强的污染物，如重金属、放射性核素、药品和个人护理用品、杀虫剂等，它们主要存在于多孔介质的固相部分，通常认为是静止不动的。但是，越来越多的研究表明，土壤中存在的胶体物质（如微生物、腐殖质、悬浮黏粒和金属氧化物等）都可以作为这些污染物的载体，成为强吸附性污染物快速迁移的重要途径。C-Ride 模块就是专门模拟此类问题。

研究胶体携带污染物在饱和多孔介质中的迁移，需要以胶体和可溶性污染物单独迁移的基础理论知识为前提（4.3.3 节和 4.3.4 节），此外，还需要综合考虑各组分之间的界面过程，如污染物在土壤颗粒表面的瞬态吸附或动力学吸附过程，以及污染物在可移动态或不可移动态（附着态）胶体表面的吸附过程（图 9.1）(Šimůnek et al., 2006, 2012)。其运算过程的溶质种类包括三种——胶体、吸附在胶体上的污染物、溶解态污染物。

9.2.1 胶体运移方程

参考 4.3.4.2 节，胶体运移方程可表示为

$$\frac{\partial \theta_c C_c}{\partial t} + \rho_b \left(\frac{\partial S_{c1}}{\partial t} + \frac{\partial S_{c2}}{\partial t} \right) = \frac{\partial}{\partial x_i} \left(\theta_c D_{ij}^c \frac{\partial C_c}{\partial x_j} \right) - \frac{\partial q_{ic} C_c}{\partial x_i} - \mu_{cw} \theta C_c - \mu_{cs} \rho_b (S_{c1} + S_{c2})$$

(9.1)

式中，C_c 为液相胶体浓度（可移动态）[L^{-3}]；S_c 为固相胶体浓度（附着态）[M^{-1}]，下标 1 和 2 分别代表第 1 和第 2 动力学点位；ρ_b 为容重[ML^{-3}]；q_{ic} 为胶体达西通量[LT^{-1}]；D_{ij}^c 为胶体弥散系数[L^{2}T^{-1}]；t 为时间[T]；x_i 和 x_j 为空间坐标[L]；μ_{cw} 和 μ_{cs} 分别为液相和固相胶体的分解系数[T^{-1}]；θ_c 为归属于胶体的容积含水量，由于离子排斥和空间位阻效应的影响，θ_c 可能会小于土壤总容积含水量 θ。

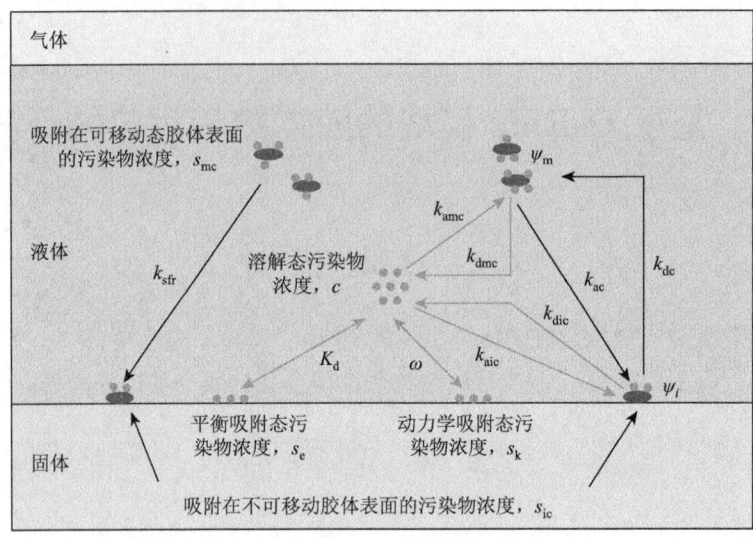

图 9.1 胶体携带污染物迁移原理图

图中各变量解释详见下文

$$\theta_c = \theta - \theta_{imc} \tag{9.2}$$

其中，θ 为总容积含水量；θ_{imc} 为因空间位阻效应导致不适于胶体迁移的孔隙含水量。

假设胶体运移服从表 7.10 中的 TKSM3 模型形式，即第 1 动力学点位为 Langmuir 型的阻塞，第 2 动力学点位为深度相关的滞留（Depth-dependent straining）。

第 1 动力学点位，胶体在液相和固相之间的可逆传质过程可表示为

$$\rho_b \frac{\partial S_{c1}}{\partial t} = \theta_c k_{ac} \psi_c C_c - k_{dc} \rho_b S_{c1} \tag{9.3}$$

$$\psi_c = 1 - \frac{S}{S_{max}} \tag{9.4}$$

式中，k_{ac} 和 k_{dc} 分别为胶体附着和分离系数[T^{-1}]；ψ_c 为胶体截留函数；S_{max} 为最大固相胶体浓度[M^{-1}]。

第 2 动力学点位的不可逆滞留过程可表示为

$$\rho_b \frac{\partial S_{c2}}{\partial t} = \theta_c k_{str} \psi_{str} C_c \tag{9.5}$$

$$\psi_{str} = \left(\frac{d_{50} + x}{d_{50}} \right)^{-0.432} \tag{9.6}$$

式中，k_{str} 为胶体滞留系数[T^{-1}]；ψ_{str} 为第 2 动力学点位的胶体截留函数；d_{50} 为土壤中位粒径[L]。

9.2.2 污染物运移方程

综合考虑污染物自身迁移及其随胶体共迁移过程,总污染物质量平衡方程可描述为

$$\frac{\partial \theta c}{\partial t} + \rho_b \frac{\partial s_e}{\partial t} + \rho_b \frac{\partial s_k}{\partial t} + \frac{\partial \theta_c C_c s_{mc}}{\partial t} + \frac{\partial S_c s_{ic}}{\partial t} = \\ \frac{\partial}{\partial x_i}\left(\theta D_{ij}\frac{\partial c}{\partial x_j}\right) - \frac{\partial q_i c}{\partial x_i} + \frac{\partial}{\partial x_i}\left(\theta_c D_{ij}^c \frac{\partial C_c s_{mc}}{\partial x_j}\right) - \frac{\partial q_{ic} C_c s_{mc}}{\partial x_i} - R_{s1} \quad (9.7)$$

式中,c 为液相污染物浓度[ML^{-3}];s_e 为平衡吸附点位的吸附态污染物浓度[量纲一];s_k 为动力学点位的吸附态污染物浓度[量纲一];s_{mc} 为吸附在可移动胶体表面的污染物浓度[MN^{-1}];s_{ic} 为吸附在不可移动胶体表面的污染物浓度,包括附着(attached,s_{ic1})和滞留(strained,s_{ic2})[MN^{-1}];ρ_b 为容重[ML^{-3}];q_i 为污染物达西通量[LT^{-1}];q_{ic} 为胶体达西通量[LT^{-1}];D_{ij} 为污染物弥散系数[L^{2}T^{-1}];D_{ij}^c 为胶体弥散系数[L^{2}T^{-1}];t 为时间[T];x_i 和 x_j 为空间坐标[L];R_{s1} 为污染物在各相(溶解相、吸附在可移动胶体表面、吸附在不可移动胶体表面)反应降解的总和[ML^{-3}T^{-1}]。

$$R_{s1} = \mu_w \theta c + \mu_s \rho_b f s_e + \mu_s \rho_b s_k + \mu_m \theta_c C_c s_{mc} + \mu_i \rho_b S_c s_{ic} \quad (9.8)$$

其中,μ_w 为液相溶解态污染物的降解速率[T^{-1}];μ_s 为固相吸附态污染物的降解速率[T^{-1}];μ_m 为吸附在移动态胶体表面的污染物的降解速率[T^{-1}];μ_i 为吸附在不可移动态胶体表面的污染物的降解速率[T^{-1}];f 为平衡吸附点位所占的比例。

式(9.7)可以分解为两部分:溶解态污染物的迁移[式(9.9)],以及吸附在胶体表面的污染物在液相中的迁移[式(9.10)]。

$$\frac{\partial \theta c}{\partial t} + \rho_b \frac{\partial s_e}{\partial t} + \rho_b \frac{\partial s_k}{\partial t} = \frac{\partial}{\partial x_i}\left(\theta D_{ij}\frac{\partial c}{\partial x_j}\right) - \frac{\partial q_i c}{\partial x_i} - \theta k_{amc}\psi_m c - \theta k_{aic}\psi_{im}c \\ + \theta_c k_{dmc} C_c s_{mc} + \rho_b k_{dic} S_c s_{ic} - R_{s2} \quad (9.9)$$

$$\frac{\partial \theta_c C_c s_{mc}}{\partial t} + \rho_b \frac{\partial S_c s_{ic}}{\partial t} = \frac{\partial}{\partial x_i}\left(\theta_c D_{ij}^c \frac{\partial C_c s_{mc}}{\partial x_j}\right) - \frac{\partial q_{ic} C_c s_{mc}}{\partial x_i} - \theta_c k_{dmc} C_c s_{mc} \\ - \rho_b k_{dic} S_c s_{ic} + \theta k_{amc}\psi_m c + \theta k_{aic}\psi_{im}c - R_{s3} \quad (9.10)$$

式中,k_{amc} 为污染物在移动态胶体上的吸附系数[T^{-1}];k_{aic} 为污染物在附着态胶体上的吸附系数[T^{-1}];k_{dmc} 为移动态胶体上污染物的解吸系数[T^{-1}];k_{dic} 为附着态胶体上污染物的解吸系数[T^{-1}];ψ_m 为与移动态胶体数量有关的吸附速率校正参数;k_{amc} 为移动态胶体处于最大量时的吸附速率系数,如果胶体数量较少,吸附系数以 ψ_m 的形式进行衰减:

$$\psi_m = C_c / C_c^{ref} \quad (9.11)$$

其中，C_c^{ref} 为与吸附速率 k_{amc} 相对应的移动态胶体浓度$[NL^{-3}]$。同理，ψ_{im} 表示与不可移动态胶体数量有关的吸附速率校正参数——k_{aic} 为不可移动态胶体处于最大量时的吸附速率系数，如果胶体数量较少，则吸附系数以 ψ_{im} 的形式进行衰减。

$$\psi_{im} = S_c / S_c^{max} \quad (9.12)$$

其中，S_c^{max} 为与吸附速率 k_{aic} 相对应的不可移动态胶体浓度$[NL^{-3}]$。R_{s2} 为溶解态或吸附在土壤颗粒表面的污染物反应降解总和；R_{s3} 为吸附在胶体表面的污染物反应降解总和。

$$R_{s2} = \mu_w \theta c + \mu_s \rho_b f s_e + \mu_s \rho_b s_k \quad (9.13)$$

$$R_{s3} = \mu_m \theta_c C_c s_{mc} + \mu_i \rho_b S_c s_{ic} \quad (9.14)$$

土壤颗粒表面吸附态污染物总量为

$$s = s_e + s_k \quad (9.15)$$

$$\frac{\partial s_k}{\partial t} = \omega \cdot \left[(1-f)\frac{K_d c^\beta}{1+\eta c^\beta} - s_k \right] - \mu_s s_k \quad (9.16)$$

不可移动态胶体表面吸附的污染物，其质量平衡方程可表示为

$$\rho_b \frac{\partial S_c s_{ic}}{\partial t} = \theta \psi_c k_{ac} C_c s_{mc} - \rho_b k_{dc} S_c s_{ic} - \rho_b k_{dic} S_c s_{ic} + \theta k_{aic} \psi_{im} c - \mu_i \rho_b S_c s_{ic} \quad (9.17)$$

9.3 模 型 构 建

打开 HUDRUS-(2D/3D)模型，由工具栏或菜单栏打开项目管理器。参考 6.1.2.1 节新建项目组，单击"设为当前（Set Current）"，将其设为默认存储路径。

1）新建模型

单击工具栏"新建（New）"图标，或菜单栏"文件（File）"—"新建（New）"，新建项目文件。填写项目名称（Saturated_Column）和描述。HUDRUS-(2D/3D)有两种存储方式：一种是临时文件（Temporary），存储在"我的文档"下的临时文件夹内；另一种是永久文件（Permanent），其存储路径为当前项目组路径。此外，HYDRUS-(2D/3D)还允许用户基于当前路径下的项目模板构建新的模型（Initialize from Project Template），如图 9.2 所示。

2）域类型和单位

下一步，弹出"域类型和单位（Domain Type and Units）"窗口（图 9.3）。该窗口首先需要选择拟构建模型的几何对象类型，HYDRUS 给出了 2D 的简单模型和一般模型，每一种又都可以分为水平面、竖直面和轴对称平面；3D 模型包括简单模型、层状结构模型和一般模型。每一种模型在窗口右侧都给出了相应的缩略图。

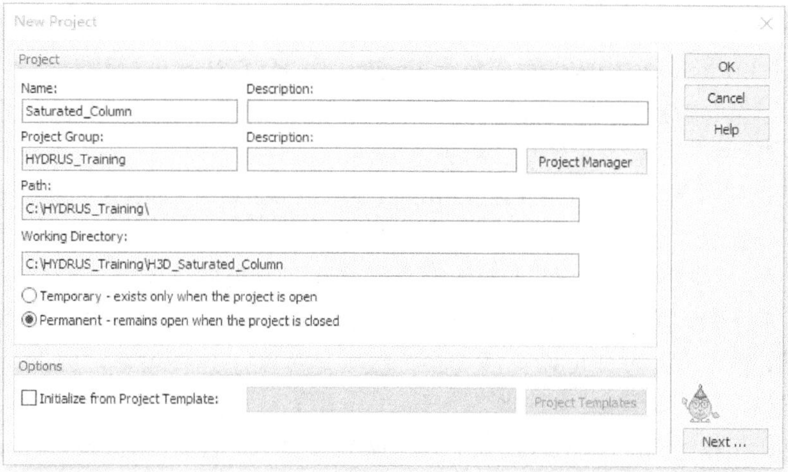

图 9.2　HYDRUS-(2D/3D)新建项目模型

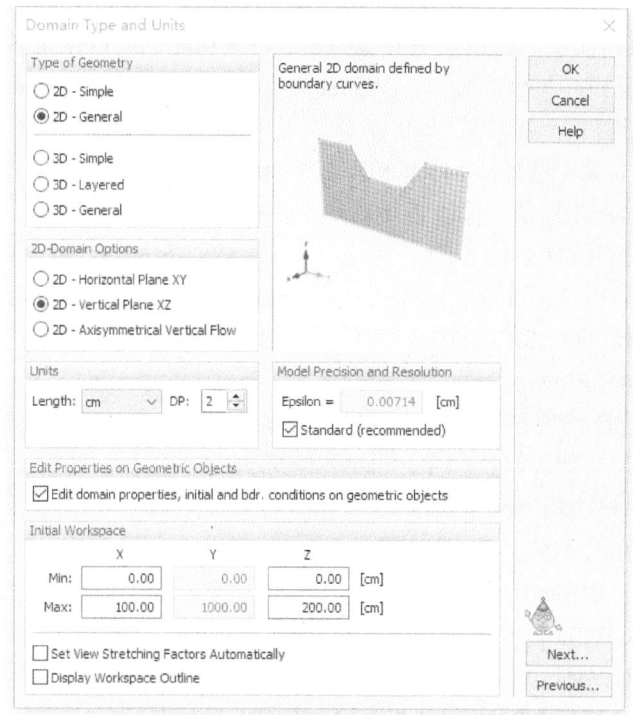

图 9.3　HYDRUS-(2D/3D)域类型和单位设置

如图 9.3 所示，窗口中设置长度单位（Units）——m、cm 或 mm，DP 表示小数点位数。"模型精度和分辨率（Model Precision and Resolution）"，这里的 Epsilon 值

是几何对象的最小分辨率，通常定义为模型中圆或圆弧最小半径的十万分之一。一旦定义了 Epsilon 值，当两点距离小于 Epsilon 时，HYDRUS 将视其为一个几何点。通常这里建议勾选"标准（推荐）"复选框，用户自定义的模型精度很有可能会对后续模型运算和有限元计算产生影响。

"在几何对象上编辑特性（Edit Properties on Geometric Objects）"是 HYDRUS-(2D/3D)模型从 2.xx 版本开始有的功能。在早期的 1.xx 版本中，所有的质地分布、初始条件、边界条件等特性或条件都只能在有限元模式下设置，效率较低。从 2.xx 版本开始，允许用户自主选择在几何模式或者有限元模式下进行模型特性和条件设置，两种方式可以灵活切换，极大地提高了建模效率。因此，建议勾选此复选框。

"初始工作区（Initial Workspace）"是初始绘图区域的视图范围（Initial dimensions of the graphical view window），对后续建模或图形展示没有太大影响。复选框"自动设置视图拉伸因子（Set View Stretching Factors Automatically）"一旦勾选，当后续建模时遇到长宽比例过大或过小的情形，模型就会自动赋以相应的"视图拉伸因子"，使其能够在绘图窗口内更好地显示。相关功能也可以在工具栏或菜单栏中设置。"显示工作区边界（Display Workspace Outline）"是显示出"初始工作区"的外围边界框线。

对于本例来说，选择 2D-General、2D-Vertical Plane XZ，长度单位选择 cm，Initial Workspace 的 X 最大值设为 100，其余参数保持默认。

3）主过程和附加模块

下一步，弹出"主过程和附加模块"（Main Processes and Add-on Modules）窗口（图 9.4）。HYDRUS-(2D/3D)能够模拟的过程包括：

水流（Water Flow）
  虚拟 3D 沟灌和施肥（Pseudo 3D Furrow Irrigation/Fertigation）
  双渗透率模型（Dual-Permeability Model）
溶质运移（Solute Transport）
  标准溶质运移（Standard Solute Transport）
  湿地（Wetland）
    CW2D
    CWM1
  主离子化学[Major Ion Chemistry(Unsatchem)]
  胶体携带溶质运移（Colloid-Facilitated Solute Transport）
  HP2（Hydrus + Phreeqc）
热量传输（Heat Transport）
根系吸水（Root Water Uptake）

根系生长（Root Growth）
反演求解（Inverse Solution）
边坡稳定性分析（Slope Stability Analysis）
　　经典模块（Slope Classic）
　　Cube 模块（Slope Cube）
所需附加模块（Required Add-on Modules）

该窗口与 HYDRUS-1D 相同的部分可参考 6.1.2.3 节。需要注意的是，"水流"模块是默认勾选的，此时可模拟瞬态流问题；如果取消勾选，模型将会尝试按照初始条件和边界条件进行稳态流计算。本例勾选"水流""溶质运移—胶体携带溶质运移"。

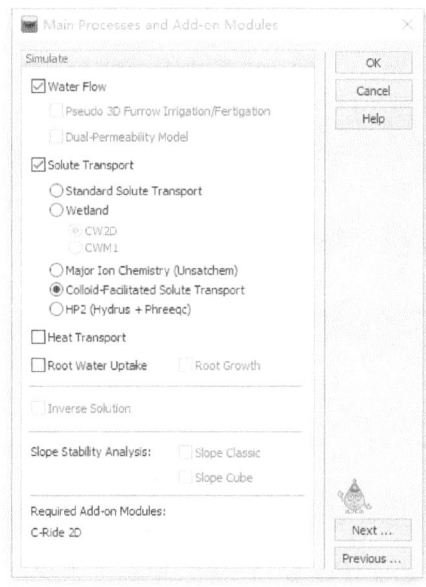

图 9.4　HYDRUS-(2D/3D)主过程和附加模块设置

4）时间信息

下一步，弹出"时间信息（Time Information）"窗口（图 9.5）。单位选择分钟（Minutes），初始时间为零，终止时间为 600min，初始步长 0.001，最小步长为 1e-5。

5）输出信息

下一步，弹出"输出信息（Output Information）"窗口（图 9.6）。"输出选项（Print Options）"内容同 HYDRUS-1D（图 6.7），保持默认设置即可。"输出时间（Print Times）"设为 60 次，单击"Update"平均分布。"物质平衡分区（Subregions for Mass Balances）"默认设为 1 层。

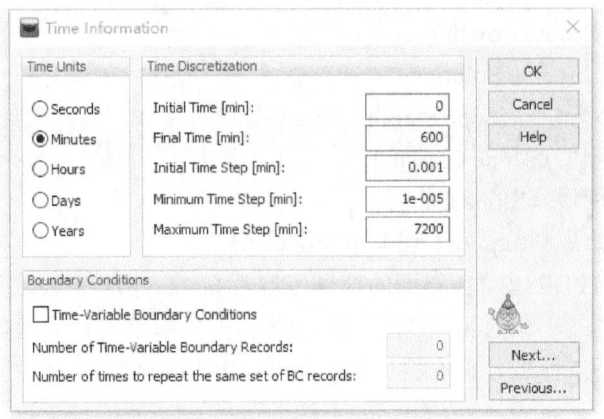

图 9.5　C-Ride 案例时间信息设置

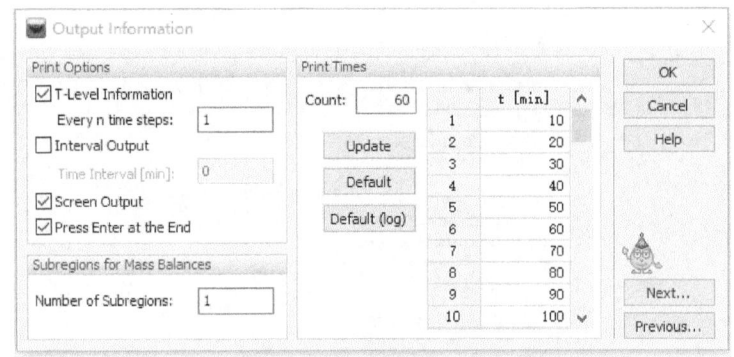

图 9.6　C-Ride 案例输出信息设置

6）水流模型

水流模型的各个窗口同 HYDRUS-1D 相似。本例最大迭代次数设为 100，初始条件选择水头（In Pressure Heads）。土壤水力学模型选择 van Genuchten-Mualem 模型，不考虑滞后现象。在水流参数窗口，土壤质地种类数（Number of Materials）设为 1，修改质地名称为 Quartz sand，参数 θ_s 和 K_s 分别设为 0.442 和 1.442；对于饱和流来说，参数 θ_r、α 和 n 不起作用。

7）溶质运移基本信息

下一步，弹出"溶质运移（Solute Transport）"窗口（图 9.7）。溶质种类设置为 3（依次为胶体、吸附在胶体上的污染物、溶解态污染物）；脉冲周期（Pulse Duration）设为 300min；勾选"附着/分离模型（Attachment/Detachment Concept）"，初始条件类型选择液相浓度（In Liquid Phase Concentrations [Mass_solute/Volume_water]）。胶体运移属于非线性吸附问题，迭代准则 [Iteration Criteria（for

Nonlinear Adsorption only）]需要设置，浓度绝对容差和相对容差均设为0.1，最大迭代次数设为100。

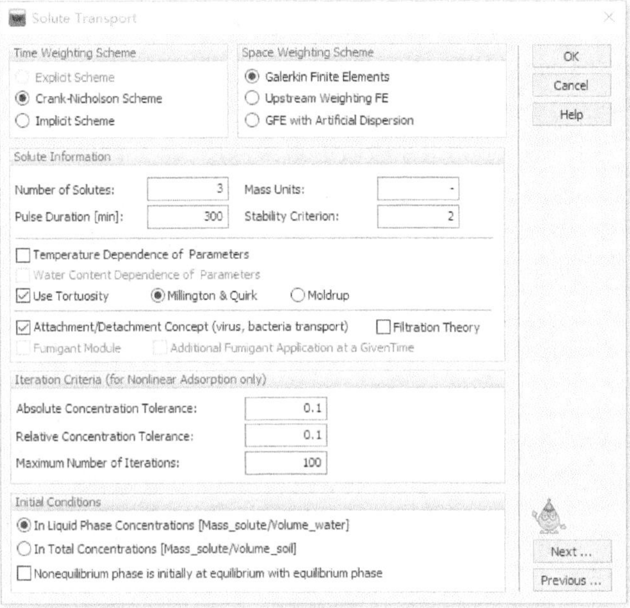

图9.7 C-Ride 案例溶质运移基本信息设置

8）溶质运移参数

在"溶质运移参数（Solute Transport Parameters）"窗口（图9.8），土壤容重（Bulk. D.）填入实验观测值1.555；纵向弥散度（Disp. L.）填入7.4.3节的反演结果（0.13062），径向弥散度（Disp. T.）取纵向弥散度的1/5；平衡吸附点位所占的比例（Fract.）填入7.5.3节反演结果（0.018）；土粒直径（D_soil）设为0.06cm，其余参数默认为0。

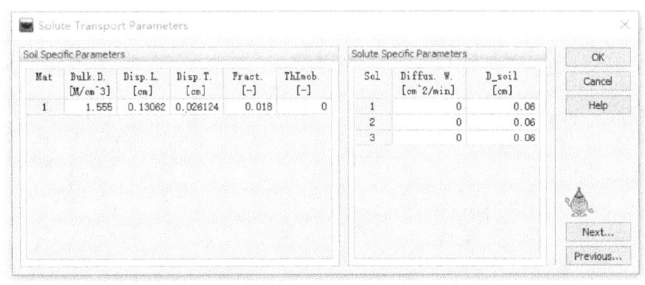

图9.8 C-Ride 案例溶质运移参数设置

9）溶质反应参数

依次设置三种溶质的反应参数。第 1 种溶质为胶体，输入 7.6.2 节和 7.6.3 节得到的胶体运移模型参数：$iPsi2 = 4$，$iPsi1 = 1$，$\beta = 0.432$，$k_a^2 = 0.032$，$k_d^2 = 0$，$s_{max}^1 = 2.13 \times 10^7$，$k_a^1 = 0.034$，$k_d^1 = 0.090$。胶体初始浓度（cBnd1）设为 1，如图 9.9 所示。图中 cBnd1~cBnd4 为 4 种不随时间变化的浓度值，如与定水头边界相对应的浓度通量溶质运移边界，其不同编号（1~4）同为第三类边界条件，但是浓度值可以不同。cRoot 为根系吸收的最大浓度（4.1.4.1 节）。cWell 表示内部补水点（供水井）的溶质浓度。cBnd7 表示挥发性溶质边界土壤表层入流液体的浓度值；cAtm 表示挥发性溶质边界滞留层以上的气相溶质浓度；d 表示挥发性溶质边界滞留层厚度（4.5.2 节）。

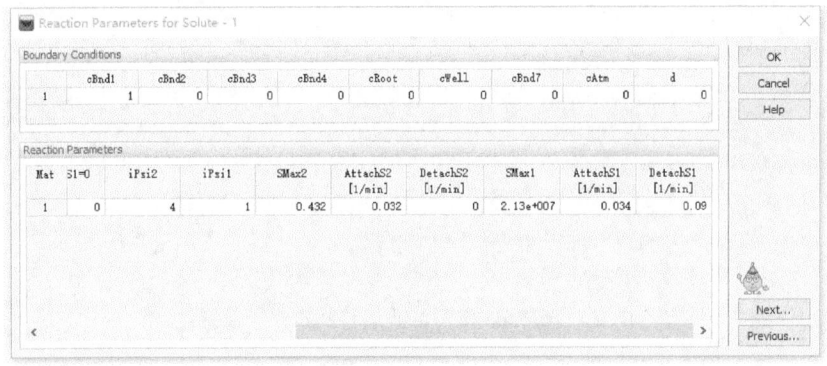

图 9.9　C-Ride 案例溶质 1 反应参数设置

第 2 种溶质为吸附在胶体表面的污染物（图 9.10）。假设污染物和胶体分别通入土柱，吸附在胶体表面的污染物初始浓度（cBnd1）为 0，设 $k_{amc} = k_{aic} = 0.05$，$k_{dmc} = k_{dic} = 0.02$，$\psi_m = \psi_i = 1$，具体参数含义见式（9.10）。

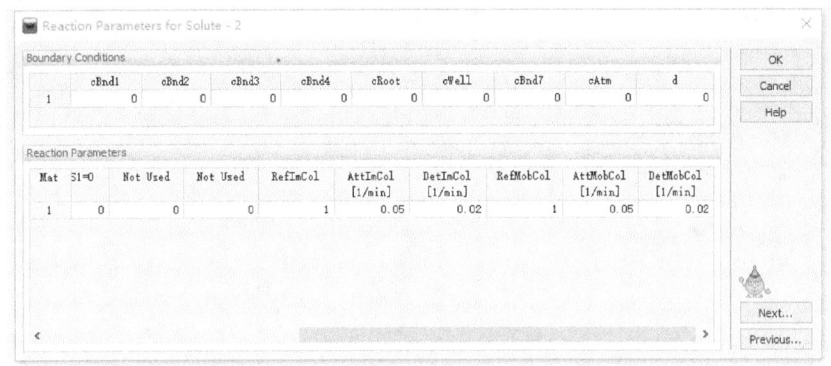

图 9.10　C-Ride 案例溶质 2 反应参数设置

第 3 种溶质为溶解态的污染物（图 9.11）。设其初始浓度为 1，输入 7.5.3 节的反演结果：$K_d = 7.444$，$\omega = 6.25 \times 10^{-4}$。

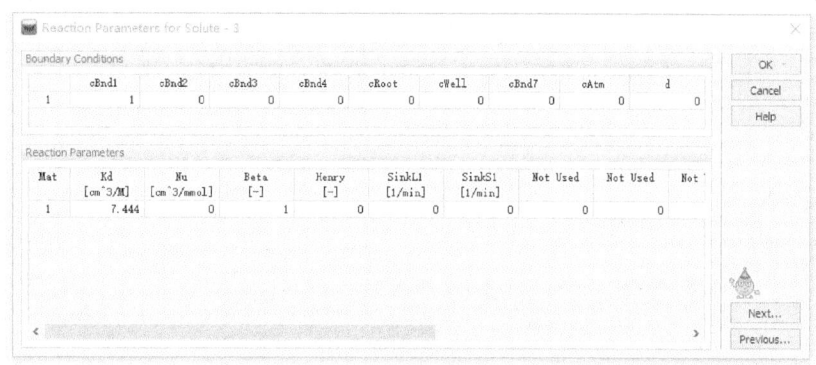

图 9.11　C-Ride 案例溶质 3 反应参数设置

10）有限元网格参数

下一步，弹出"网格参数（Mesh Parameters）"窗口。该窗口由 5 个标签构成，通常都保持默认即可。第 1 个标签为网格参数的基本信息（图 9.12），可设置有限元大小（当然也可以勾选 Automatic 让模型自动设置）以及平面上的最大节点数。第 2 个标签为网格拉伸参数（图 9.12），通过设置拉伸因子可以实现网格在特定方向上的尺寸缩放（Fs＜1 表示网格缩小，Fs＞1 表示网格增大，Fs = 1 表示不缩放）。以本例的二维纵向平面为例，拉伸方向可以是 X 方向，也可以是 Z 方向，还可以通过自定义 Vx、Vz 值的形式指明具体的方向——与特定向量平行（V-Parallel）或垂直（V-Perpendicular）。第 3 个标签为网格参数选项（图 9.13），

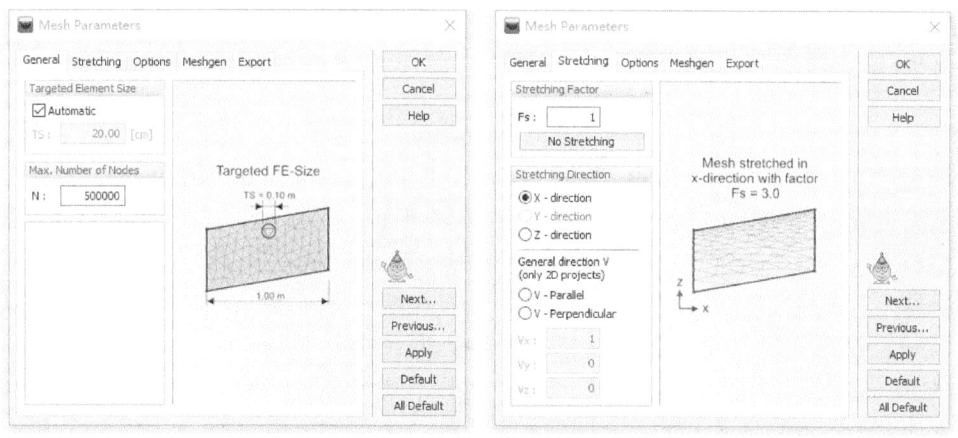

图 9.12　HYDRUS-(2D/3D)网格参数基本信息和网格拉伸参数设置

此处设置内部封闭边界的最少节点数,从而保证在进行有限元划分后内部边界(如管道)的平滑。第 4 个标签为网格生成参数(图9.13),此处设置边界上和二维平面内的最大节点数,以及有限元网格生成、重构、平滑等涉及网格质量的信息。最后一个标签为网格输出参数,此处询问在将有限元划分结果导出成文本文件时,是否需要导出边界线的中点?是否需要导出综合曲线和平面?

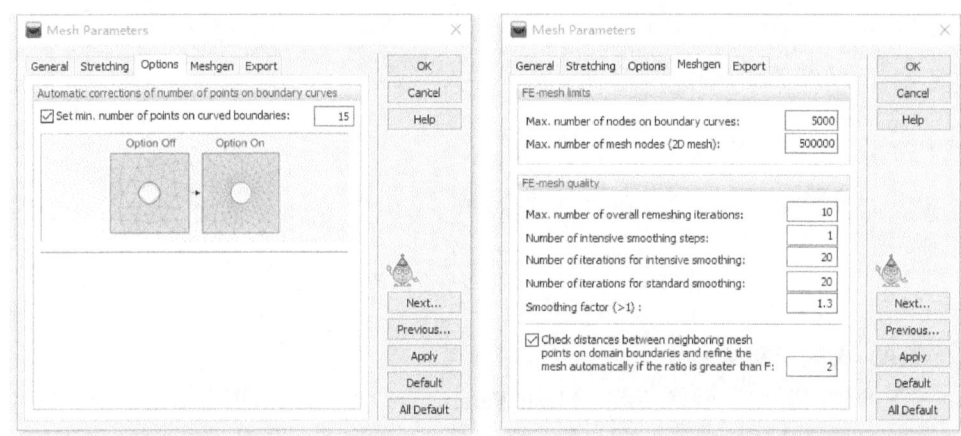

图 9.13　HYDRUS-(2D/3D)网格参数选项和网格生成参数设置

设置完成后单击下一步按钮,弹出窗口,提示后续任务都需要在画图窗口内完成(Next task is to define the transport domain in the graphical mode)。单击 OK 返回。

9.4　土壤剖面图形设计

9.4.1　几何域

工作区自动停留在"几何信息(Geometry)"标签下。单击工具栏 图标,或通过菜单栏"工具(Tools)"—"栅格和工作区(Grid and Work Plane)",打开栅格设置窗口(图9.14)。该窗口可以对不同平面(三维问题)进行栅格设置。栅格原点(Grid Origin)默认为坐标系的原点,在进行相对坐标绘制时可视具体情况修改。栅格选项(Grid Options)可以选择是否捕捉到栅格,是否显示栅格,以及是否仅在几何对象上显示栅格。栅格类型(Grid Type)可以是笛卡儿坐标(Cartesian),也可以是极坐标(Polar),选择不同的类型,窗口左下角缩略图上会注明各个参数的含义,如 w 在图中代表的是 X 方向的栅格间距,h 代表的是 Z 方向的栅格间距,β 代表的是栅格坐标旋转角度,N1 和 N2 分别代表的是 X 和 Z 方向栅格线的间距。此外，还可以设置栅格点的数量（Number of Grid Points），设置以栅格原点为中心，上下左右的栅格节点数，也可以勾选"Dynamic"令模型根据窗口显示范围动态更新；抑或是勾选"Inside the Workspace"使其仅在定义好的工作区范围内显示栅格节点。

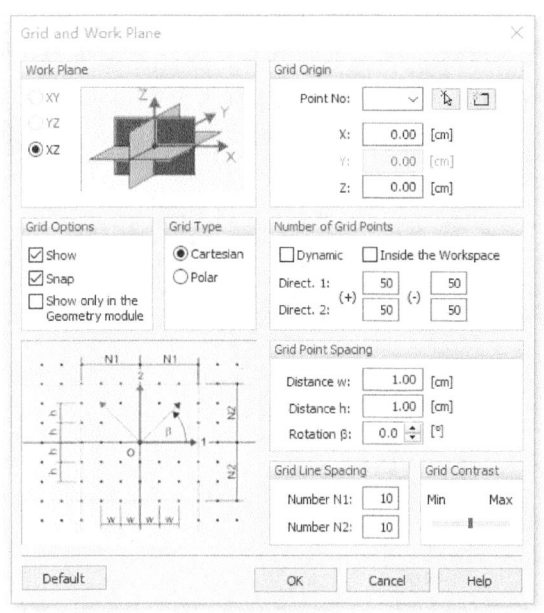

图 9.14　HYDRUS-(2D/3D)栅格和工作区设置

本例勾选"Dynamic"，将 w 和 h 设为 1，取消勾选"Show"，单击"OK"确认。

1）绘制点

确保工作区的标签处于"几何域（Geometry）"，单击右侧编辑栏的画点工具，编辑栏变为如图 9.15 所示的形式。这里的"Number for new—Point"代表即将绘制的点的编号，在其下方可以输入点的坐标。每输入一个，可以单击"Apply"或者按回车键确认。待所有点都输入完成之后，可以单击"Stop"，或按下键盘上的 Esc 键，最简单的方式是直接在绘图区单击鼠标右键退出当前绘图工具。

在画点的时候，可以选择以当前坐标系（Current CS）作为参考，也可以选择以栅格原点（Grid Origin）作为参考，本例中栅格原点即为坐标原点。但是对于复

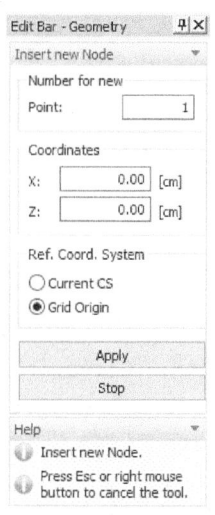

图 9.15　HYDRUS-(2D/3D)绘制点时的编辑栏设置

杂模型绘制，尤其是三维模型，灵活设置栅格原点，采用相对坐标进行绘图，效率将大大提高。

用上述方法绘制土柱四个角的坐标（0，0）、（0，10）、（2.74，0）、（2.74，10），另外绘制出水口的中心作为观测点（1.37，10）。最后一个点绘制完成后，可单击工具栏按钮 ，或是在绘图区单击右键后的第一个选项"显示全部（View All）"，使图像充满绘图区域，便于观察。每绘制一个点，除了在绘图区可以看到它外，在左侧导航栏"Geometry"文件夹下的二级文件夹"Points"中也会逐一显示已经绘制的点的编号和坐标，可以双击对它们进行修改，也可以删除。结果如图9.16所示。

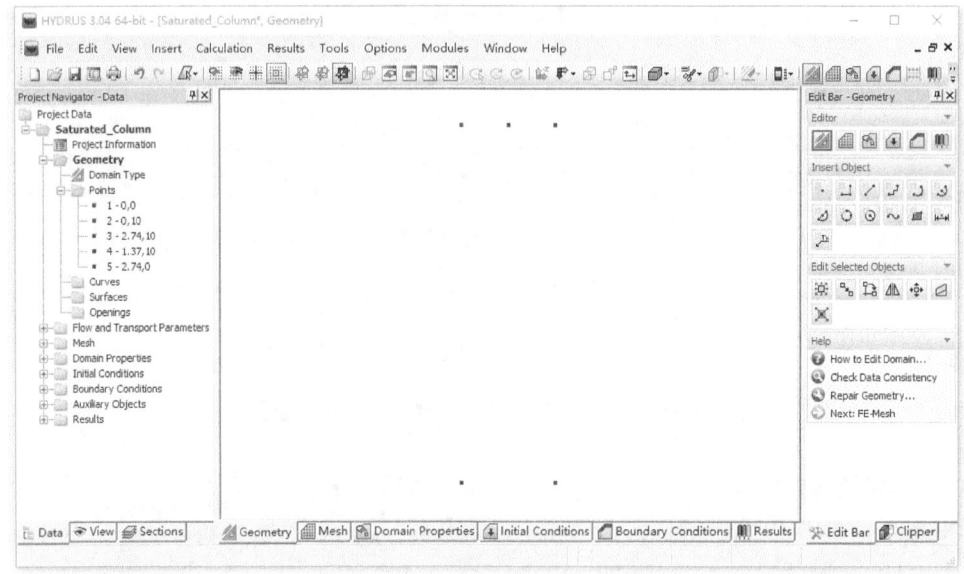

图 9.16　C-Ride 案例绘制点

2）绘制线

单击右侧编辑栏的画线工具"Connected Segments" ，利用鼠标将各点依次连接，形成封闭的矩形边框。单击右键退出当前工具。注意每画一条线，左侧导航栏"Curves"文件夹下就会多出这条线的编号、线型、两端点的编号、线的长度等信息（图9.17）。

3）绘制面

单击编辑栏中的平面工具"New General Planar Surface" ，用鼠标单击绘图区中的框线生成平面，单击右键退出平面工具，在左侧导航栏"Surfaces"文件夹下，显示出平面的编号及其所覆盖的曲线编号（图9.18）。

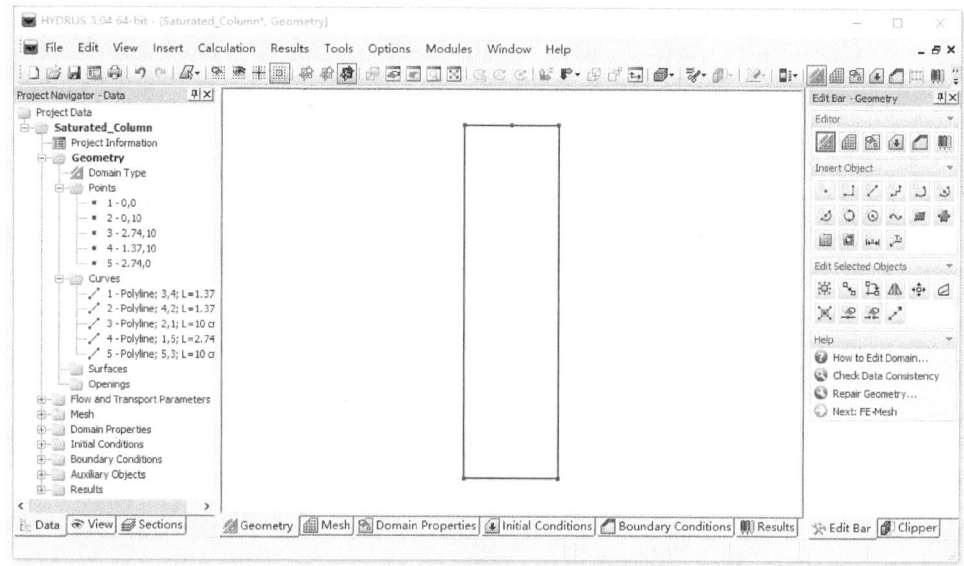

图 9.17 C-Ride 案例绘制线

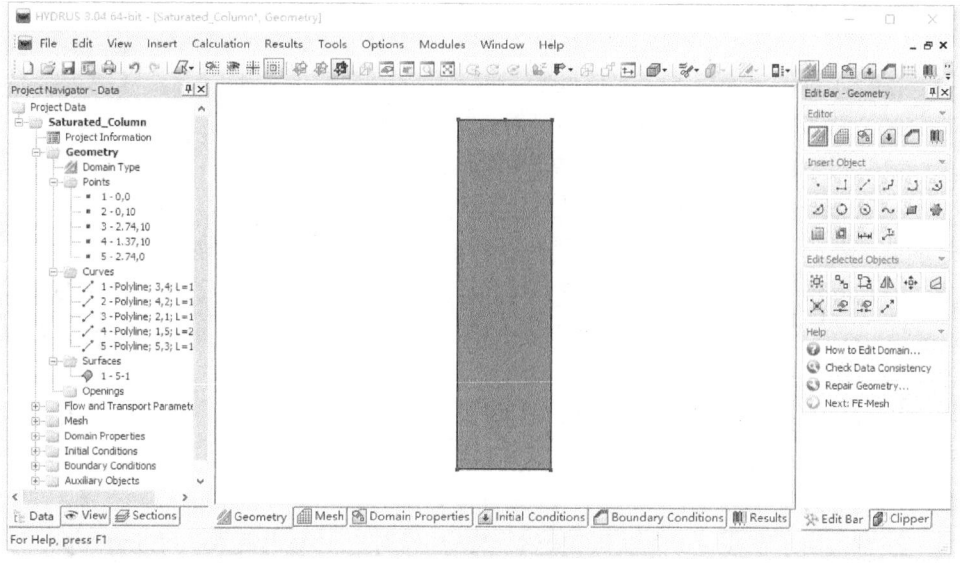

图 9.18 C-Ride 案例绘制面

9.4.2 有限元网格

单击工作区下的"Mesh"标签,左侧导航栏会自动弹开 Mesh 文件夹。单击右侧编辑栏中的"生成有限元网格(Generate FE-Mesh)",完成网格生成(图 9.19)。

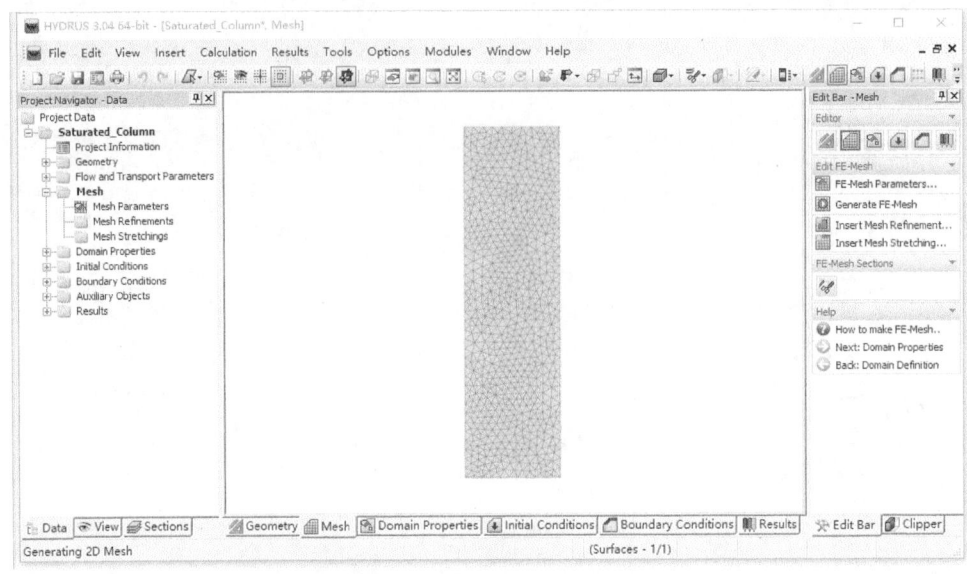

图 9.19　C-Ride 案例有限元网格

9.4.3　域特性

域特性包含土壤质地、缩放因子、观测点等诸多信息，必须结合左侧导航栏来设置。当选中导航栏中的不同内容时，右侧编辑栏也会给出不同的工具。

导航栏中，土壤质地默认为 9.3 节设置的 Quartz sand。"节点补水量设置（Nodal Recharge）"是将内部节点设为边界，作为源或者汇，如排水瓦管、注水井或抽水井；三个"SF"选项分别为压力水头、导水率和含水量的缩放因子；三个"Anisotropy"选项分别设置各向异性张量 K^A 的角度 ω（Angle）、第一分量 K_1^A（1st Comp.）、第二分量 K_2^A（2nd Comp.），本例不设置。"Subregion"用来设置物质平衡分区。这四项本例不用设置。

单击导航栏"Domain Properties"文件夹下的"观测点（Observation Nodes）"，再单击右侧编辑栏中的"新建观测点（New Observation Node）"，鼠标变为手指形状后单击上边界中点（1.37，10）将该点设为观测点（图 9.20）。

注意：由于在图 9.3 中默认勾选了"在几何对象上编辑特性"（Edit Properties on Geometric Objects），此处域特性的设置默认是在几何模式下操作，可单击编辑栏中的"Edit Properties and Conditions on FE-Mesh"切换为有限元模式。其区别在于，几何模式下的观测点只能从已绘制的 5 个点中选择，而有限元模式则可以选择任意有限元的节点作为观测点，但是其坐标不一定精确（图 9.21）。如需在某个特定位置设置观测点，最佳的方式是提前画出该点，无论是在几何模式还是在有限元模式下都应该这么做。

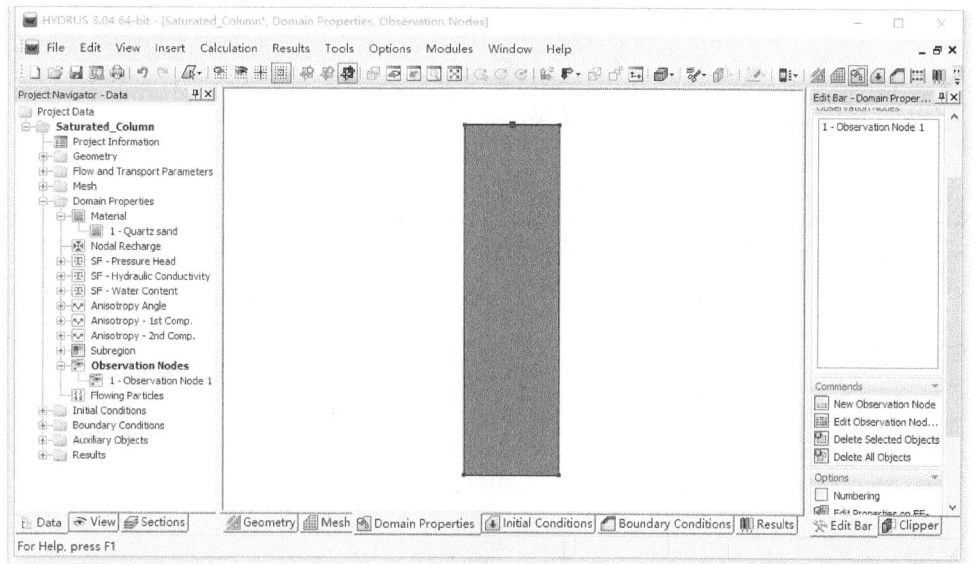

图 9.20　C-Ride 案例观测点设置（几何模式）

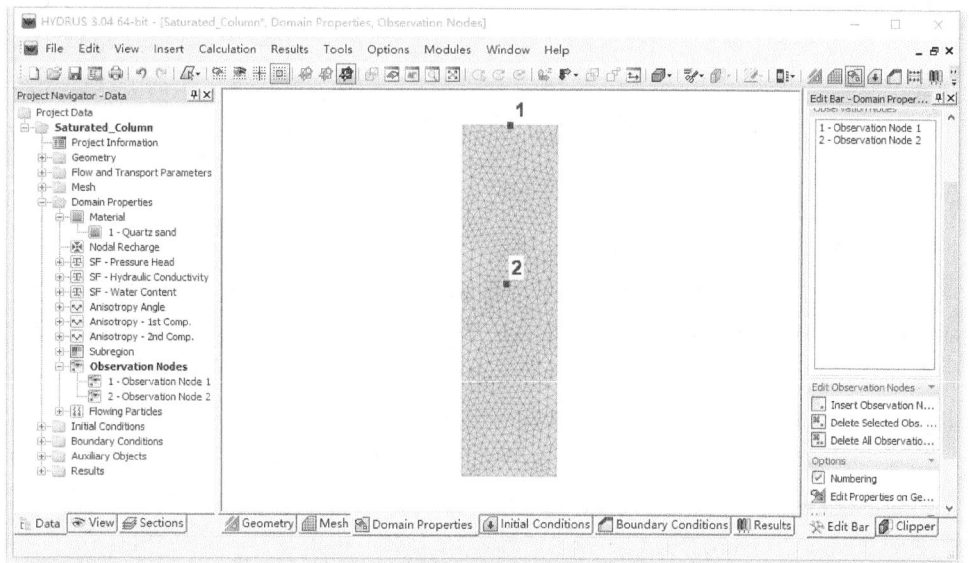

图 9.21　C-Ride 案例观测点设置（有限元模式）

勾选编辑栏"Numbering"复选框，在绘图区内可以看到各个观测点的编号（图 9.21）。在观测点编号方面，HYDRUS-1D 与 HYDRUS-(2D/3D)有很大的区别，HYDRUS-1D 是按照顺序从上往下依次编号，HYDRUS-(2D/3D)则是按照观测点建立的先后顺序编号。

导航栏中"流动粒子（Flowing Particles）"的设置方式与观测点类似，计算结束后会在结果中给出示踪粒子的流动轨迹和实时位置。本例在有限元模式下，设置入水口处的 5 个点作为流动示踪粒子（图 9.22）。

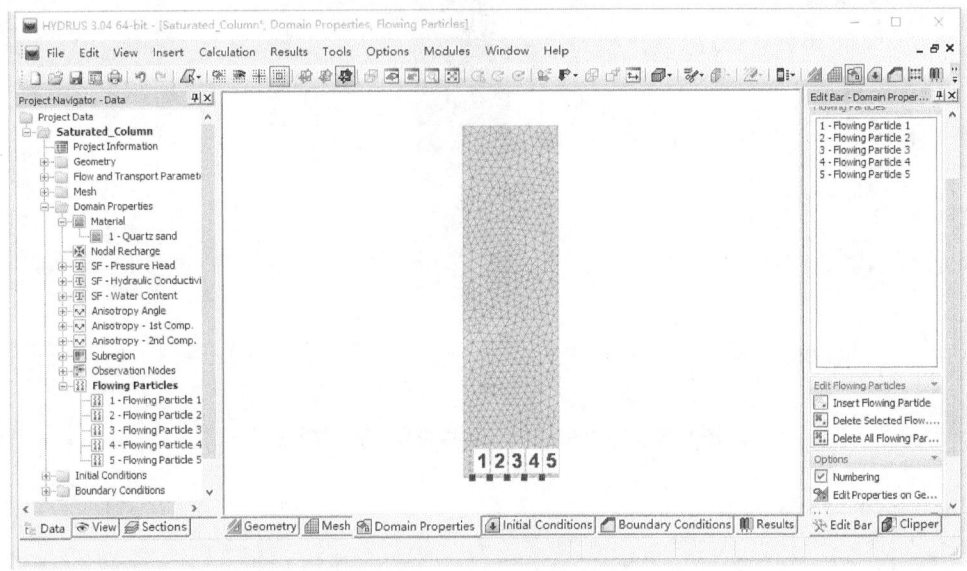

图 9.22　C-Ride 案例流动示踪粒子设置（有限元模式）

9.4.4　初始条件

在用 HYDRUS-1D 进行饱和土柱迁移实验仿真时，其无法直接模拟底部进水、顶部出水的情形，解决办法是将问题概化为一个水平土柱，进水口与出水口的水头差为 0.353cm（见 7.4.2 节）。在 HYDRUS-(2D/3D) 模型中可以直接模拟真实的水流情形，考虑土柱本身的长度，底部入水口与顶部出水口之间的水头差为 10.353cm。

在几何模式下设置初始条件需要先新建条件。单击工作区的"初始条件（Initial Condition）"标签，导航栏选择"压力水头（Pressure Head）"。单击编辑栏中的"New Pressure Head"，弹出"新建压力水头初始条件（New Pressure Head Initial Condition）"窗口。在"Distribution"选项下选择"随深度线性分布（Linear distribution with depth）"。设置上边界压力水头初始条件（Top Pressure Head IC）为 0cm，下边界压力水头初始条件（Bottom Pressure Head IC）为 10.35cm，如图 9.23 所示。单击 OK 返回，在编辑栏中就可以看到编号为 2 的压力水头初始条件。用鼠标选中平面，再单击编辑栏中的（2-Linear，h = 0，10.35），就可以将该初始条件赋予图形（图 9.24）。

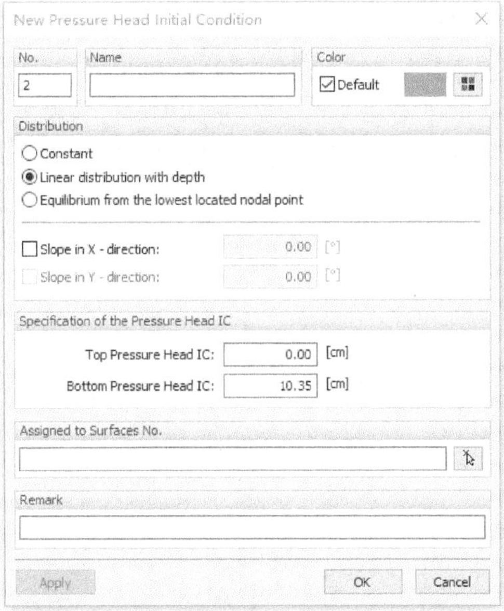

9 基于 C-Ride 模块的胶体携带污染物迁移

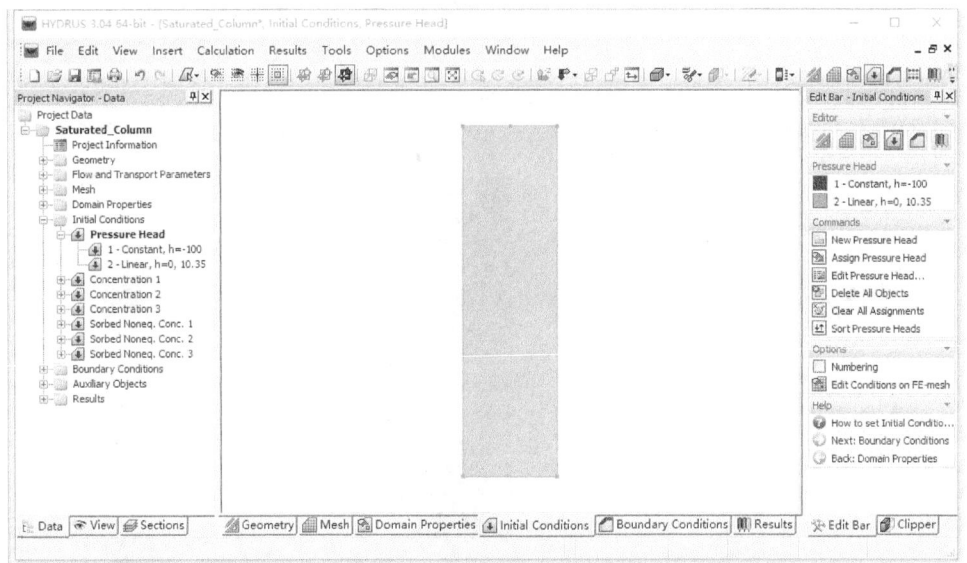

图 9.23 C-Ride 案例新建压力水头初始条件

图 9.24 C-Ride 案例几何模式下的水头初始条件

在有限元模式下设置初始条件，首先要单击编辑栏中的"Set Pressure Head IC"，然后在绘图区内框选整个图形，选中所有节点，弹出如图 9.25 所示窗口。在有限元模式下除了两点间线性分布以外，还可以将所有节点设为相同数值（Same value for all nodes),或是从最低点向上流体静力学平衡(Hydrostatic Equilibrium from the lowest located nodal point,即给出最低点水头值,高度每增加 1cm 水头值减 1cm,该条件主要适用于饱和含水层),此外也可以直接将初始条件设为田间持水量(Set to Field Capacity)。设置完成后,以彩色图的形式给出初始条件分布状态(图 9.26)。

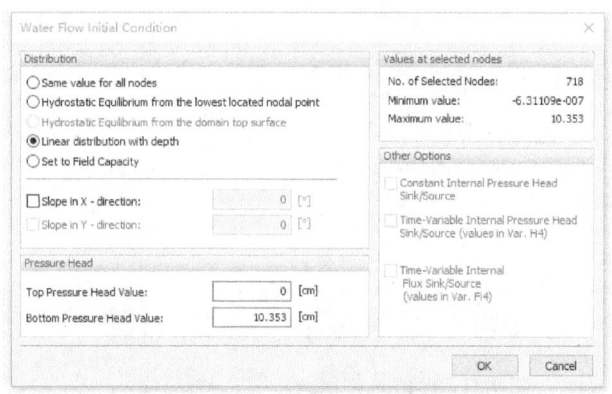

图 9.25 C-Ride 案例水流初始条件设置(有限元模式)

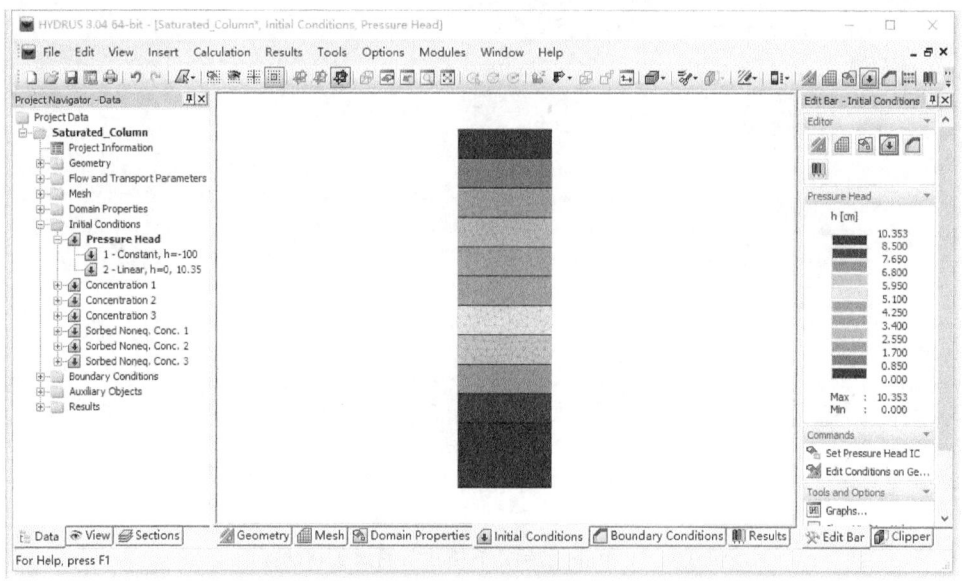

图 9.26 C-Ride 案例有限元模式下的水头初始条件

导航栏中,溶解态浓度 1~3 以及吸附态浓度 1~3 的初始值都默认为 0,无须设置。

9.4.5 边界条件

单击"边界条件（Boundary Conditions）"标签，在左侧导航栏中依次设置水流和溶质运移的边界条件。先设置好水流的边界条件，才能设置溶质运移的边界条件，顺序不可反。

与初始条件的设置类似，在几何模式下需要先新建一个边界条件。单击编辑栏"New Water Flow BDRC"，弹出新建水流边界条件窗口。选择边界条件类型为"定水头（Constant Head）"，水头值设为 10.35（图 9.27）。用同样的方法再新建一个渗透面边界条件给出水口。设置完成后，在编辑栏内就可以看到编号分别为 2 和 3 的定水头边界和渗透面边界。鼠标选中下边界的线，单击编辑栏中的"2-Constant Head; 10.35"。鼠标选中上边界的所有线（注意本例是 2 条，可框选，也可按住 Ctrl 增选），单击编辑栏中的"3-Seepage Face"。左右两侧仍保留为 No Flux（图 9.28）。

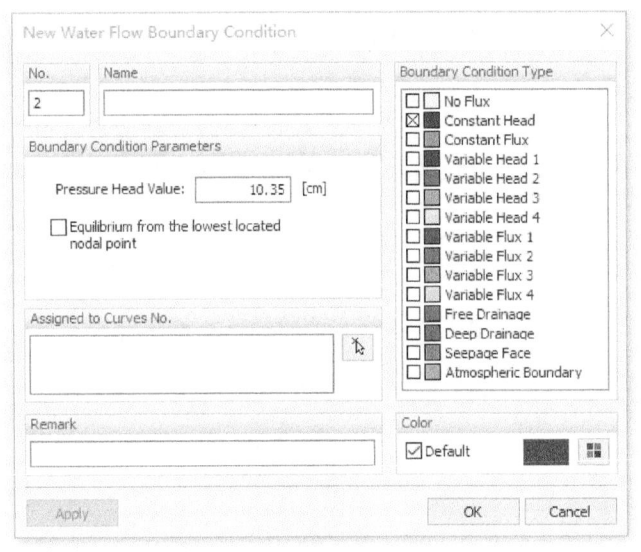

图 9.27　C-Ride 案例新建水流边界条件

在有限元模式下，选中上边界的所有节点，单击右侧编辑栏中的 Seepage Face；选中下边界的所有节点，单击编辑栏中的"Constant Pressure Head"，在弹出的窗口中设置水头值为 10.353，单击"OK"返回即可（图 9.29）。

水流边界条件设置完成后，单击导航栏"Boundary Conditions"文件夹下的"Solute Transport"可以发现溶质运移边界条件均已自动设置为第三类边界，本例无须再做修改。

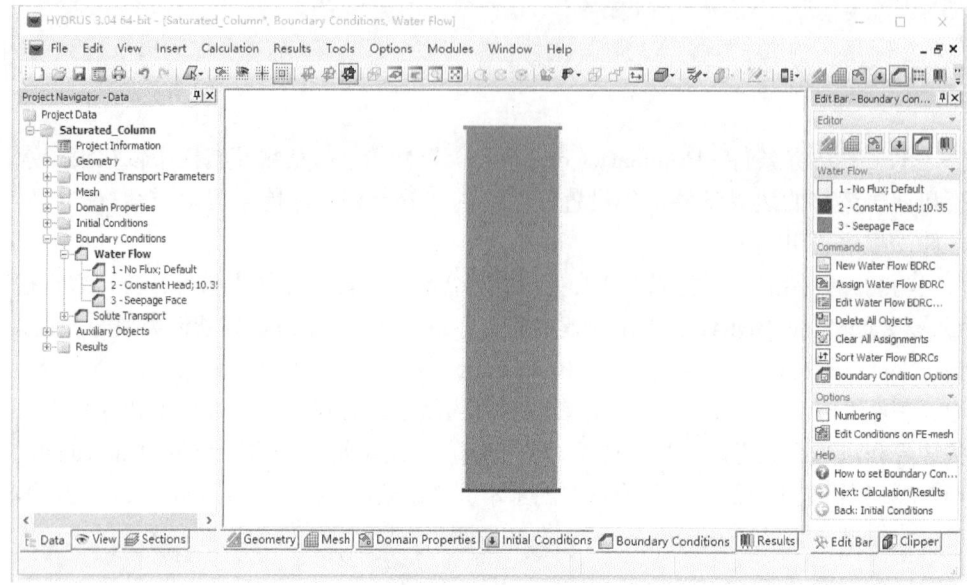

图 9.28 C-Ride 案例几何模式下的水流边界条件

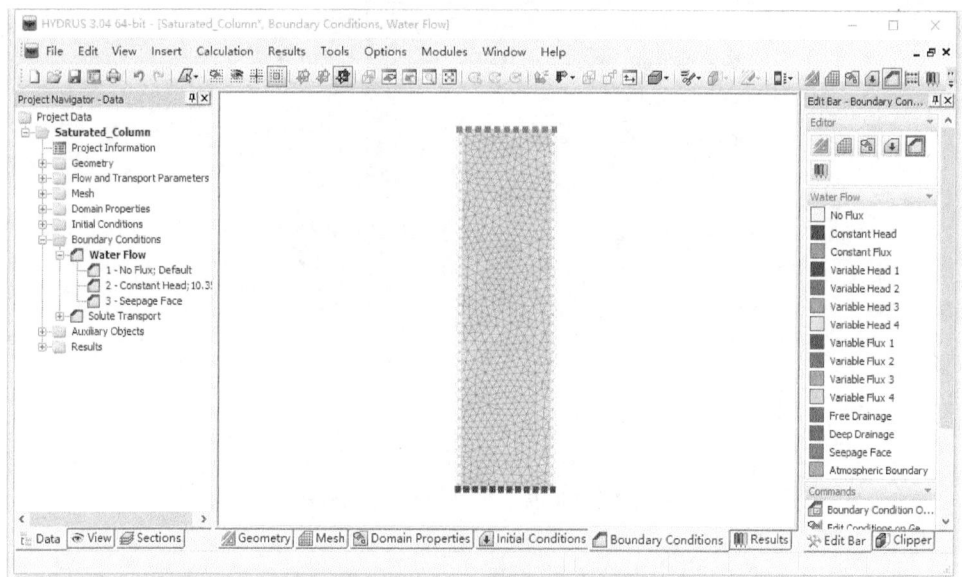

图 9.29 C-Ride 案例有限元模式下的水流边界条件

至此，模型设置完成。单击工具栏 按钮，或菜单栏"计算（Calculation）"—"计算当前项目（Calculate Current Project）"运算模型。当弹出提示保存的窗口时，单击"Yes"。

9.5 模型结果

运算完成后,工作区会自动弹到"结果(Results)"标签下,导航栏中生成"Results"和"Results-Other Information"两个文件夹。

"Results"文件夹里的结果都是在工作区内以彩图或动图的形式给出的,类似于 1D 模型的剖面信息,只不过这里是二维或三维的。具体输出时刻可以在编辑栏内选择"Time Layer"(图 9.30),也可以勾选"Flow Animation"复选框进行动态展示。该动画可通过菜单栏"工具(Tools)"—"生成视频文件(Create Video File)"导出,用于多媒体展示。

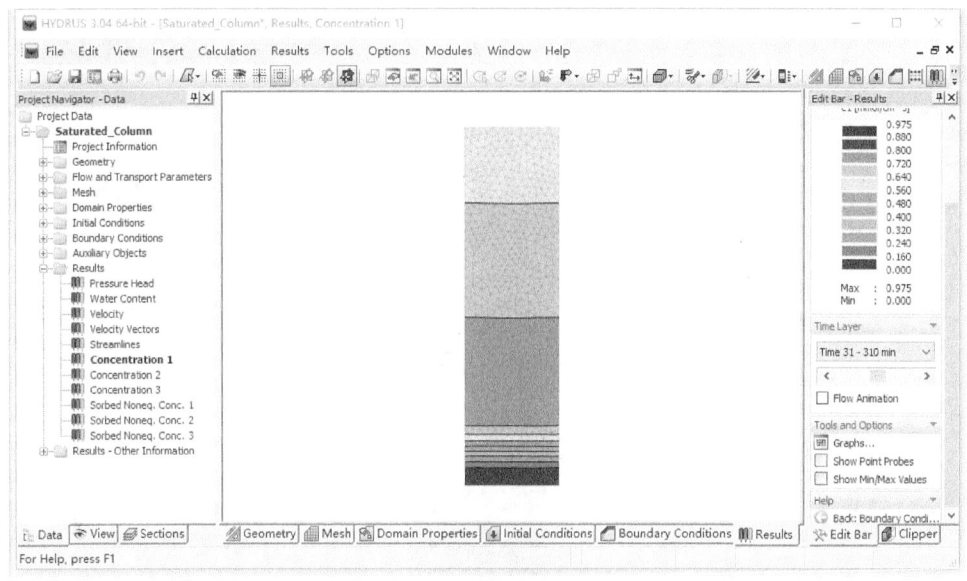

图 9.30　C-Ride 案例剖面彩图结果展示

编辑栏中的"Graphs"工具,包括"截面图(Cross-Section Chart)""网格线图(Meshline)""边界线图(Boundary Meshline)""多段线图(Polyline Probe)",可对剖面信息进行更深层次的展示或挖掘,如图 9.31 显示的是第 310min 的滞留曲线(附着态胶体空间分布曲线)。

如果要保存某个输出时刻下的特定图像,可通过菜单栏"文件(File)"—"输出到剪贴板(Print to Clipboard)"进行复制,其结果自动包含图例、项目名称、指标名称、输出时刻等信息,如图 9.32 所示。图 9.32 对应的数据可通过菜单栏"文件(File)"—"导出(Export)"—"导出当前节点数值(Export Current Quantity)",

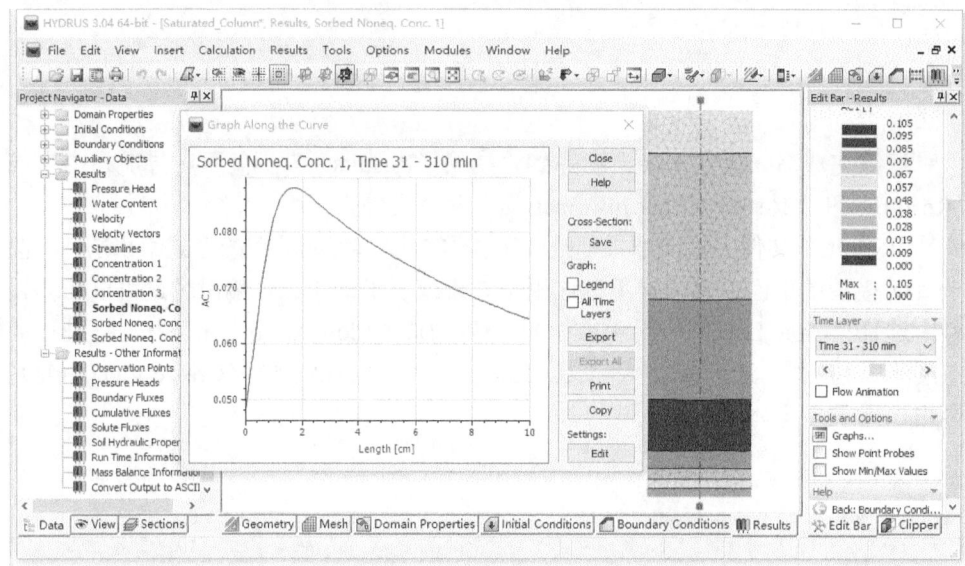

图 9.31　C-Ride 案例剖面彩图截面图

生成文本文件，其格式如图 9.33 所示。该文件包含全部 718 个节点的编号、横坐标、纵坐标和指标数值。

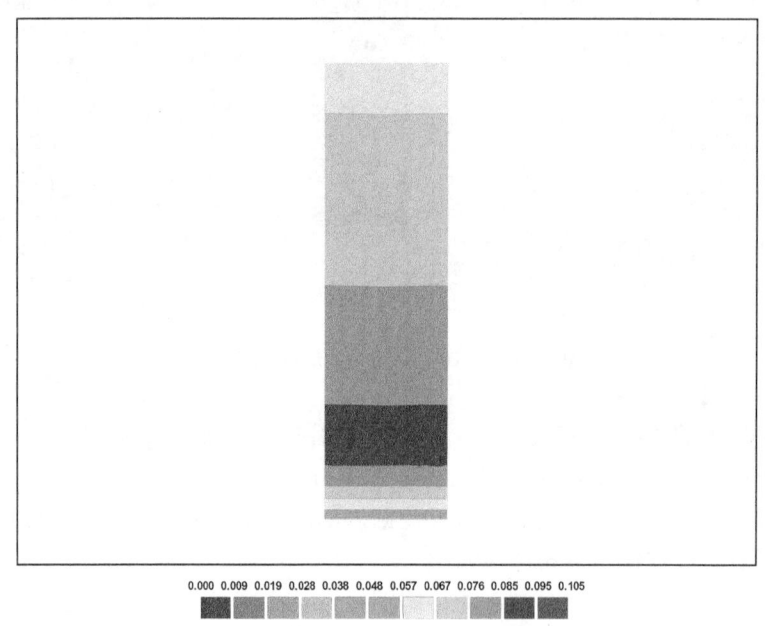

图 9.32　C-Ride 案例某时刻剖面彩图导出

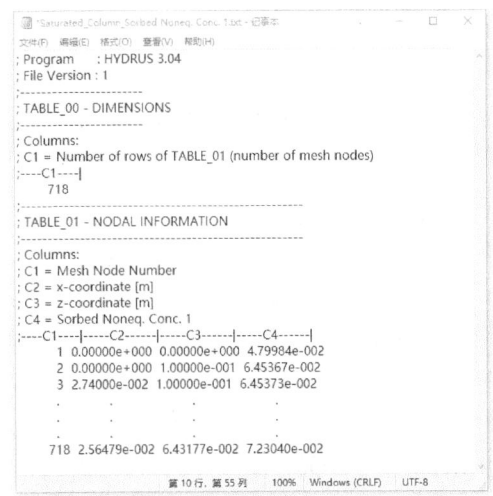

图 9.33 C-Ride 案例某时刻剖面彩图导出数值

"Results"—"Other Information"文件夹中存放的是各种曲线图。以观测点为例,单击左侧导航栏"Results"—"Other Information"文件夹下的"Observation Points",弹出观测点指标动态结果。"Horizontal Variable"只能选择时间,"Vertical Variable"包括水头、含水量、温度、溶解态浓度和吸附态浓度等信息。此外,还可以仅展示部分观测点结果(图 9.34)。该图可以直接勾选"Legend"复选框显示图例,其数据可以直接通过"Export"按钮导出,也可以单击"Edit"按钮对图题、坐标轴、线型、网格、背景颜色等进行编辑。

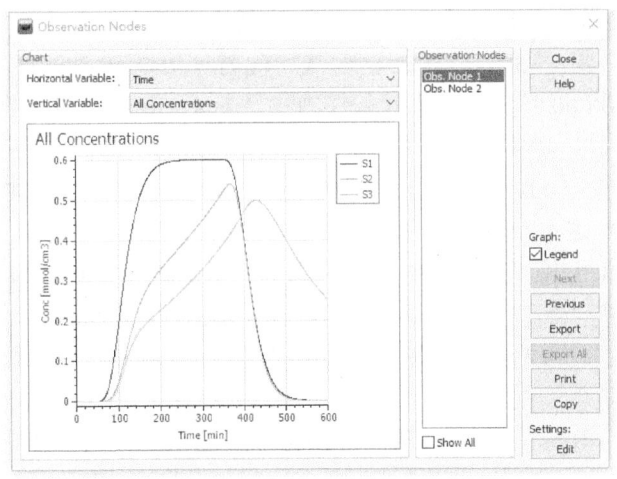

图 9.34 C-Ride 案例出液口溶质浓度穿透曲线

10 污染源泄漏

10.1 问题描述

假设某个半埋在地表的储罐或管道存在偷排，分析污染物在包气带中的纵向迁移及其在饱和带中随地下水流的横向运移。该地块地形坡度为2.8°，西高东低。地下水流向与地形坡度一致。假设该污染源每50天偷排一次，折算成水流通量为 −30cm/d，每次偷排半天，预测1000天后污染羽的范围。本案例的重点在于水流和溶质运移的可变边界条件、地下水横向流边界条件的设置；演示了分段模拟时，如何在后续模型中导入前序模型的结果作为初始条件。此外，还详细介绍了如何给不同的定水头边界赋予不同的溶质浓度。

10.2 模型构建

在自建项目组下，新建一个名称为"tank_leak"的项目，并选择永久保存。

"域类型和单位"选择 2D-General，2D-Vertical Plane XZ，长度单位选择 cm，Initial Workspace 的 X 最大值设为 6000，Z 最大值设为 600。

"主过程和附加模块"勾选"水流"和"溶质运移"（默认选择"标准溶质运移"）。"时间信息"单位选择天（Days），初始时间为 0，终止时间为 1000，初始步长 0.001，最小步长为 1e-5。勾选"随时间可变边界条件（Time-Variable Boundary Conditions）"，可变边界条件的数目为 4，重复周期次数为 10。"输出时间"设为 24 次，单击"Update"，填入 0.5、1、2、5、10、20、50、50.5、51、52、55、60、70、100、150、200、300、400、500、600、700、800、900、1000。水流模型最大迭代次数设为 100，初始条件种类选择水头；选择 van Genuchten-Mualem 模型，不考虑滞后现象；土壤质地种类数为 1，选择壤土。

"溶质运移"窗口内的溶质种类数设为 1；脉冲周期（Pulse Duration）设为 0.5（每次偷排半天）；初始条件类型选择液相浓度（In Liquid Phase Concentrations）。"溶质运移参数"中的土壤容重（Bulk. D.）填入实验观测值 1.555，纵向弥散度（Disp. L.）设为 10cm，径向弥散度（Disp. T.）设为 1cm，平衡吸附点位所占的比例（Fract.）设为 1，液相扩散系数（Diffus.W.）设为 $3cm^2/day$，其余参数默认为 0。"溶质反应参数"窗口所有参数保持缺省值，假设该污染物不吸附、不挥发、不反应。

下一步，弹出"随时间可变边界条件（Time Variable Boundary Conditions）"窗口（图10.1）。第1列为时间，依次设为0.5、50、50.5、100。第2列为降水量；第3列为蒸发量；第4列为蒸腾量；第5列为临界绝对值（$|h_A|$，3.10.4节，缺省值为10000cm）；第6～13列依次为变通量边界条件1（Var.Fl1）、变水头边界条件1（Var.H-1）、Var.Fl2、Var.H-2、Var.Fl3、Var.H-3、Var.Fl4、Var.H-4；第14～16列为三种可变浓度边界条件（cValue1～cValue3）。

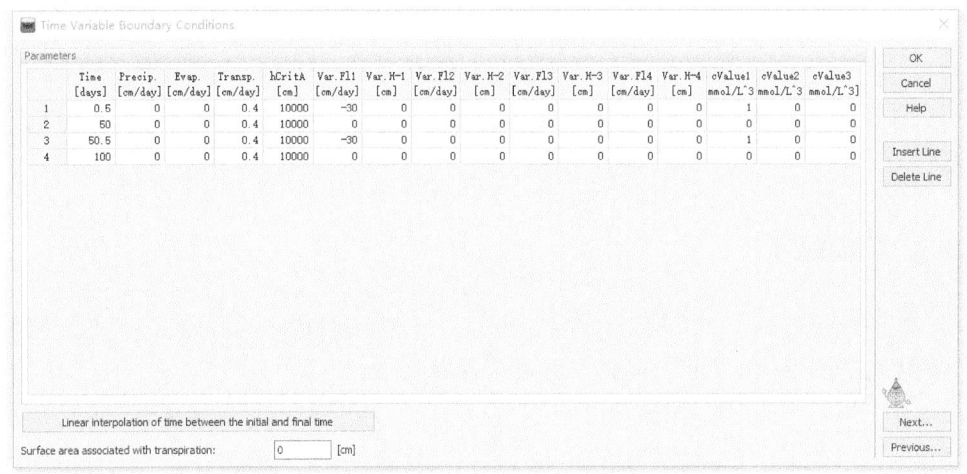

图10.1　HYDRUS-(2D/3D)随时间可变边界条件

Var.Fl1～Var.Fl4为四个不同边界上的变通量条件[LT^{-1}]，由于是2D或3D问题，HYDRUS预留了最多4个可能同时存在的条件。当它们取负值时表示流入研究区域，反之，当它们取正值时表示流出研究区域。其中，Var.Fl4还有自己的特定用途——当模型中存在内部源汇点时（internal nodal flux sinks or sources），Var.Fl4是这个内部源汇点的可变通量值，此时其在2D和3D下的量纲分别为[L^2T^{-1}]和[L^3T^{-1}]。类似的，Var.H-1～Var.H-4是可用于四个不同边界的变水头条件[L]，当模型中存在内部源汇点时，Var.H-4是这个内部源汇点的可变水头值。

cValue1～cValue3是与前面编号相同的变通量条件或变水头条件对应的溶质浓度值，如浓度为cValue2的溶质是随着Var.Fl2的变通量或Var.H-2的变水头条件进入土壤的。当存在大气边界条件时，cValue1优先与大气边界相匹配进行自动调节：当降水量大于蒸发量时，cValue1 = Precip/(Precip–Evap)·cVal1；当降水量小于蒸发量时，cValue1 = 0。在Unsatchem或HP2模块中，cValue1不再是浓度值，而是边界上的溶质组分种类数。cValue3也有自己的特殊用途：当存在根系主动吸收溶质并且只有一种溶质时，cValue3表示溶质的潜在吸收速率（R_p，[$ML^{-2}T^{-1}$]，4.1.4.2节）。

本例中，假设溶质浓度为 1，考虑本例不涉及大气边界或内部源汇点，将 Var.Fl1 列依次设为–30、0、–30、0；将 cValue1 设为 1、0、1、0。图 10.1 的含义为：从 0 时刻到第 0.5 天，以–30cm/d 偷排，浓度为 1；第 0.5～50 天没有偷排，通量和浓度都为 0；第 50～50.5 天发生二次偷排，浓度为 1；第 50.5～100 天没有偷排，通量和浓度都为 0。这里最后一个条件的时刻为 100 天，重复 10 个周期，正好是 1000 天。也可以仅保留前两行，但需要先修改时间信息窗口内的重复周期为 20。

10.3 土壤剖面图形设计

打开栅格设置窗口，勾选 "Dynamic"，将 w 设为 50，h 设为 10，单击 "OK" 返回。

10.3.1 几何域

工作区标签处于 "几何域（Geometry）"，单击编辑栏中的画点工具，绘制如图 10.2 所示的 16 个点，具体坐标可查看导航栏。

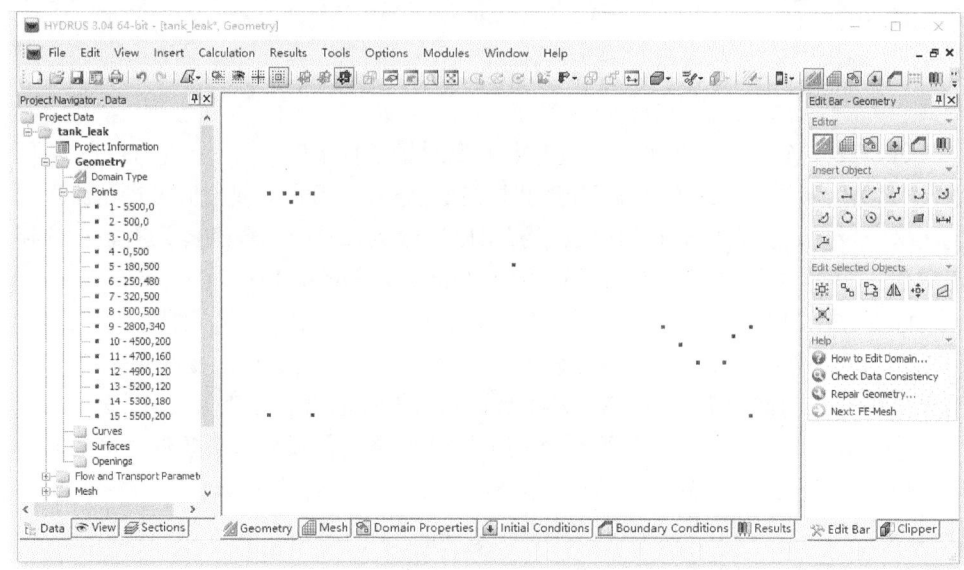

图 10.2 tank_leak 案例绘制点

本例是一个扁平状的图形。为了显示起来更加美观，有以下两种处理方法：一种是直接单击工具栏中的 "视图拉伸（View Stretching）" 工具，在弹出的窗口中,将 X 方向的拉伸因子设为 0.2,单击"OK"返回;另一种是在模型建立之初的"域类型和单位(Domain Type and Units)"(参考图 9.3),勾选上"自动设置视图拉伸因子(Set View Stretching Factors Automatically)"复选框。图 10.2 为视图拉伸以后的图形。

单击编辑栏中的画线工具"Connected Segments" ,依次连接以下各点:15、1、2、3、4、5;右击一次,连接点 7 和 8;右击两次退出。单击编辑栏里的三点法画圆弧工具"New arc graphically using three points" ,依次连接点 5、6、7,右击退出。单击编辑栏里的样条曲线工具"New spline" ,依次连接点 8~点 15,右击两次退出。绘制的多段线、圆弧和样条曲线都存储在导航栏 Curves 文件夹下。单击编辑栏中的平面工具 ,用鼠标单击绘图区中的框线生成平面,右击退出(图 10.3)。

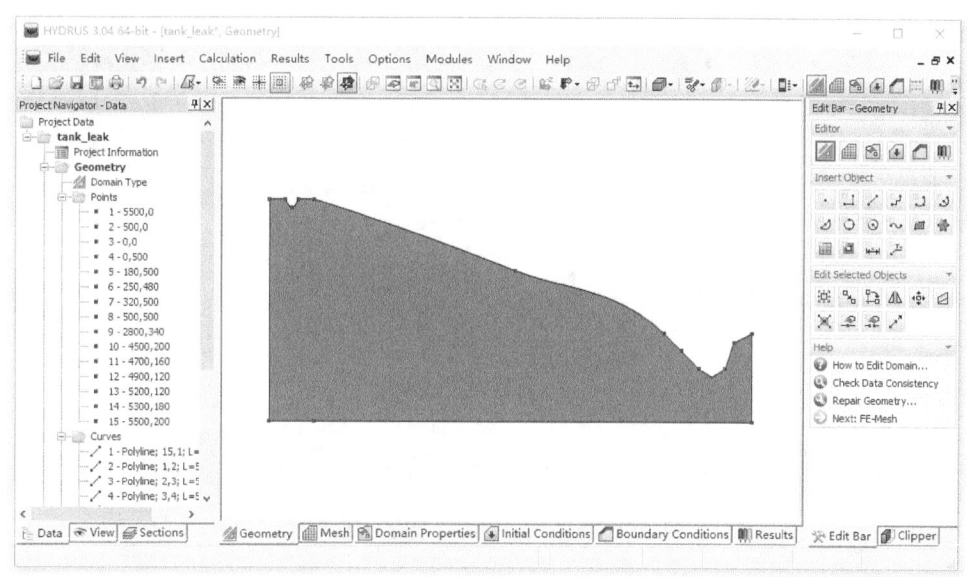

图 10.3　tank_leak 案例几何图形

10.3.2　有限元网格

工作区转到"Mesh"标签。由于本例是扁平状图形,视图拉伸后,纵向节点间隔远大于横向,有必要予以调整以保证纵向运算精度。单击编辑栏"有限元网格参数(FE-Mesh Parameters)",在弹出的窗口单击第 2 个标签——网格拉伸参数(参考图 9.12),单击 Z-direction,将 Z 方向的拉伸因子 Fs 设为 0.2,单击"OK"返回。

单击编辑栏"插入网格加密（Insert Mesh Refinement）"弹出窗口。HYDRUS-(2D/3D)提供了4种有限元加密的方法：第一种是选择点并给定加密后的有限元大小S，则该点周边的有限元网格大小都将压缩；第二种是基于线和有限元大小，该线及其周边的有限元网格都设为S大小；第三种是基于线并给定这条线上的节点数量，这种方法不会引入额外的计算量，推荐使用这种方法；第四种是将某个指定面内的有限元网格全部压缩成S大小。本例选择方法三——"Line-Number of Points"，将节点数设为7，单击OK返回。用鼠标选中圆弧，增加节点数至7个，从而保证有限元网格生成以后不改变其椭圆形状。单击编辑栏中的"生成有限元网格（Generate FE-Mesh）"，完成网格生成（图10.4）。

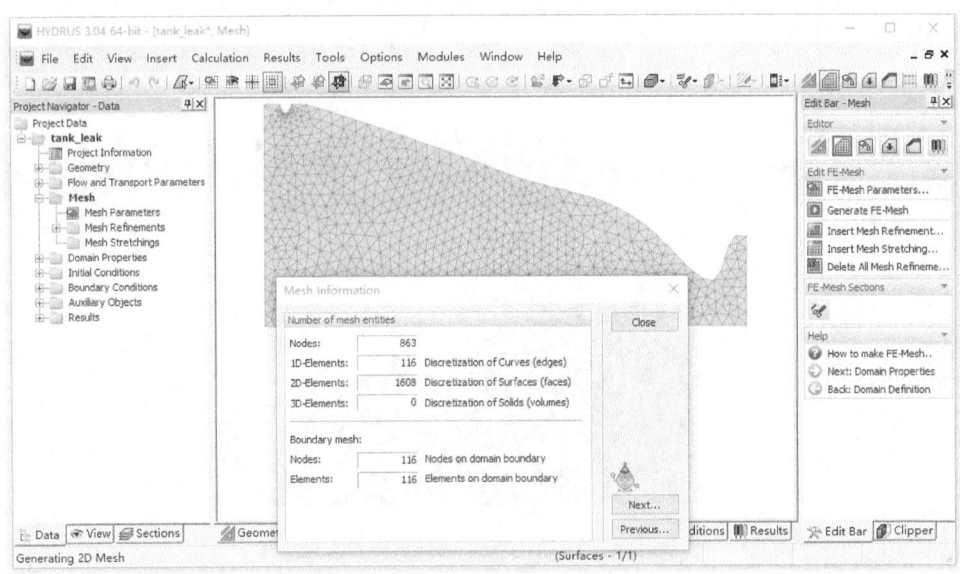

图10.4　tank_leak案例有限元网格生成

单击编辑栏"Edit Properties on FE-Mesh"切换至有限元模式。参考9.4.3节设置域特性。本例保持默认质地为壤土。读者可自行设置观测点和流动示踪粒子。

10.3.3　初始条件

工作区转到"初始条件（Initial Condition）"标签，左侧导航栏选择"压力水头（Pressure Head）"。在绘图区内框选整个图形，选中所有节点，单击编辑栏中的"Set Pressure Head IC"。在弹出的窗口中选择"Hydrostatic Equilibrium from the lowest located nodal point"，设置"Bottom Pressure Head Value"为400cm；勾选

"Slope in X-direction"复选框，设置 X 方向的角度为-2.8°，单击"OK"返回（图 10.5）。溶质初始浓度默认为 0，无须设置。

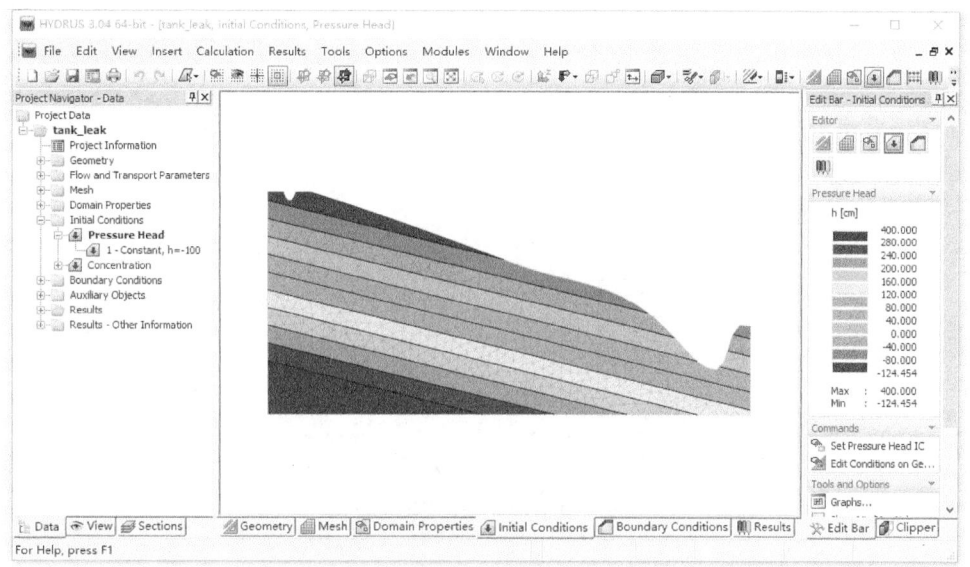

图 10.5　tank_leak 案例水流初始条件

10.3.4　边界条件

工作区转到"边界条件（Boundary Conditions）"标签。

先设置水流边界条件。选中圆弧上的节点，单击编辑栏内的"Variable Flux 1"，将图 10.1 中的变通量条件赋予圆弧代表的容器。选中左侧边界上的节点，单击编辑栏内的"Constant Head"。在弹出的窗口中会自动保留初始水头条件赋予的数值。注意：一定要勾选"Equilibrium from the lowest located nodal point"。单击"OK"返回。选中右侧边界上的节点，重复上述操作。左右两侧存在水头差，以驱动地下水从左往右流动（图 10.6）。本例污染源所在的节点为变通量，无须再修改溶质运移边界条件。运算此模型。

10.4　偷　排　结　果

由图 10.7 可以看出，随着时间的延长，污染羽先是纵向入渗，进入地下水以后发生横向迁移。模拟结果显示，经过 20 轮、1000 天的偷排，污染羽尚未抵达右侧河道。

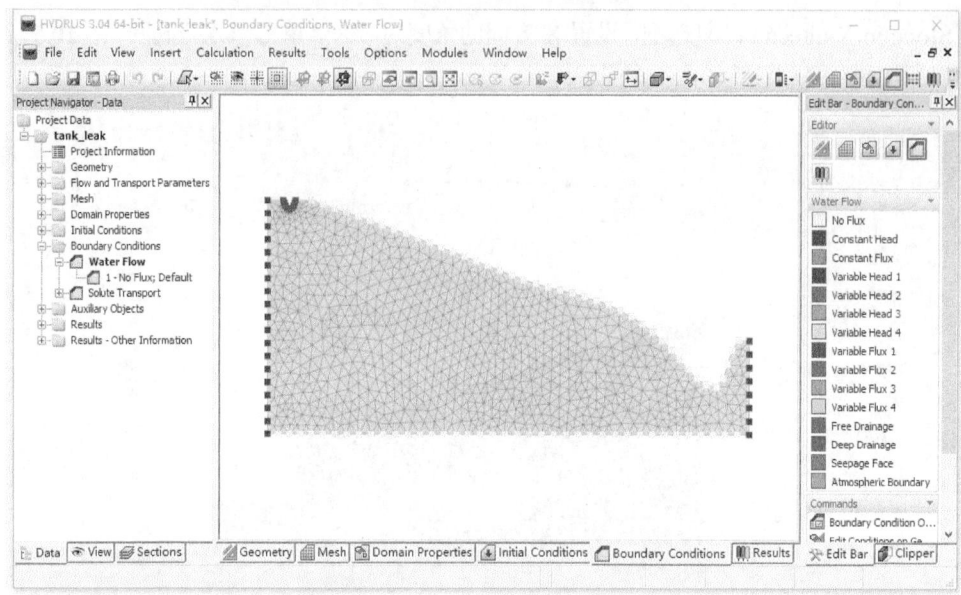

图 10.6 tank_leak 案例水流边界条件

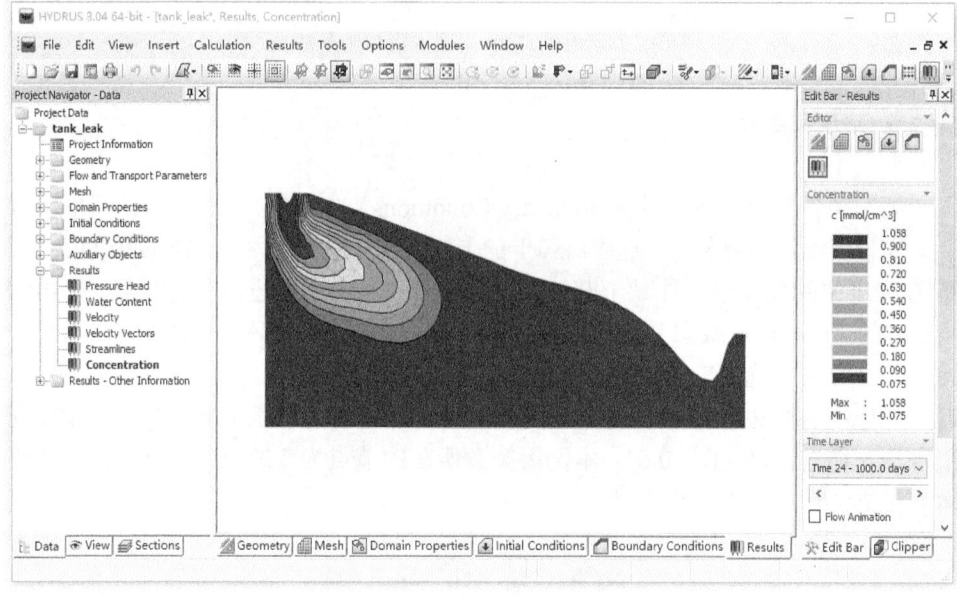

图 10.7 tank_leak 案例变通量偷排情境下的污染羽

单击导航栏 Results 文件夹下的"流线（Streamlines）"，还可以观察指定时刻剖面各点的流速分布情况，如图 10.8 所示。

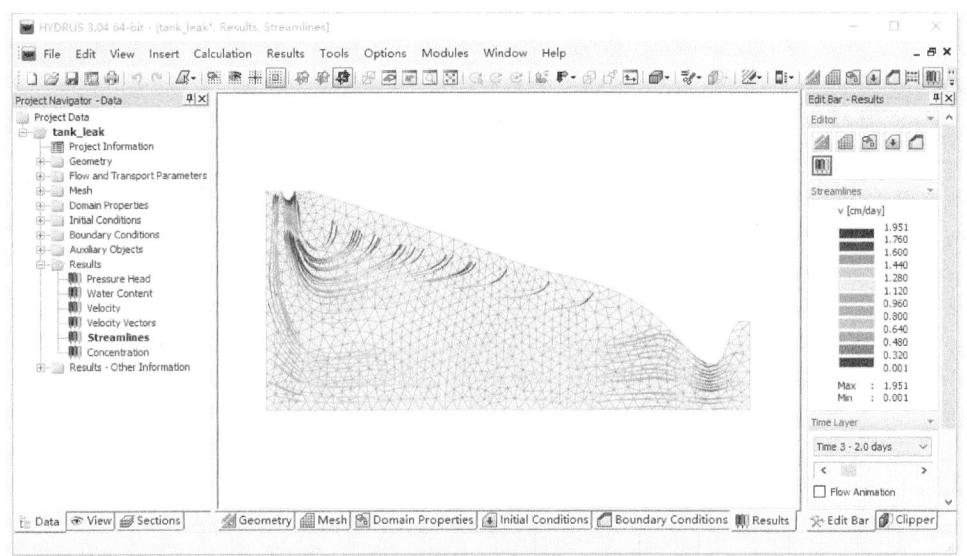

图 10.8　tank_leak 案例变通量偷排情境下的流线图

10.5　跑冒滴漏问题

假设到了第 1000 天，该污染源不再是周期性的偷排，而是发生了泄漏（定水头，$H = 0$，$c = 1$），如何在原模型的基础上继续后半段的模拟呢？

打开项目管理器。选中"tank_leak"项目，单击"Copy"，复制一个名为"tank_leak_constH"的新项目，并将其打开。单击菜单栏"编辑（Edit）"—"初始条件（Initial Conditions）"—"导入（Import）"，选择原模型"tank_leak.h3d3"，弹出如图 10.9 所示窗口。

勾选"Pressure Head"和"Concentration"，或者直接单击右侧按钮"Select All"。下方输出时刻选择"最后一个输出时刻［The Last（Final）Time Layer］"，读者也可以根据自己的需求选择任意一个原模型的输出时刻，以其水头值和浓度值作为新模型的初始条件。注意要保持"Identical FE-Meshes"处于选中状态，以确保两个模型的有限元网格是完全相同的。单击"OK"返回，则原模型最后一个时刻的水头值和浓度值就自动赋予了新模型的初始条件。

双击导航栏"水流和运移参数（Flow and Transport Parameters）"—"时间信息（Time Information）"，在弹出的窗口中取消勾选随时间可变边界条件，单击"OK"返回。

双击导航栏"水流和运移参数（Flow and Transport Parameters）"—"溶质运移（Solute Transport）"—"基本信息（General Info）"，修改脉冲周期（Pulse Duration）为 1000，以确保污染物持续泄漏。单击"OK"返回。

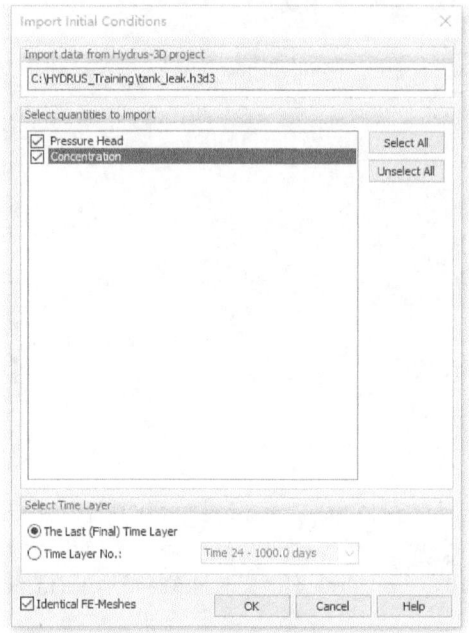

图 10.9　HYDRUS-(2D/3D)导入初始条件

双击导航栏"水流和运移参数（Flow and Transport Parameters）"—"溶质运移（Solute Transport）"—"反应参数（Reaction Parameters）"，在"溶质反应参数（Reaction Parameters for Solute-1）"窗口（参考图 9.11），将 cBnd2 设为 1，单击"OK"返回。

工作区转到"边界条件（Boundary Conditions）"标签。针对水流边界条件，选中圆弧上的节点，单击编辑栏内的"Constant Head"，在弹出的窗口中将水头值设为 0（跑冒滴漏）。单击"OK"返回。

单击导航栏"边界条件（Boundary Conditions）"文件夹下的"溶质运移（Solute Transport）"，选中圆弧上的节点，单击编辑栏内的"第三类边界条件（Third-Type）"，在弹出的窗口中，将该条件的编号设为 2（与之前的 cBnd2 相呼应），如图 10.10 所示。单击"OK"返回。

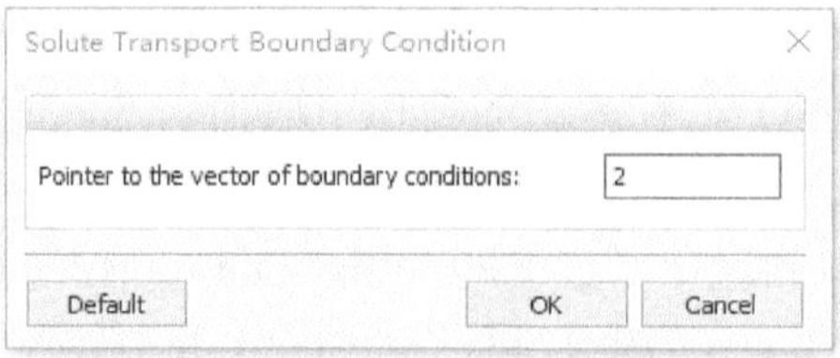

图 10.10　HYDRUS-(2D/3D)溶质运移三类边界条件的编号设置

运算模型,可以看到由周期性的通量偷排转变为定水头的持续跑冒滴漏,污染羽的范围迅速增大,最终威胁到右侧水源地的安全(图 10.11)。

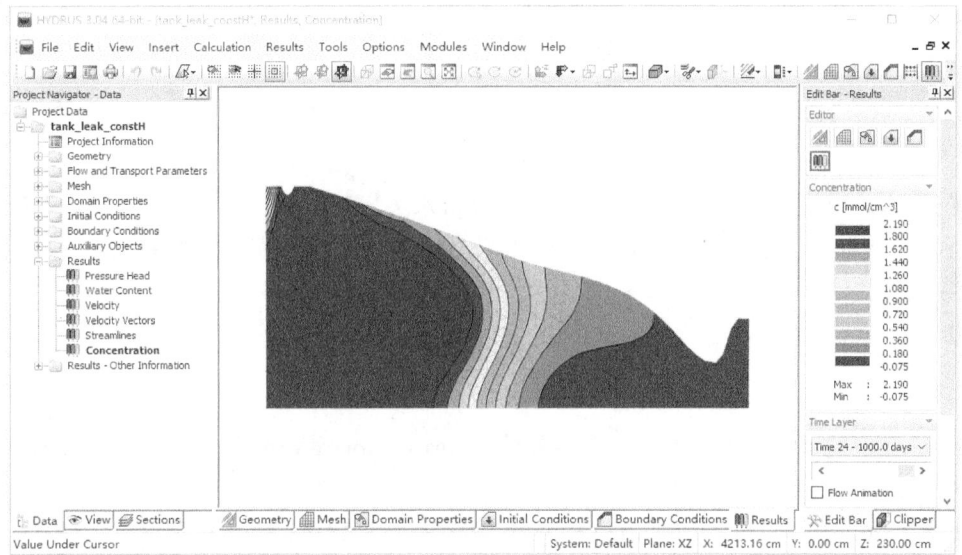

图 10.11　tank_leak_constH 案例定水头情境下的污染羽

11 沟灌和根系吸水

11.1 问题描述

本例模拟农田土壤沟灌问题，重点分析水头灌溉条件、暗管排水以及根系吸水在 HYDRUS-(2D/3D)中如何实现。本案例重点在于冠层蒸腾和根系分布密度函数的设置。

11.2 模型构建

在自建项目组下，新建一个名称为"Furrow_irrigation"的项目，并选择永久保存。

"域类型和单位"选择 2D-General，2D-Vertical Plane XZ，长度单位选择 cm，Initial Workspace 的 X 范围设为–500～500，Z 范围设为–200～200。"主过程和附加模块"勾选"水流"、"溶质运移"（默认选择"标准溶质运移"）、"根系吸水"。"时间信息（Time Information）"单位选择天（Days），初始时间为 0，终止时间为 100，初始步长 0.001，最小步长为 1e-5。勾选"随时间可变边界条件（Time-Variable Boundary Conditions）"，可变边界条件的数目为 2。"输出时间（Print Times）"设为 14 次，单击"Update"，填入 0.5、1、2、5、10、20、50、50.5、51、52、55、60、70、100。水流模型最大迭代次数设为 100，初始条件种类选择水头（In Pressure Heads）；选择 van Genuchten-Mualem 模型，不考虑滞后现象；土壤质地种类数为 1，选择粉土（Silt）。

溶质种类设为 1；脉冲周期（Pulse Duration）设为 50 天；初始条件类型选择液相浓度（In Liquid Phase Concentrations）。溶质运移参数中土壤容重（Bulk. D.）填入 1.5，纵向弥散度（Disp. L.）设为 5cm，径向弥散度（Disp. T.）设为 0.5cm，平衡吸附点位所占的比例（Fract.）设为 1，液相扩散系数（Diffus.W.）设为 2cm^2/day，其余参数默认为 0。溶质反应参数窗口所有参数保持缺省值，假设该污染物不吸附、不挥发、不反应。

下一步，弹出"根系吸水和溶质吸收模型（Root Water and Solute Uptake Model）"窗口（图 11.1）。选择 Feddes 模型，ω_c 设为 1，不考虑盐分胁迫（选择 No Solute Stress），不考虑根系对溶质的主动吸收。从下一步的根系吸水模型参数下拉菜单中选择小麦。

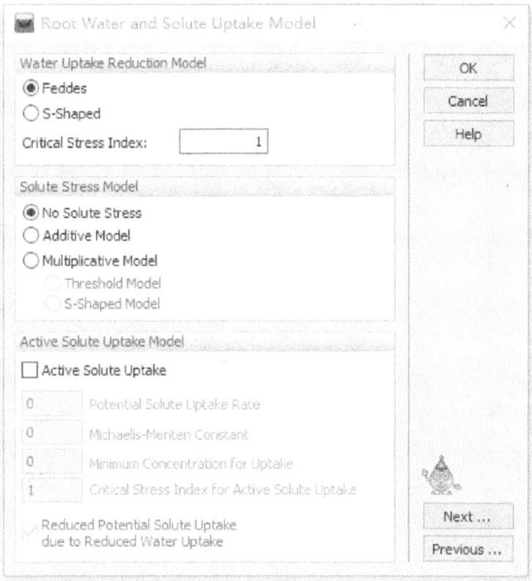

11 沟灌和根系吸水

图 11.1 HYDRUS-(2D/3D)根系吸水和溶质吸收模型设置

下一步设置"随时间可变边界条件（Time Variable Boundary Conditions）"（图 11.2）。考虑根系吸水，设蒸腾速率为 0.4cm/day。注意该窗口最下面的"与蒸腾相关的表面宽度（Surface area associated with transpiration）"务必要设置（假设为 50cm），因为这是个二维问题，所有的通量最后都要乘以相应的宽度最后变为 cm^2/day。如果这个值为 0，即便是设置了蒸腾量，也不会有根系吸水量产生。图中条件的含义是从零时刻到第 50 天，以 12cm 的水头条件灌溉，灌溉水中含有浓度为 1 的某种溶质（肥料）；第 50～100 天以相同的水头条件灌溉清水。在整个时段内，植物以（0.4×50）cm^2/day 的速率蒸腾耗水，忽略降水和蒸发。

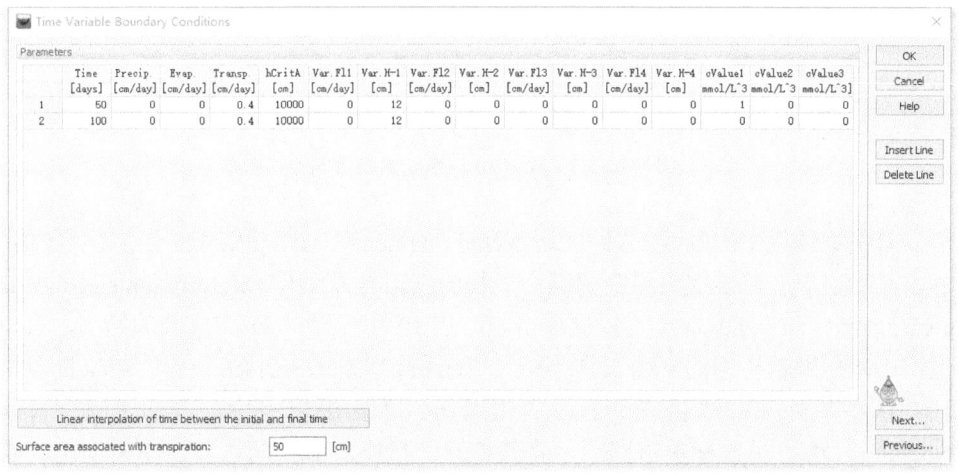

图 11.2 Furrow_irrigation 案例随时间可变边界条件

11.3 土壤剖面图形设计

打开栅格设置窗口，勾选"Dynamic"，将 w 和 h 设为 20，单击"OK"返回。

11.3.1 几何域

工作区标签处于"几何域（Geometry）"，单击编辑栏里的画点工具，绘制如图 11.3 导航栏所示的 11 个点。在 HYDRUS-(2D/3D)模型中考虑根系吸水问题时，最好将地面根系中点设为坐标原点（0，0），以便后续利用模型自带函数绘制一个对称的锥形根系分布。

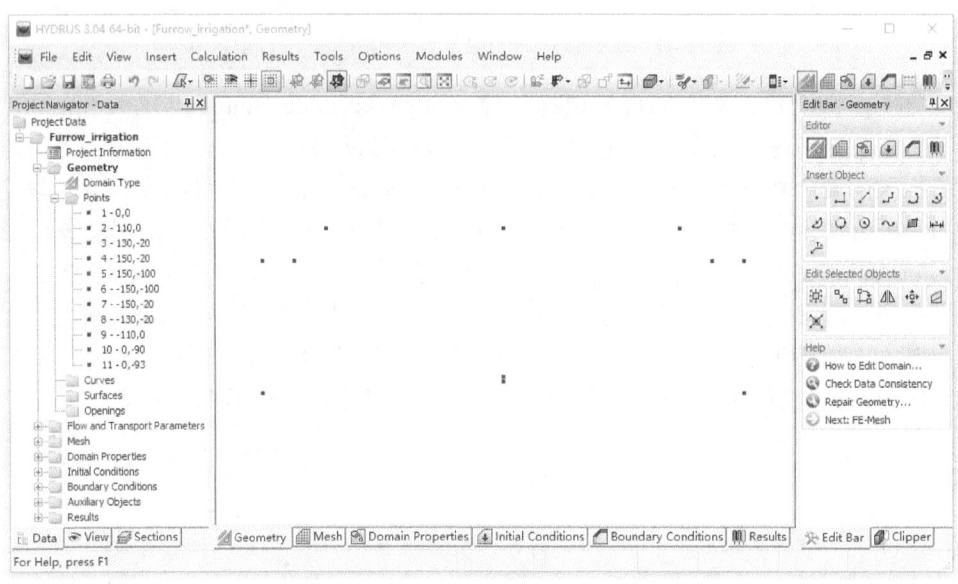

图 11.3 Furrow_irrigation 案例绘制点

单击编辑栏中的画线工具"Connected Segments"，依次连接点 1～点 9；右击两次退出。单击编辑栏中的圆心半径画圆工具"New Circle graphically using center point and radius"，依次单击圆心点 10 和圆周点 11 完成圆的绘制，右击退出。单击编辑栏中的平面工具"New General Planar Surface"，用鼠标单击绘图区中的外部框线生成平面，右击退出。单击编辑栏中的开口工具"New Opening"，用鼠标单击圆周，将其挖开，形成内部封闭边界，单击退出。绘制完成的几何图形如图 11.4 所示。

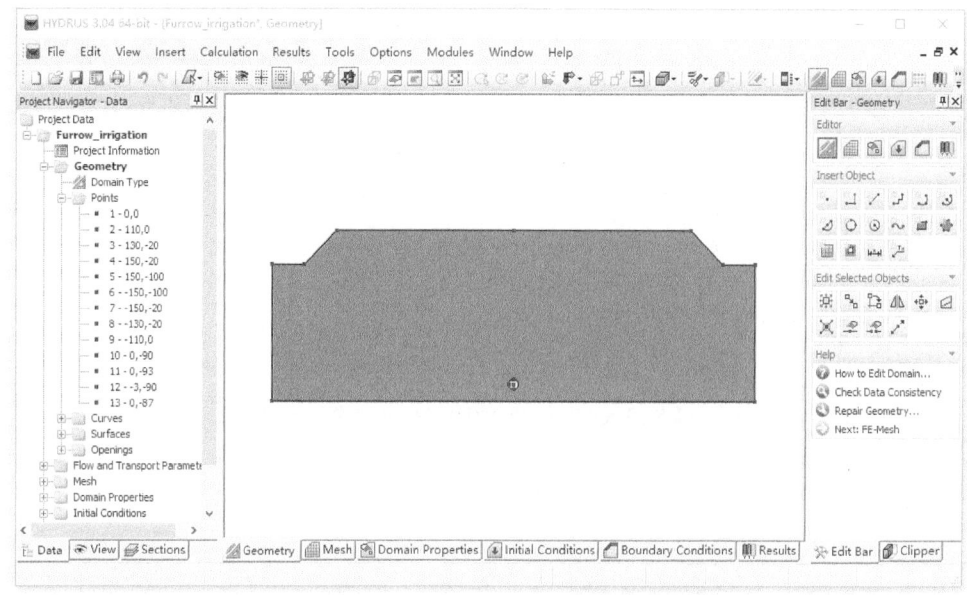

图 11.4　Furrow_irrigation 案例几何图形

11.3.2　域特性

工作区转到"Mesh"标签。单击编辑栏中的"生成有限元网格",完成网格生成。

工作区转到"Domain Properties"标签。单击编辑栏"Edit Properties on FE-Mesh"切换至有限元模式。参考 9.4.3 节设置土壤质地、观测点和流动示踪粒子。本例重点介绍如何设置根系分布密度函数。

单击左侧导航栏"域特性(Domain Properties)"文件夹下的"根系吸水(Root Water Uptake)",在右侧编辑栏中会出现两种根系分布密度函数的设置命令:一种是"设置根系吸水(Set Root Water Uptake)",单击它,然后用鼠标在图中选中根区节点,弹出如图 11.5 所示窗口。这里仅需要给出根系分布密度函数的上、下边界值,做出来的函数图像是自上而下线性分布,其功能与 HYDRUS-1D 类似(参考图 6.36)。另一种是设置"根系分布参数(Parameters for Root Distribution)"。要想实现 3.8.1 节式(3.50)所示的非线性根系分布密度函数,必须要采用此方法(图 11.6)。"Root Distribution Parameters"窗口包括三部分,分别代表 Z 方向、X 方向和 Y 方向上的分布参数。每一个方向上的参数都包含以下三个:最大根长(X_m、Y_m 和 Z_m)、根系吸水最大速率的深度(x^*、y^* 和 z^*,可设为 20%最大根长)、根系形状参数(p_x、p_y 和 p_z)。

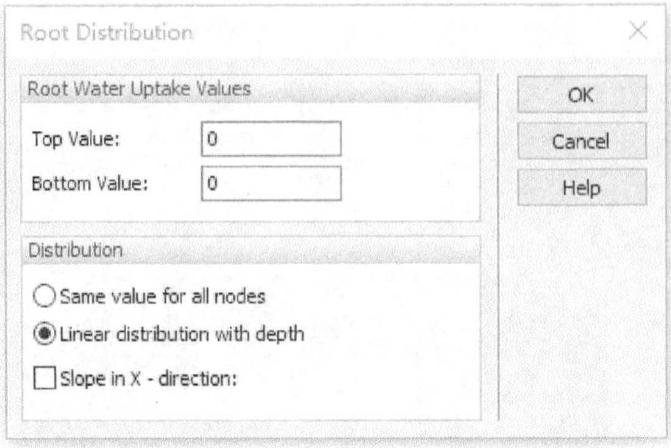

图 11.5　HYDRUS-(2D/3D)根系分布简单设置

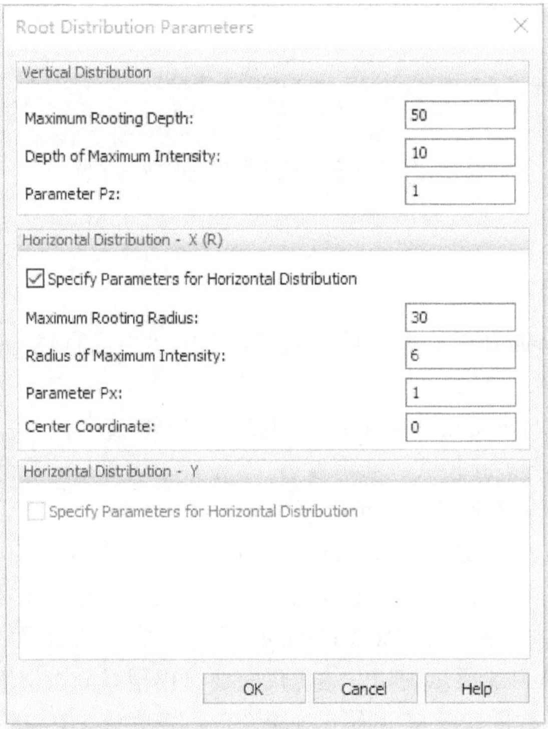

图 11.6　HYDRUS-(2D/3D)根系分布参数设置

要画一个锥形的根系，首先设置纵向分布 $Z_m = 50$，$z^* = 10$，$p_z = 1$。勾选"Specify Parameters for Horizontal Distribution"，设置 X 方向分布 $X_m = 30$，$x^* = 6$，$p_x = 1$；中心坐标（Center Coordinate）设为 0（因为本例的根系中心在坐标原点）。设置完成的根系分布如图 11.7 所示。

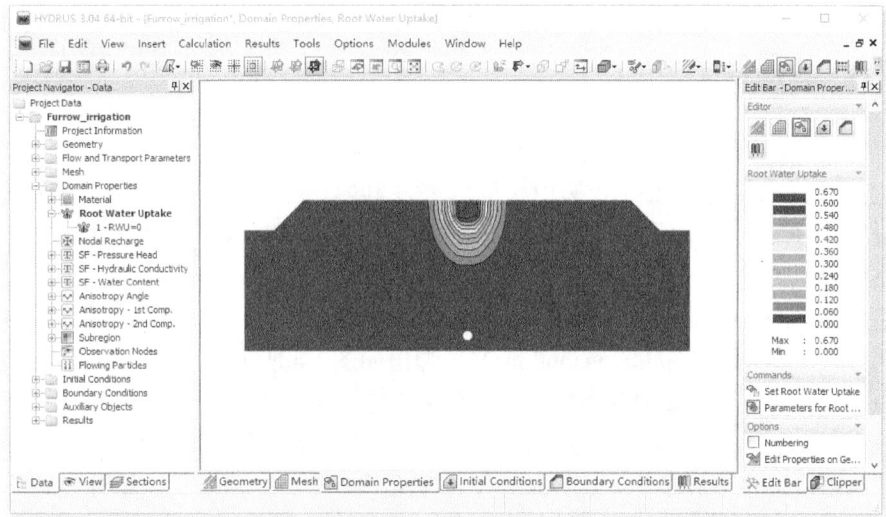

图 11.7　HYDRUS-(2D/3D)根系分布设置结果

11.3.3　初始条件

工作区转到"初始条件（Initial Condition）"标签。左侧导航栏选择"压力水头（Pressure Head）"。在绘图区内框选整个图形，选中所有节点，单击编辑栏中的"Set Pressure Head IC"。在弹出的窗口中选择"Hydrostatic Equilibrium from the lowest located nodal point"，设置"Bottom Pressure Head Value"为 50cm，单击"OK"返回。溶质初始浓度默认为 0，无须设置。初始条件设置结果如图 11.8 所示。

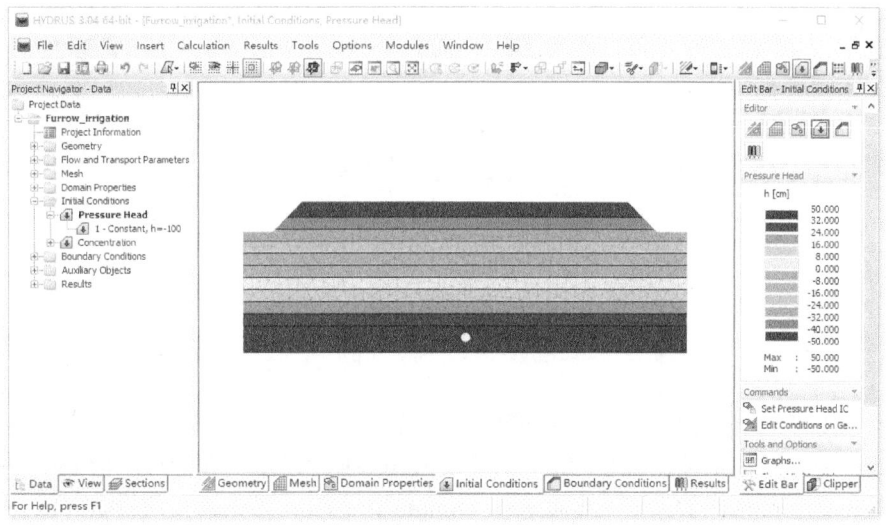

图 11.8　Furrow_irrigation 案例水流初始条件

11.3.4 边界条件

工作区转到"边界条件(Boundary Conditions)"标签。

先设置水流边界条件。选中两侧沟底及其斜边上的节点,单击编辑栏内的"Variable Head 1",将图 11.2 中的变通量条件赋予灌溉畦沟。选中圆周上的节点,单击编辑栏内的"Seepage Face",将其设为排水管。选中上边界全部节点,单击编辑栏内的"Atmospheric Boundary",将其设为大气边界。单击编辑栏内的"边界条件选项(Boundary Conditions Options)",弹出如图 1.4 所示对话框,勾选"当指定节点的压力水头为负值时将可变水头条件变为零通量边界条件(No Flux BC when the specified nodal pressure head is negative)",单击"OK"返回。变水头条件下无须再修改溶质运移边界条件。边界条件设置完成后如图 11.9 所示。运算模型。

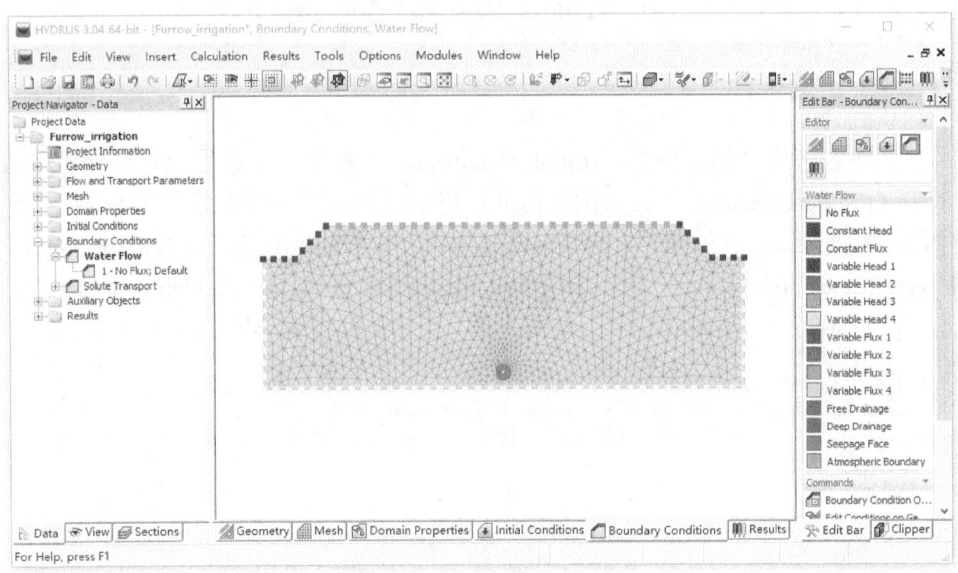

图 11.9 Furrow_irrigation 案例水流边界条件

11.4 模型结果

图 11.10 为第 60 天的溶质浓度分布结果。

如果考虑根系被动吸收溶质,只需要双击导航栏"水流和运移参数(Flow and Transport Parameters)"—"溶质运移(Solute Transport)"—"反应参数(Reaction Parameters)",在"溶质反应参数(Reaction Parameters for Solute-1)"窗口,设

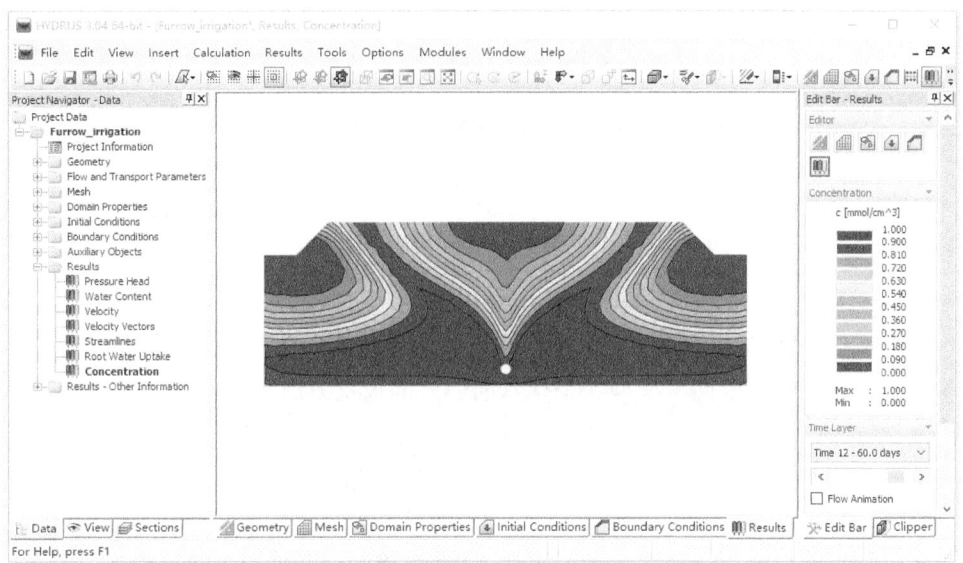

图 11.10　Furrow_irrigation 案例溶质浓度分布结果

置根系吸收的最大浓度 cRoot［即 4.1.4.1 节式（4.26）中的 c_{max}］。例如，这里将其设为 1，重新计算后，可以在"结果-其他信息（Results-Other Information）"—"溶质通量（Solute Fluxes）"中看到根系对于溶质的累积吸收量，如图 11.11 所示。

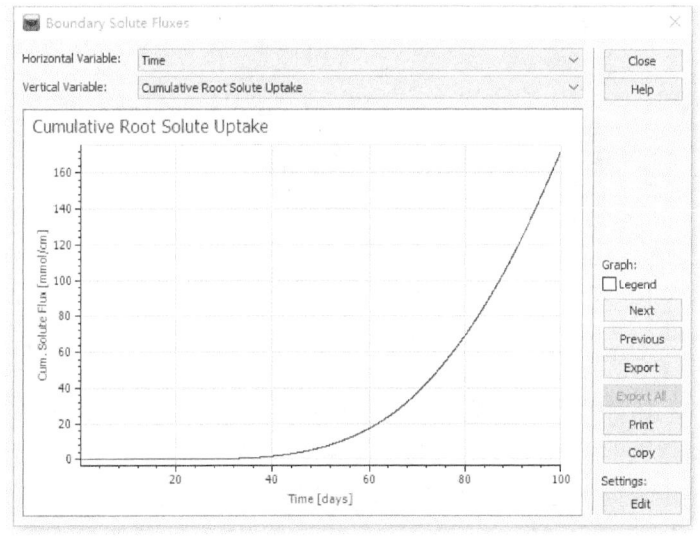

图 11.11　Furrow_irrigation 案例根系对溶质的累积吸收量

12 污染源泄漏 3D 简单模型

12.1 问题描述

本例基于 HYDRUS-3D 简单模型模拟以通量条件为边界的污染源泄漏问题。本案例重点在于坡度简单模型（平行六面体）的设置方法。

12.2 模型构建

在自建项目组下，新建一个名称为"Waste_Site"的项目，并选择永久保存。

"域类型和单位（Domain Type and Units）"选择 3D-Simple，长度单位选择 cm，Initial Workspace 的 X 范围设为 0~1000，Y 范围设为 0~250，Z 范围设为 0~200。

下一步，弹出"六面体域定义（Hexahedral Domain Definition）"对话框（图 12.1），在此页面下设置拟绘制的模型边界（Lx、Ly 和 Lz）及 X 和 Y 方向的角度（α 和 β）。本例 Lx = 1000cm，Ly = 250cm，Lz = 200cm；α = −5°，β = 0°。

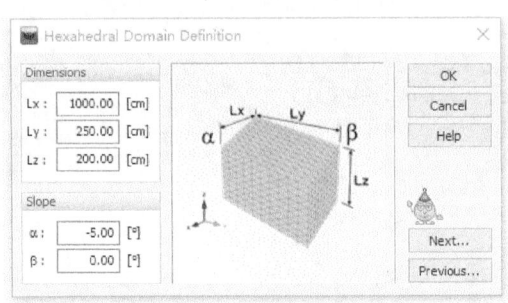

图 12.1　HYDRUS-3D 简单模型六面体域定义

"主过程和附加模块"勾选"水流"和"溶质运移"（默认选择"标准溶质运移"）。"时间信息"单位选择天（Days），初始时间为 0，终止时间为 50，初始步长 0.01，最小步长为 1e-5。"输出时间(Print Times)"设为 10 次，单击"Update"，依次填入 0.25、0.5、1、2、5、10、20、30、40、50。水流模型最大迭代次数设为 100，初始条件种类选择水头（In Pressure Heads）；选择 van Genuchten-Mualem 模型，不考虑滞后现象；土壤质地种类数为 1，选择壤土（Loam）。

下一步,弹出"各向异性张量(Tensors of Anisotropy)"窗口(图 12.2),保持缺省设置,即默认为各向同性。

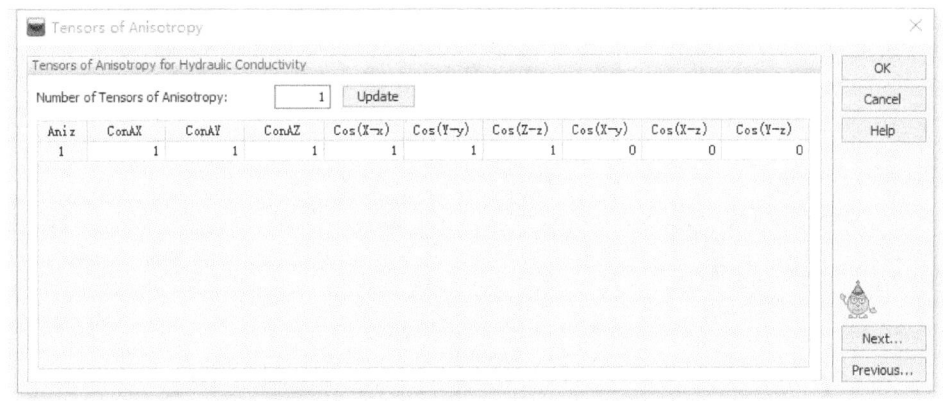

图 12.2 HYDRUS-3D 模型各向异性张量

下一步,设置"溶质运移-基本信息"。溶质种类设为 1;脉冲周期设为 50 天(假设持续泄漏);初始条件类型选择液相浓度,其余参数保持默认。溶质运移参数中,土壤容重(Bulk.D.)填入 1.5,纵向弥散度(Disp. L.)设为 10cm,径向弥散度(Disp. T.)设为 1cm,平衡吸附点位所占的比例(Fract.)设为 1,其余参数默认为 0;溶质反应参数,边界条件参数中 cBnd2 设为 1,其余参数保持缺省值。

下一步。设置"六面体域空间离散(Hexahedral Domain Spatial Discretization)"(图 12.3)。设置 X 方向节点数量为 39,在表中 x 列输入 0、25、50、75、100、125、150、170、185、195、200、205、210、220、235、250、265、280、290、295、300、305、315、330、350、375、400、450、500、550、600、650、700、750、800、850、900、950、1000。设 Y 方向节点数为 18,在表中 y 列输入 0、10、20、30、40、45、50、55、60、70、85、100、125、150、175、200、225、250。X 和 Y 方向的垂向偏差(dz)均设为 0。设 Z 方向节点数为 22,在表中 z 列输入 200、197.5、195、192.5、190、187、184、180、175、170、165、158、150、140、125、110、95、80、65、50、25、0。三维有限元类型这里提供了两种选择——"四面体(Tetrahedral)"和"三棱柱(Triangular Prism)",本例选择后者。

下一步。弹出"域特性(Domain Properties)"设置窗口(图 12.4),本例保持缺省设置。

图 12.4 中 z 为纵向坐标。

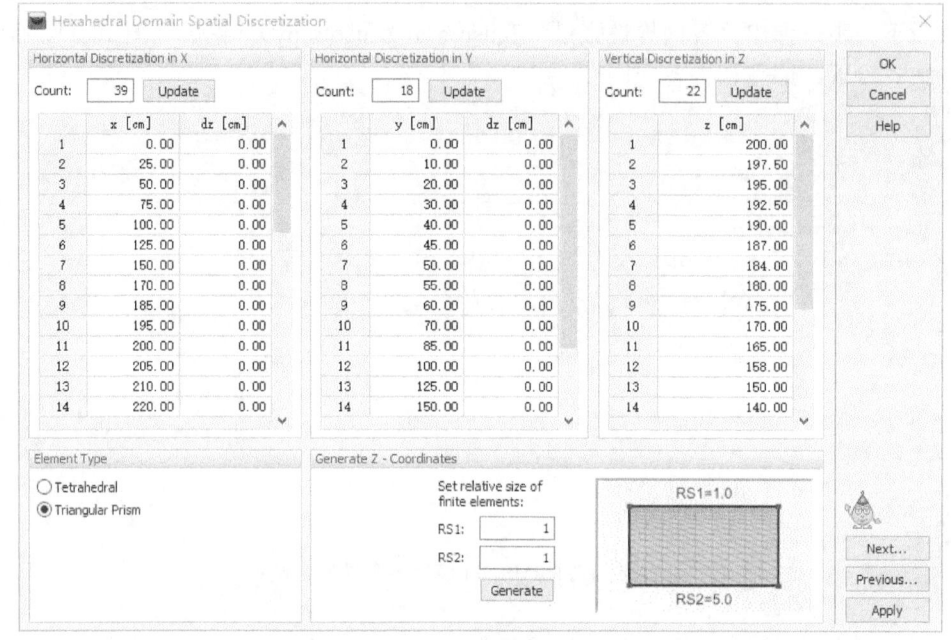

图 12.3　Waste_Site 模型六面体域空间离散

Code 为边界条件编号：0 表示零通量；–1 表示定通量；+1 表示定水头；–2 表示非饱和渗透面；+2 表示饱和渗透面；–3、–7、–8、–9 表示变通量；+3、+7、+8、+9 表示变水头；–4 表示大气边界；–5 表示排水管；–6 表示自由排水。

h 列为初始水头，如果单击了窗口底部的"Linear interpolation of pressure heads between the first and last layer"，则 z 方向上的水头会自动线性分布。

Q 为补水量（Recharge flux）[L^2T^{-1}]或[L^3T^{-1}]。

Mater 为质地编号。

Roots 为根系分布密度函数。

Axz、Bxz 和 Dxz 分别为水头、导水率和含水量的缩放因子。

Temp 为初始温度[K]。

Conc 为平衡相初始浓度[ML^{-3}]。

Sorb 为非平衡相（动态吸附相[量纲一]或不可移动相[ML^{-3}]）初始浓度。

Sol#表示 Unsatchem 模块中，初始条件所包含的溶质组分数。

Ads#表示 Unsatchem 模块中，初始条件所包含的阳离子交换点位的组分数。

Prec#表示 Unsatchem 模块中，初始条件所包含的固相组分数。

CO2 表示 Unsatchem 模块中的初始 CO_2 浓度。

下一步弹出有限元网格信息窗口（图 12.5），本例共包含 15444 个节点（Nodes）、110 个一维元、4894 个二维元和 27132 个三维元。

Layer	z [cm]	Code	h [cm]	Q	Mater	Roots	Axz	Bxz	Dxz	Temp [C]	c
1	200.00	0	-100	0	1	0	1	1	1	20	
2	197.50	0	-100	0	1	0	1	1	1	20	
3	195.00	0	-100	0	1	0	1	1	1	20	
4	192.50	0	-100	0	1	0	1	1	1	20	
5	190.00	0	-100	0	1	0	1	1	1	20	
6	187.00	0	-100	0	1	0	1	1	1	20	
7	184.00	0	-100	0	1	0	1	1	1	20	
8	180.00	0	-100	0	1	0	1	1	1	20	
9	175.00	0	-100	0	1	0	1	1	1	20	
10	170.00	0	-100	0	1	0	1	1	1	20	
11	165.00	0	-100	0	1	0	1	1	1	20	
12	158.00	0	-100	0	1	0	1	1	1	20	
13	150.00	0	-100	0	1	0	1	1	1	20	
14	140.00	0	-100	0	1	0	1	1	1	20	
15	125.00	0	-100	0	1	0	1	1	1	20	
16	110.00	0	-100	0	1	0	1	1	1	20	
17	95.00	0	-100	0	1	0	1	1	1	20	

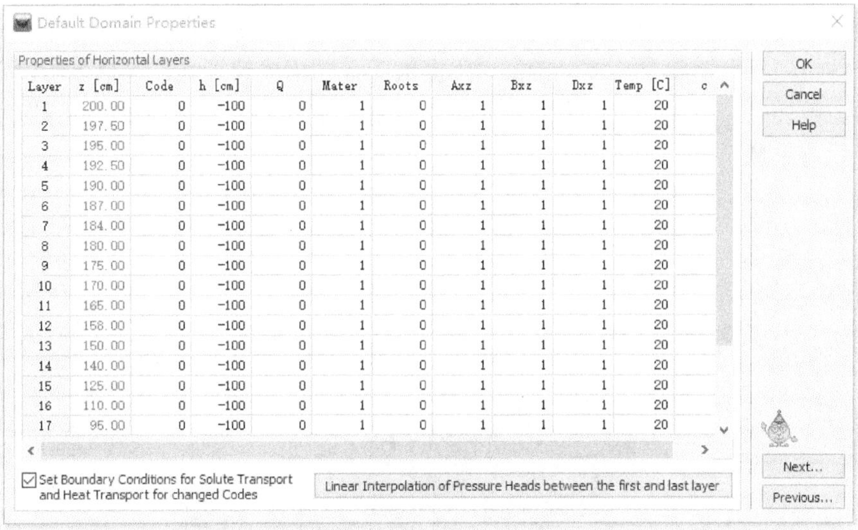

图 12.4　Waste_Site 模型域特性设置表

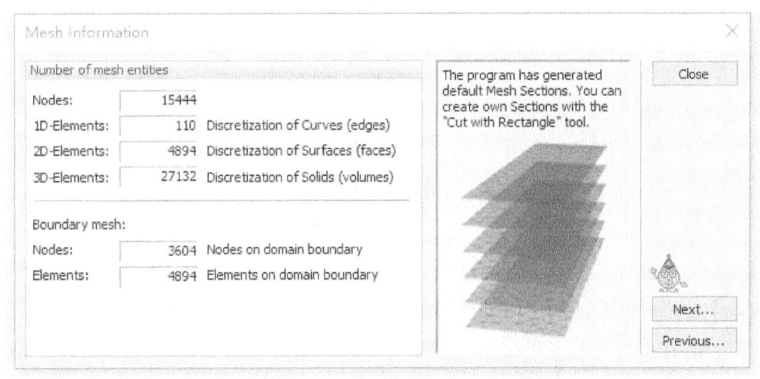

图 12.5　Waste_Site 模型有限元网格信息

下一步。弹出窗口，提示后续任务都需要在画图窗口内完成（Next tasks should be carried out in the graphical mode）。单击“OK”返回。

12.2.1　域特性

工作区转到“域特性（Domain Properties）”标签。单击导航栏最下方的“分区（Sections）”标签，如图 12.6 所示。在“选项”一栏里，“Sections”下拉菜单用来控制“几何分区（Geo-Sections）”或“网格分区（Mesh-Sections）”，选中之后，下方的内容会做相应的改变。“Actions”下拉菜单用来控制具体的操作内容——是简单的"显示（Display）"，还是"选中（Select）"。"Edit"处提供了两个按钮，其中"命令（Commands）"提供了分区相关的工具，包括显示、隐藏、新建、剪切等；单击"管理（Manager）"按钮会弹出分区管理的相关工具，主要是显示与隐藏功能。

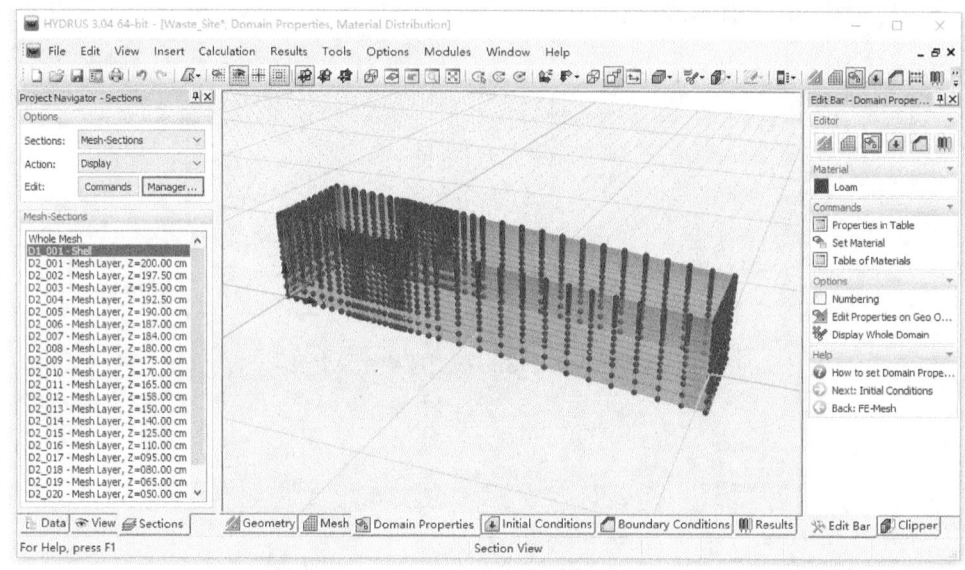

图 12.6　Waste_Site 模型导航栏分区标签（Shell）

如图 12.6 所示，当单击"D1_001-Shell"时，绘图区内仅显示外壳部分的节点，模型其余部分则被隐藏。当单击某一个具体深度的分区时，如"D2_013-Mesh Layer，Z = 150.00cm"，绘图区只显示 Z = 150cm 的那一层，其余部分隐藏。借助此功能可对观测点、流动粒子、边界条件等进行设置。

例如，在"D1_001-Shell"分区下，单击工具栏视图工具 ——"沿 Y 轴方向（In Y-direction）"，选择相应的点作为观测点（图 12.7）。完成后记得一定要单击"Whole-Mesh"回到全域显示的模式。此外，可以单击工具栏的轴测图（Isometric）或透视图（Perspective View）以便观察。

12.2.2　初始条件

工作区转到"初始条件（Initial Condition）"标签。确保导航栏分区标签内处于"Whole-Mesh"模式。在绘图区内框选整个图形，选中所有节点，单击编辑栏中的"Set Pressure Head IC"。在弹出的窗口中选择"Hydrostatic Equilibrium

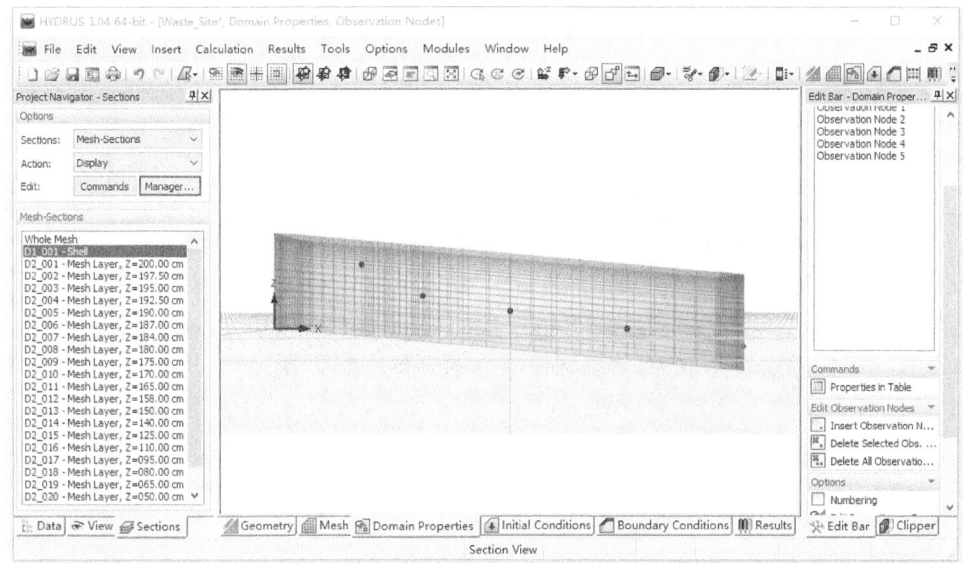

图 12.7　Waste_Site 模型观测点设置

from the lowest located nodal point",设置"Bottom Pressure Head Value"为 100cm;勾选"Slope in X-direction"复选框,设置 X 方向的角度为–5°,单击"OK"返回(图 12.8)。溶质初始浓度默认为 0,无须设置。

图 12.8 为透明模型(Transparent Model),可单击工具栏模型显示(Model Display,同旧版本 Rendering Mode 渲染模式),修改为实体模型(Solid Model)。

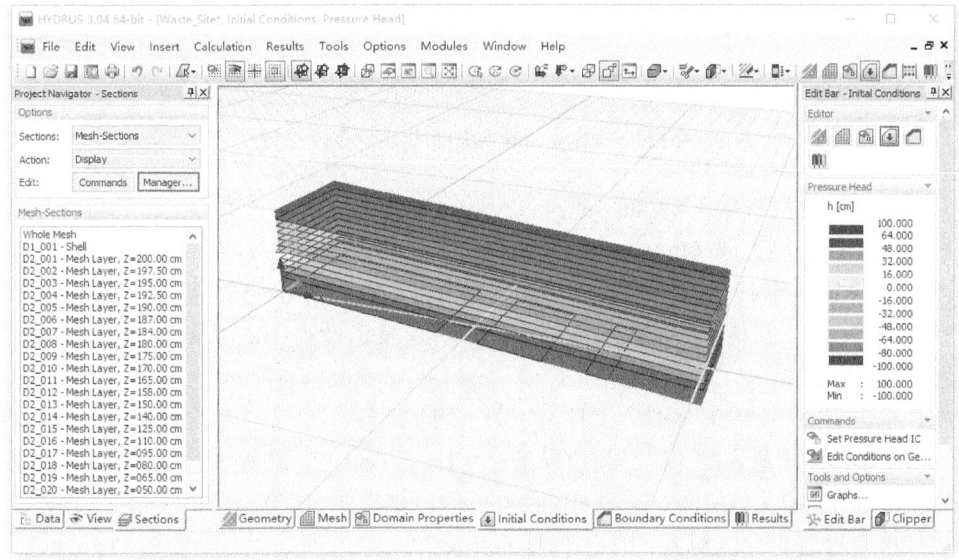

图 12.8　Waste_Site 模型初始条件设置

12.2.3 边界条件

工作区转到"边界条件（Boundary Conditions）"标签。

首先设置水流边界条件，导航栏分区选中"D1_001-Shell"，单击工具栏视图工具 — "沿Y轴方向（In Y-direction）"，取消选中透视图（Perspective View），选择最左侧那一列的节点，单击编辑栏"定水头（Constant Head）"，在弹出的窗口中水头值设为100cm，勾选"Equilibrium from the lowest located nodal point"，单击"OK"返回（图12.9）。以同样的方法设置右侧边界。

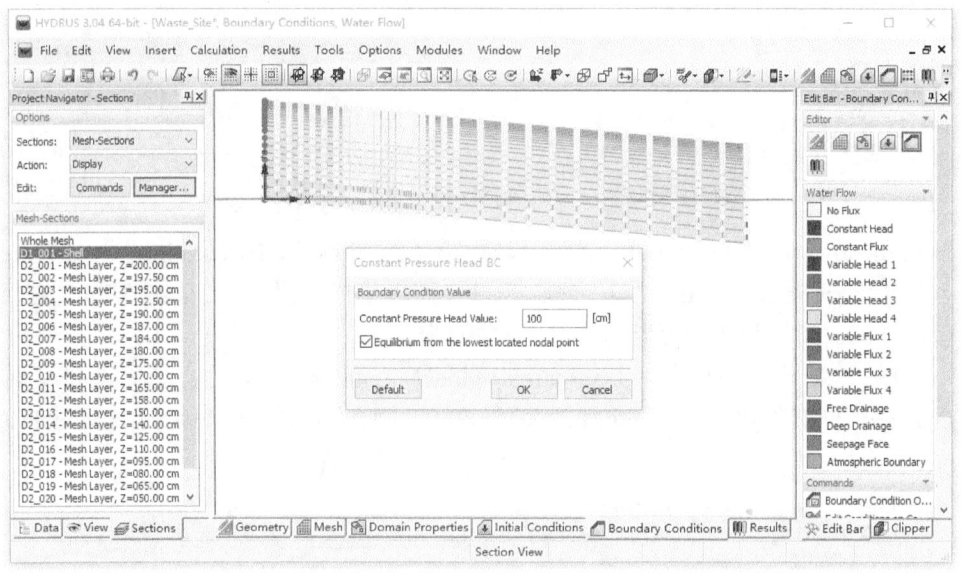

图 12.9　Waste_Site 模型左侧边界条件设置

导航栏分区选中"D2_001-Mesh Layer，Z = 200.00cm"，单击工具栏视图工具 — "沿反Z轴方向（In Reverse Z-direction）"，取消选中透视图（Perspective View），结合缩放工具，选中X介于200~300cm、Y介于0~50的节点，单击编辑栏内的"Constant Flux"，在弹出的窗口中将通量值设为10cm/day。单击"OK"返回（图12.10）。

单击导航栏"边界条件"文件夹下的"溶质运移"，重新选中定通量边界的那些节点，单击编辑栏内的"第三类边界条件（Third-Type）"，在弹出的窗口中，将该条件的编号设为2（与前面定义的cBnd2相呼应，参考图10.10），单击"OK"返回。

单击导航栏分区标签，单击"Whole-Mesh"，单击工具栏的轴测图（Isometric），定义完成的边界条件如图12.11所示。

12 污染源泄漏 3D 简单模型

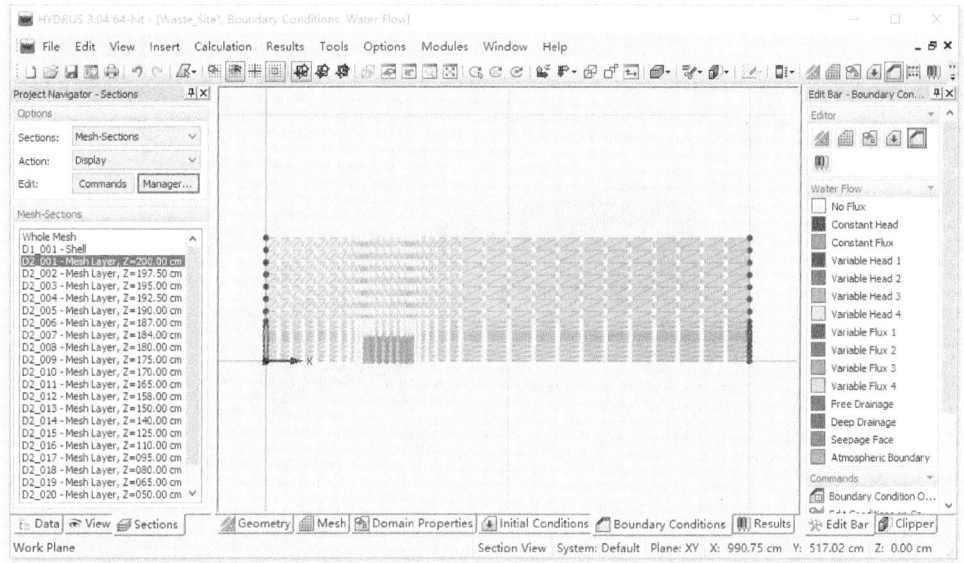

图 12.10　Waste_Site 模型水流定通量条件设置

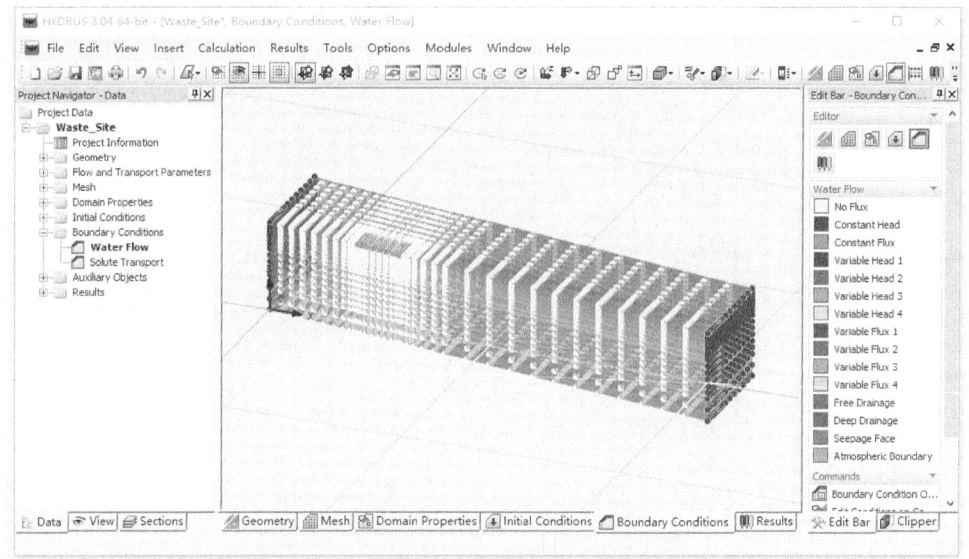

图 12.11　Waste_Site 模型边界条件设置结果

12.3　模　型　结　果

运算此模型。泄漏 50 天之后的溶质浓度分布如图 12.12 所示,各观测点的浓度动态变化如图 12.13 所示。

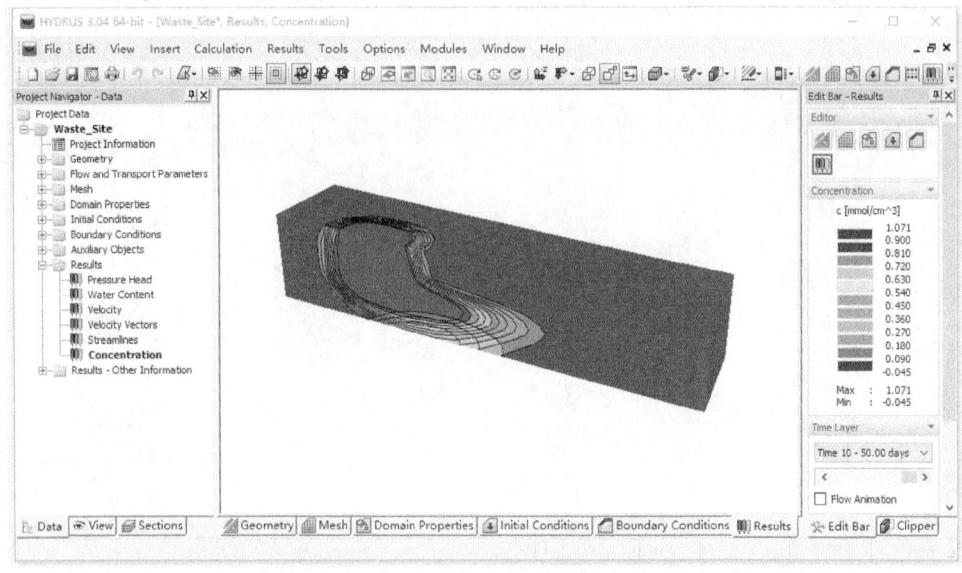

图 12.12　Waste_Site 模型溶质运移结果

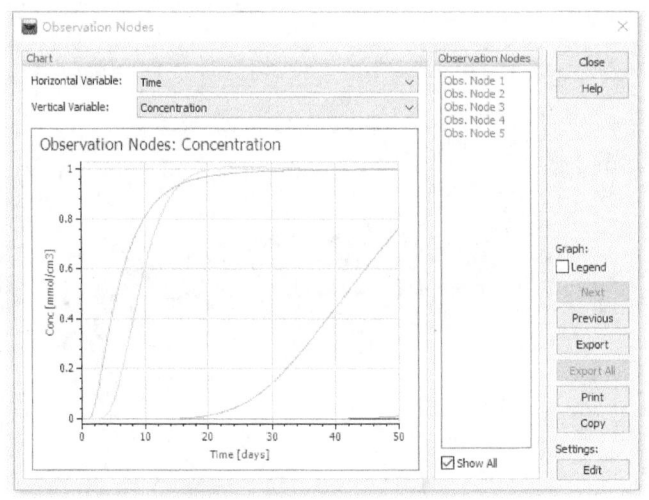

图 12.13　Waste_Site 模型观测点溶质浓度动态变化

13 土壤污染物淋洗 3D 层状模型

13.1 问题描述

本案例针对某一污染土体,探究如何用 3D 层状模型建立几何构型和有限元网格,分析土壤中的污染物在外部淋洗条件下如何在土壤中迁移。本节重点在于 3D 层状模型的构建方法,以及吸附性和反应性污染物的模拟过程。

13.2 模型构建

在自建项目组下,新建一个名称为"Leaching_3D"的项目,并选择永久保存。
"域类型和单位（Domain Type and Units）"选择 3D-layered,长度单位选择 cm,Initial Workspace 中 X、Y 和 Z 的范围均设为 0~1000。"主过程和附加模块（Main Processes and Add-on Modules）"勾选"水流（Water Flow）"和"溶质运移（Solute Transport）"。"时间信息（Time Information）"单位选择天（Days）,初始时间为 0,终止时间为 300,初始步长 0.01,最小步长为 1e-5;勾选随时间可变边界条件,记录数设为 1。"输出时间（Print Times）"设为 15 次,单击"Update",单击"Default"等间隔设置。水流模型最大迭代次数设为 100,初始条件种类选择水头;选择 van Genuchten-Mualem 模型,不考虑滞后现象;土壤质地种类数为 1,选择壤土（Loam）;"各向异性张量（Tensors of Anisotropy）"暂不考虑（参考图 12.2）。

溶质种类设为 1;脉冲周期设为 300 天（假设持续淋洗）;初始条件类型选择总浓度（In Total Concentrations [Mass_solute/Volume_soil]）;"绝对浓度容差""相对浓度容差"和"最大迭代次数"分别设为 0.1、0.1 和 100;勾选"动力学吸附点位的初始浓度可设为与平衡吸附点位的初始浓度相平衡（Nonequilibrium phase is initially at equilibrium with equilibrium phase,见 4.4.2 节）"。"溶质运移参数"的土壤容重（Bulk. D.）填入 1.5,纵向弥散度（Disp. L.）设为 10cm,径向弥散度（Disp. T.）设为 1cm,平衡吸附点位所占的比例（Fract.）设为 0.5,其余参数默认为 0。"溶质反应参数"中的 cBnd1 等均默认为 0;假设吸附分配系数 $K_d = 10$,一级吸附速率系数 Alpha(ω)设为 0.0001（4.3.3 节）。

"随时间可变边界条件"窗口内只有一条记录,且在时间信息页面没有任何重复周期,此处时间栏必须填入模型终止时间（300days）。为了确保模型运算过程不报错,这里将淋洗的通量填入"降水(Precipitation)"——10cm/day。之所以这么做是因为在通量边界条件下,入流通量一旦超出入渗率模型就会报错,但是大气边界条件下的降水量不受此影响,多余的水量将作为径流(Runoff)项。假设本例为清水淋洗,不涉及药剂,因此 cValue1 设为 0。关于 cValue1 的特殊用法请查阅 10.2 节。

13.3 土壤剖面图形设计

参考图 9.14 设置栅格,注意这里要分别针对不同的面(XY、YZ 或 XZ)来设置。

13.3.1 几何域

工作区标签处于"几何域(Geometry)"。

单击工具栏"设置 XZ 工作区(Set XZ-Work Plane)" ，单击工具栏视图工具 —"沿 Y 轴方向(In Y-direction)",取消选中透视图(Perspective View) 。

单击编辑栏中的画点工具 ，绘制如图 13.1 所示的 10 个点。单击编辑栏中的画线工具"Connected Segments" ，依次连接点 4、1、2、3;右击两次退出。单击编辑栏中的三点法画圆弧工具"New arc graphically using three points" ，

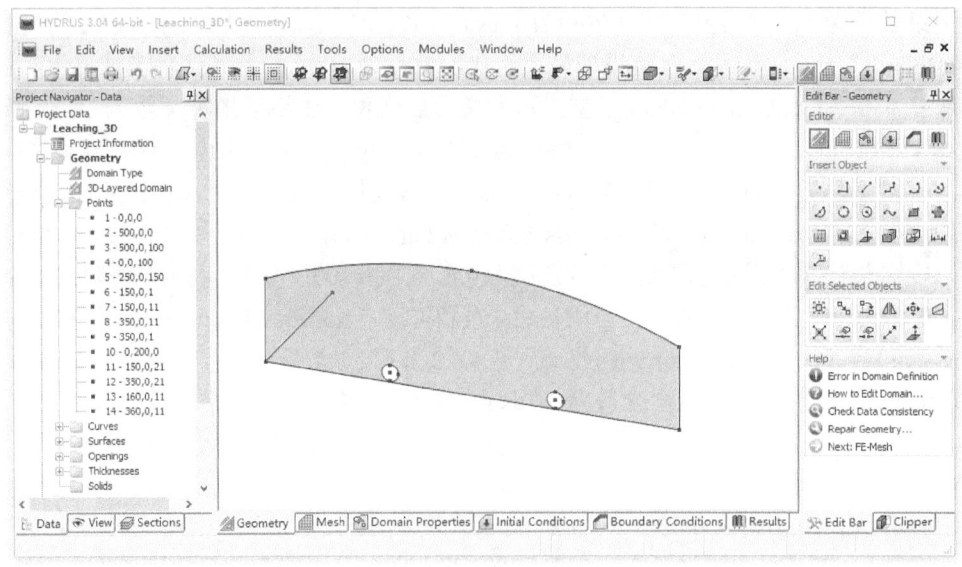

图 13.1 Leaching_3D 案例绘制线、面和厚度向量

依次连接点 4、5、3,右击退出。单击编辑栏中的圆心半径画圆工具 "New Circle graphically using center point and radius",依次单击圆心点 7 和圆周点 6、圆心点 8 和圆周点 9,完成左右两个圆的绘制,右击退出。单击编辑栏中的平面工具 "New General Planar Surface",单击绘图区中的外部框线生成平面,右击退出。单击编辑栏中的开口工具 "New Opening",用鼠标单击圆周,将其挖开,形成内部封闭边界,右击退出。

单击工具栏的轴测图(Isometric),单击编辑栏 "厚度向量(Thickness Vectors)"。厚度向量的生成有四种方式:基于点和长度、基于点和坐标、基于两点、基于三点。本例选择基于两点(Two Points),用鼠标依次单击点 1 和点 10,形成蓝色线段表示的厚度向量。设置完成后如图 13.1 所示。

单击编辑栏 "新建 3D 层状域(New 3D Layered Domain)"。由于本例只有一个厚度向量,仅需用鼠标单击平面,即可自动拉伸形成立体,如图 13.2 所示。

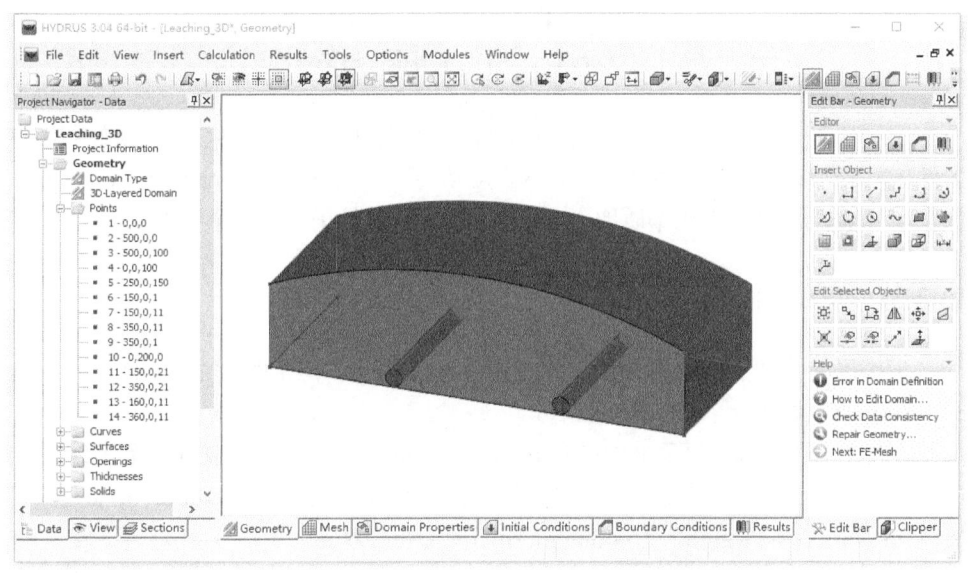

图 13.2　Leaching_3D 案例绘制立体

13.3.2　有限元网格

工作区转到 "Mesh" 标签。单击编辑栏 "有限元网格参数(FE-Mesh Parameters)",修改 "网格层数(Number of Mesh Layers NL)" 为 10,单击 "OK" 返回。单击编辑栏中的 "生成有限元网格(Generate FE-Mesh)",完成网格生成(图 13.3)。

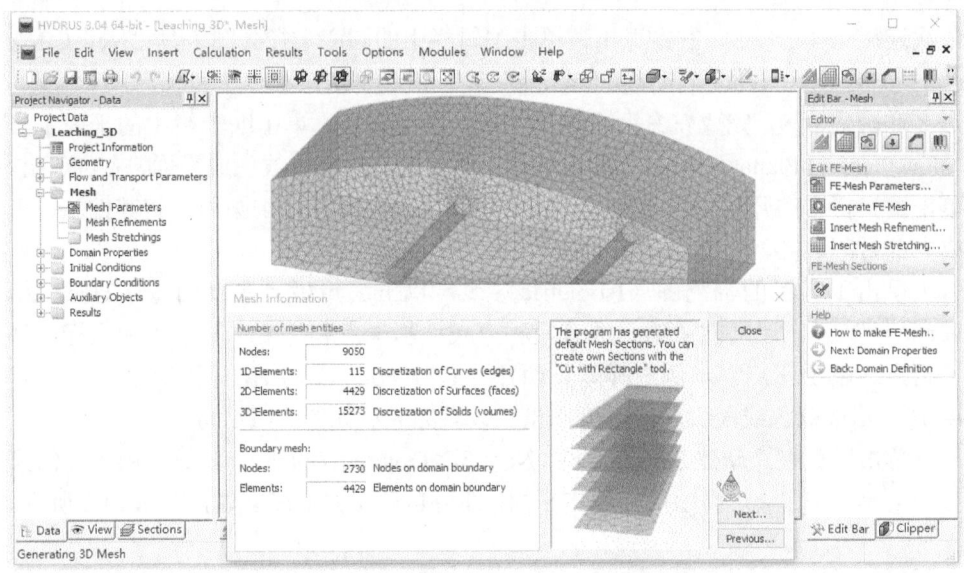

图 13.3　Leaching_3D 案例有限元网格生成

下一步。弹出提示窗口，提示接下来将在工作区内设置域特性、初始条件和边界条件，单击"OK"关闭该窗口，工作区自动跳转到"域特性（Domain Properties）"标签。参考 9.4.3 节设置土壤质地、观测点和流动示踪粒子。本例保持缺省设置。

13.3.3　初始条件

工作区转到"初始条件（Initial Condition）"标签。单击编辑栏"Edit Conditions on FE-Mesh"切换至有限元模式。

左侧导航栏选择"压力水头（Pressure Head）"，选中所有节点，单击编辑栏中的"Set Pressure Head IC"。在弹出的窗口中选择"Same value for all nodes"，设置"Pressure Head Value"为–400cm，单击"OK"返回。

左侧导航栏选择"浓度（Concentration）"，选中所有节点，单击编辑栏中的"Set Concentration IC"。在弹出的窗口中设置液相浓度值为 0.1，单击"OK"返回。

左侧导航栏选择"吸附态非平衡浓度（Sorbed Noneq. Conc.）"，选中所有节点，单击编辑栏中的"Set Concentration IC"。在弹出的窗口中设置值为 1，单击"OK"返回。

13.3.4　边界条件

工作区转到"边界条件（Boundary Conditions）"标签。

首先设置水流边界条件。单击导航栏"分区（Sections）"标签，在"选项"一栏中，"Sections"下拉菜单中选择"几何分区（Geo-Sections）"，在下方选中"D2_004-Surface No. 5-Perpendicular"，在绘图区中仅显示出顶部弧面节点，用鼠标选中全部节点，单击编辑栏"大气边界（Atmospheric Boundary）"（图13.4）。

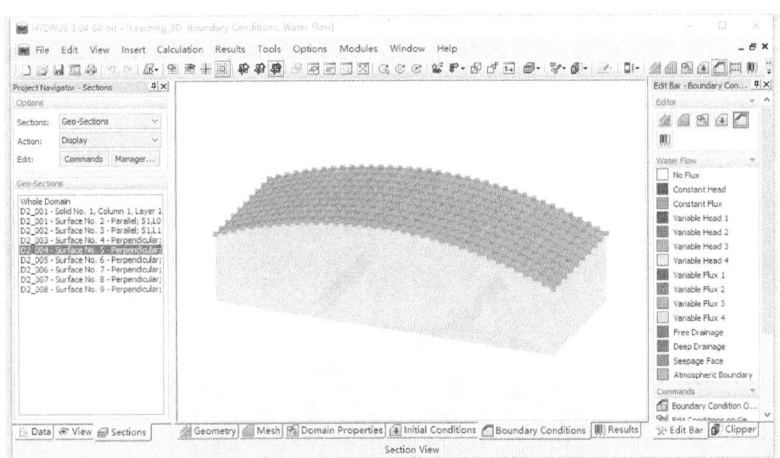

图 13.4　Leaching_3D 案例大气边界条件设置

在"几何分区（Geo-Sections）"模式下，按住"Ctrl"同时选中"D2_007-Surface No. 8-Perpendicular"和"D2_008-Surface No. 9-Perpendicular"，用鼠标选中全部节点，单击编辑栏"定水头（Constant Head）"，在弹出的窗口中设置水头值为 –3000（淋滤液抽水泵）。单击"OK"返回（图13.5）。

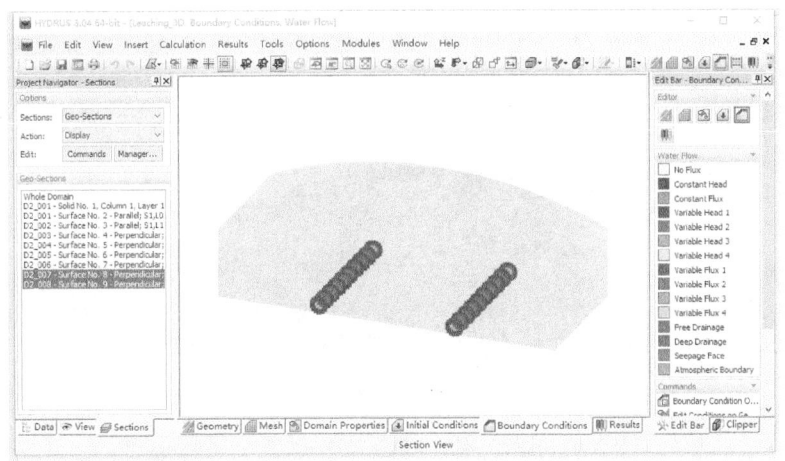

图 13.5　Leaching_3D 案例定水头边界条件设置

单击导航栏分区标签，单击"Whole-Mesh"。运算模型。

13.4 模型结果

3D 模型的运算时间较长。本例在 Intel(R)Core(TM)i7-10510U CPU@1.80GHz, 2.30GHz, 16G RAM 配制下的运算时间为 22.6h。

淋洗 120 天以后溶解态污染物浓度如图 13.6 所示, 300 天后吸附态浓度如图 13.7 所示。

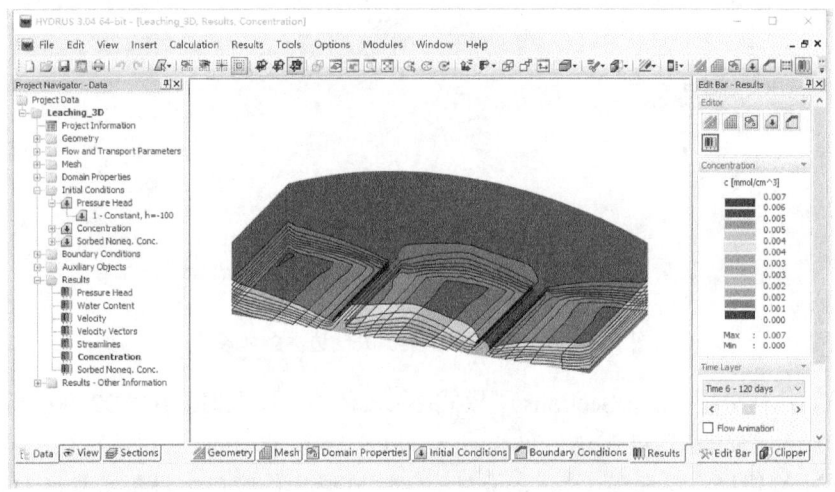

图 13.6　Leaching_3D 案例溶解态浓度结果（120 天）

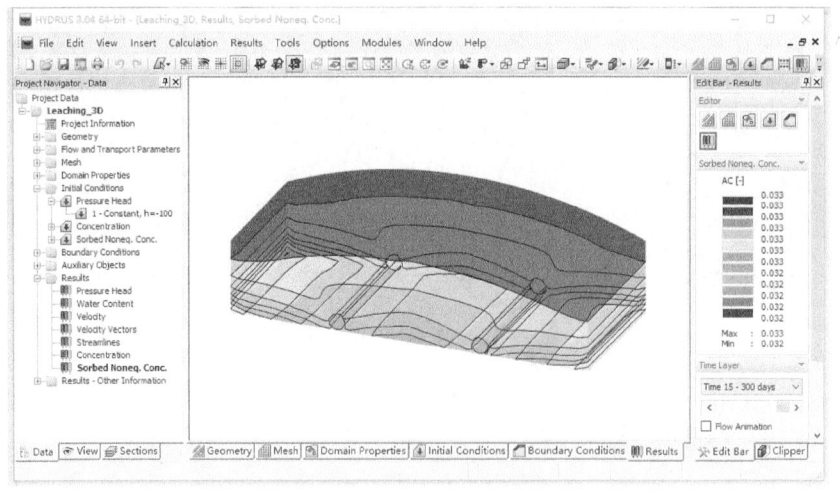

图 13.7　Leaching_3D 案例吸附态浓度结果（300 天）

参 考 文 献

邵明安，王全九，黄明斌. 2006. 土壤物理学[M]. 北京：高等教育出版社.

依艳丽. 2009. 土壤物理研究法[M]. 北京：北京大学出版社.

Bear J. 1972. Dynamics of Fluid in Porous Media[M]. New York：Dover Publications.

Bradford S A，Torkzaban S. 2008. Colloid transport and retention in unsaturated porous media：A review of interface-，collector-，and pore-scale processes and models[J]. Vadose Zone Journal，7（2）：667.

Bradford S A，Šimůnek J，Bettahar M，et al. 2003. Modeling colloid attachment，straining，and exclusion in saturated porous media[J]. Environmental Science & Technology，37（10）：2242-2250.

Bradford S A，Torkzaban S，Walker S L. 2007. Coupling of physical and chemical mechanisms of colloid straining in saturated porous media[J]. Water Research，41（13）：3012-3024.

Brooks R H，Corey A T. 1964. Hydraulic properties of porous media and their relation to drainage design[J]. Transactions of the ASAE，7（1）：26-28.

Campbell G S. 1985. Soil Physics with BASIC：Transport Models for Soil-plant Systems[M]. New York：Elsevier.

Chung S O，Horton R. 1987. Soil heat and water flow with a partial surface mulch[J]. Water Resource Research，23（12）：2175-2186.

Constantz J. 1982. Temperature dependence of unsaturated hydraulic conductivity of two soils[J]. Soil Science Society of America Journal，46（3）：466-470.

Feddes R A，Kowalik P J，Zaradny H. 1978. Simulation of Field Water Use and Crop Yield[M]. New York：John Wiley & Sons.

Henze M，Gujer W，Mino T，et al. 2000. Activated Sludge Models ASM1，ASM2，ASM2D and ASM3[M]. London：IWA Publishing.

Hoffman G J，van Genuchten M Th. 1983. Soil properties and efficient water use：Water management for salinity control//Taylor H M，Jordan W R，Sinclair T R. Limitations and Efficient Water Use in Crop Production[M]. Madison：American Society of Agronomy.

Hopmans J W. 1988. Treatment of spatially variable groundwater levels in one-dimensional stochastic unsaturated water-flow modeling[J]. Agricultural Water Management，15：19-36.

Hopmans J W，Stricker J N M. 1989. Stochastic analysis of soil water regime in a watershed[J]. Journal of Hydrology，105：57-84.

Johnson P R，Elimelech M. 1995. Dynamics of colloid deposition in porous media：Blocking based on random sequential adsorption[J]. Langmuir，11：801-812.

Jungk A O. 1991. Dynamics of nutrient movement at the soil-root interface，Chapter 31//Waisel Y，Eshel A，Kafkafi U. Plant Roots，The Hidden Half[M]. New York：Marcel Dekker，Inc.

Jury W A, Spencer W F, Farmer W J. 1983. Behavior assessment model for trace organics in soil, I. Model description[J]. Journal of Environmental Quality, 12: 558-564.

Kool J B, Parker J C. 1987. Development and evaluation of closed-form expressions for hysteretic soil hydraulic properties[J]. Water Resource Research, 23 (1): 105-114.

Kool J B, Parker J C, van Genuchten M Th. 1985. ONESTEP: A nonlinear parameter estimation program for evaluating soil hydraulic properties from one-step outflow experiments[R]. Bulletin 58-3. Blacksburg: Virginia Agrcultural Experiment Station, Virginia Polytechnic Institute and State University.

Kosugi K. 1996. Lognormal distribution model for unsaturated soil hydraulic properties[J]. Water Resource Research, 32 (9): 2697-2703.

Millington R J, Quirk J M. 1961. Permeability of porous solids[J]. Transactions of the Faraday Society, 57: 1200-1207.

Moldrup P, Olesen T, Gamst J, et al. 2000. Predicting the gas diffusion coefficient in repacked soil: Water-induced linear reduction model[J]. Soil Science Society of America Journal, 64: 1588-1594.

Mualem Y. 1976. A new model for predicting the hydraulic conductivity of unsaturated porous media[J]. Water Resource Research, 12 (3): 513-522.

Nassar I N, Horton R. 1992. Simultaneous transfer of heat, water, and solute in porous media: I. Theoretical development[J]. Soil Science Society of America Journal, 56: 1350-1356.

Philip J R, de Vries D A. 1957. Moisture movement in porous media under temperature gradients[J]. Eos Transactions American Geophysical Union, 38 (2): 222-232.

Šimůnek J, Hopmans J W. 2008. Modeling compensated root water and nutrient uptake[J]. Ecological Modeling, 22 (4): 505-521.

Šimůnek J, He C, Pang J L, et al. 2006. Colloid-facilitated transport in variably-saturated porous media: Numerical model and experimental verification[J]. Vadose Zone Journal, 5: 1035-1047.

Šimůnek J, Šejna M, van Genuchten M Th. 2012. The C-Ride Module for HYDRUS (2D/3D) Simulating Two-Dimensional Colloid-Facilitated Solute Transport in Variably-Saturated Porous Media, Version 1.0[M]. Prague: PC Progress.

van Genuchten M Th. 1980. A closed-form equation for predicting the hydraulic conductivity of unsaturated soils[J]. Soil Science Society of America Journal, 44: 892-898.

van Genuchten M Th. 1987. A numerical model for water and solute movement in and below the root zone[R]. Research Report No 121. Riverside: U.S. Salinity laboratory, USDA, ARS.

Vogel T, Císlerová M. 1988. On the reliability of unsaturated hydraulic conductivity calculated from the moisture retention curve[J]. Transport in Porous Media, 3: 1-15.

Vrugt J A, van Wijk M T, Hopmans J W, et al. 2002. One-, two-, and three-dimensional root water uptake functions for transient modeling[J]. Water Resource Research, 37 (10): 2457-2470.

Walker A. 1974. A simulation model for prediction of herbicide persistence[J]. Journal of Environmental Quality, 3 (4): 396-401.

附录 HYDRUS-1D 反演求解目标函数

类型	位置	X	Y	Y 列定义
0	1	时间	累积上边界通量	W1–W2: $\text{cum}(q_{\text{top}})$ W3: $\text{cum}(q_{\text{top}}) = \text{cum}[q_{\text{m}}(1-w) + q_{\text{f}}w]$
0	2	时间	累积下边界通量	W1–W2: $\text{cum}(q_{\text{bottom}})$ W3: $\text{cum}(q_{\text{bottom}}) = \text{cum}[q_{\text{m}}(1-w) + q_{\text{f}}w]$
0	3	时间	累积上边界孔隙通量	W3: $\text{cum}(q_{\text{M,top}}) = \text{cum}[q_{\text{m}}(1-w)]$
0	4	时间	累积上边界裂隙通量	W3: $\text{cum}(q_{\text{F,top}}) = \text{cum}[q_{\text{f}}w]$
0	5	时间	累积下边界孔隙通量	W3: $\text{cum}(q_{\text{M,bottom}}) = \text{cum}[q_{\text{m}}(1-w)]$
0	6	时间	累积下边界裂隙通量	W3: $\text{cum}(q_{\text{F,bottom}}) = \text{cum}[q_{\text{f}}w]$
1	$i\text{Obs}$	时间	第 $i\text{Obs}$ 观测点的水头值 （W2 可动区；W3 孔隙区）	W1: $h(i\text{Obs})$ W2: $h_{\text{mo}}(i\text{Obs})$ W3: $h_{\text{m}}(i\text{Obs})$
1	$-i\text{Obs}$	时间	第 $i\text{Obs}$ 观测点的裂隙水头值	W3: $h_{\text{f}}(i\text{Obs})$
2	$i\text{Obs}$	时间	第 $i\text{Obs}$ 观测点的含水量	W1: $\theta(i\text{Obs})$ W2: $\theta(i\text{Obs}) = \theta_{\text{mo}}(i\text{Obs}) + \theta_{\text{im}}(i\text{Obs})$ W3: $\theta(i\text{Obs}) = w\theta_{\text{f}}(i\text{Obs}) + (1-w)\theta_{\text{m}}(i\text{Obs})$
2	$-i\text{Obs}$	时间	第 $i\text{Obs}$ 观测点的裂隙含水量	W3: $\theta_{\text{F}}(i\text{Obs}) = w\theta_{\text{f}}(i\text{Obs})$
2	$n\text{Obs} + i\text{Obs}$	时间	第 $i\text{Obs}$ 观测点的孔隙含水量	W3: $\theta_{\text{M}}(i\text{Obs}) = (1-w)\theta_{\text{m}}(i\text{Obs})$
2	0	时间	整个剖面的平均含水量	W1: $W = \dfrac{1}{L}\int_{\text{bottom}}^{\text{top}} \theta \, \text{d}z$ W2: $W = \dfrac{1}{L}\int_{\text{bottom}}^{\text{top}} (\theta_{\text{m}} + \theta_{\text{im}}) \, \text{d}z$ W3: $W = \dfrac{1}{L}\int_{\text{bottom}}^{\text{top}} [w\theta_{\text{f}} + (1-w)\theta_{\text{m}}] \, \text{d}z$
2	$-i\text{Lay}$	时间	第 $i\text{Lay}$ 子区的平均含水量 （W1、W2）	W1: $W_i = \dfrac{1}{L_i}\int_{z_{i,\text{bottom}}}^{z_{i,\text{top}}} \theta \, \text{d}z$ W2: $W_i = \dfrac{1}{L_i}\int_{z_{i,\text{bottom}}}^{z_{i,\text{top}}} (\theta_{\text{m}} + \theta_{\text{im}}) \, \text{d}z$

续表

类型	位置	X	Y	Y 列定义
2	$-(n\text{Obs}+i\text{Lay})$	时间	第 iLay 子区的平均含水量（W3）	W3: $W_i = \dfrac{1}{L_i} \displaystyle\int_{z_{i,\text{bottom}}}^{z_{i,\text{top}}} [w\theta_f + (1-w)\theta_m]\mathrm{d}z$
3	1	时间	上边界瞬时通量	W1–W2: q_{top} W3: $q_{\text{top}} = q_m(1-w) + q_f w$
3	2	时间	下边界瞬时通量	W1–W2: q_{bottom} W3: $q_{\text{bottom}} = q_m(1-w) + q_f w$
3	3	时间	上边界孔隙区通量	W3: $q_{M,\text{top}} = q_m(1-w)$
3	4	时间	上边界裂隙区通量	W3: $q_{F,\text{top}} = q_f w$
3	5	时间	下边界孔隙区通量	W3: $q_{M,\text{bottom}} = q_m(1-w)$
3	6	时间	下边界裂隙区通量	W3: $q_{F,\text{bottom}} = q_f w$
4.0	0	时间	剖面溶质总量	
4.0	iObs	时间	第 iObs 观测点溶质的液相浓度（W2 可动区；W3 孔隙区）	S1–S4: $c(i\text{Obs})$ S5–S6: $c_{\text{mo}}(i\text{Obs})$ S7–S9: $c_m(i\text{Obs})$
4.0	$-i$Obs	时间	第 iObs 观测点第 2 种溶质的液相浓度	S1–S4: $c_2(i\text{Obs})$ S5–S6: $c_{2,\text{mo}}(i\text{Obs})$
4.1	0	时间	剖面溶质总量的对数	
4.1	iObs	时间	第 iObs 观测点溶质的液相浓度的对数	S1–S4: $\log[c(i\text{Obs})]$ S5–S6: $\log[c_{\text{mo}}(i\text{Obs})]$
			第 iObs 观测点溶质裂隙区浓度	S7–S9: $c_f(i\text{Obs})$
4.1	$-i$Obs	时间	第 iObs 观测点第 2 种溶质液相浓度的对数	S1–S4: $\log[c_2(i\text{Obs})]$ S5–S6: $\log[c_{2,\text{mo}}(i\text{Obs})]$
4.2	iObs	时间	S1–S6: 第 iObs 观测点的通量浓度 S7–S9: 下边界通量浓度	S1–S4: $c_f(i\text{Obs}) = c - \dfrac{D\theta}{q}\dfrac{\partial c}{\partial z}$ S5–S6: $c_{f,\text{mo}}(i\text{Obs}) = c_{\text{mo}} - \dfrac{D_{\text{mo}}\theta_{\text{mo}}}{q_{\text{mo}}}\dfrac{\partial c_{\text{mo}}}{\partial z}$ S7–S9: $\dfrac{wc_f q_f + (1-w)c_m q_m}{wq_f + (1-w)q_m}$
4.3	iObs	时间	第 iObs 观测点的溶质总量	S1: $c(\theta + \rho_b K_d)$ S2: $c\theta + \rho_b s^k$ S3: $c(\theta + f_e\rho_b K_d) + \rho_b s^k$ S4: $c\theta + \rho_b s^1 + \rho_b s^2$

续表

类型	位置	X	Y		Y 列定义
4.3	iObs	时间	第 iObs 观测点的溶质总量		S5: $c_{mo}(\theta_{mo} + f_{mo}\rho_b K_d) + c_{im}(\theta_{im} + (1-f_{mo})\rho_b K_d)$ S6: $c_{mo}(\theta_{mo} + f_{mo}f_{em}\rho_b K_d) + \text{fmo}\rho bs_{mo}^k + c_{im}(\theta_{im} + (1-f_{mo})\rho_b K_d)$ S7: $w[c_f(\theta_f + \rho_b K_{df})] + (1-w)[c_m(\theta_m + \rho_b K_{dm})]$ S8: $w[c_f(\theta_f + f_f\rho_b K_{df}) + \rho_b s_f^k] + (1-w)[c_m(\theta_m + f_m\rho_b K_{dm}) + \rho_b s_m^k]$ S9（仅适用于线性等温迁移）: $w[c_f(\theta_f + \rho_b K_{df})] + (1-w) [c_{m,mo}(\theta_{m,mo} + f_{mo}\rho_b K_{dm}) + c_{m,im}(\theta_{m,im} + (1-f_{mo})\rho_b K_{dm})]$
4.4	iObs	时间	双孔隙度模型第 iObs 观测点的溶质液相浓度		S5–S6: $c(i\text{Obs}) = \dfrac{c_{mo}\theta_{mo} + c_{im}\theta_{im}}{\theta_{mo} + \theta_{im}}$ S7–S9: $c(i\text{Obs}) = \dfrac{wc_f\theta_f + (1-w)c_m\theta_m}{w\theta_f + (1-w)\theta_m}$
5	iMat	水头 h	第 iMat 种质地，在水头 h 下的土壤含水量 θ		$\theta(h)$
6	iMat	水头 h	第 iMat 种质地，在水头 h 下的非饱和导水率 K		$K(h)$
7	iMat	α			式（3.4）
8	iMat	n			式（3.4）
9	iMat	θ_r			式（3.4）
10	iMat	θ_s			W1: 式（3.4） W2: $\theta_s = \theta_{smo} + \theta_{sim}$ W3: $\theta_s = w\theta_{sf} + (1-w)\theta_{sm}$
11	iMat	K_s			W1–W2: 式（3.4） W3: $K_s = wK_{sf} + (1-w)K_{sm}$
12	PLevel	深度 z	$h(z)$		PLevel 时刻，深度 z 处的水头值 h(W1) 或 h_{mo}(W2) W3: 裂隙水头 h_f
13	PLevel	深度 z	$\theta(z)$		W1: PLevel 时刻，深度 z 处的含水量 W2: $\theta = \theta_{mo} + \theta_{im}$ W3: $\theta = w\theta_f + (1-w)\theta_m$
14.0	PLevel	深度 z	$c(z)$		S1–S6: PLevel 时刻，深度 z 处的液相浓度 c S7–S9: PLevel 时刻，深度 z 处的裂隙区液相浓度 c_f
14.1	PLevel	深度 z	$\log[c(z)]$		S1–S6: PLevel 时刻，深度 z 处液相浓度的对数 $\log(c)$ S7–S9: PLevel 时刻，深度 z 处的孔隙区液相浓度 c_m
14.2	PLevel	深度 z	$c(z)$		S1–S6: PLevel 时刻，深度 z 处的通量浓度 c S7–S9: 不适用

续表

类型	位置	X	Y	Y 列定义
14.3	PLevel	深度 z	第 PLevel 输出时刻在深度 z 处的溶质总量	同 Type = 4.3
14.4	PLevel	深度 z	第 PLevel 输出时刻在深度 z 处的液相溶质浓度	同 Type = 4.4
15	PLevel	深度 z	第 PLevel 输出时刻在深度 z 处的总吸附态浓度	$s^1 + s^2$（胶体附着或滞留）

注：
W1 为单孔隙度水流模型，即匀质水流模型（3.5 节）
W2 为双孔隙度模型（3.11 节）
W3 为双渗透率模型（3.12 节）
S1 为匀质溶质运移模型（4.2 节）
S2 为单点位化学非平衡吸附模型（4.3.3 节）
S3 为双点位化学非平衡吸附模型（4.3.3 节）
S4 为双动力学点位模型（4.3.4 节）
S5 为双孔隙度模型（4.3.5 节）
S6 为双孔隙度-单动力学点位模型（4.3.6 节）
S7 为双渗透率模型（4.3.7 节）
S8 为双渗透率-双点位模型（4.3.9 节）
S9 为双渗透率-孔隙区包含不可动区模型（4.3.8 节）
q 为水流通量
K_s 为饱和导水率
D 为弥散系数
θ 为土壤含水量
c 为溶质浓度
s^k 为动力学吸附点位化学非平衡吸附态溶质浓度
s^1 和 s^2 为第 1 和第 2 动力学点位胶体附着或滞留浓度
ρ_b 为土壤容重

K_d 为吸附分配系数
w 为裂隙区域占土壤总体积的比例
f 为相应点位或区域所占比例
h 为水头
cum 为累积
iObs 为观测点编号
nObs 为观测点总数
iMat 为土壤质地编号
iLay 为物质平衡子区编号
PLevel 为输出时刻
z 为空间坐标
L 为土壤剖面总长度
下标 top 为上边界
下标 bottom 为下边界
下标 m、M 为孔隙
下标 f、F 为裂隙
下标 e 为平衡吸附点位
下标 mo 为可动区
下标 im 为不可动区